词解人生

成语中的生命智慧

文嘉 编著

中国纺织出版社

内 容 提 要

寥寥数言浓缩千年世事沧桑，短短百字演绎历史精彩瞬间，拈提古今开启过往经典之门，古为今用照亮人生智慧视野。成语，中华文化宝库中的璀璨明珠。

本书精选脍炙人口、通俗易懂的成语典故，对其进行全新的智慧解读，缩短了时空的距离，在历史与当下间探寻智慧足音，为在繁忙生活中仍渴望提升自我修养的当代人提供有益的帮助和启迪。

图书在版编目（CIP）数据

词解人生：成语中的生命智慧/文嘉编著. —北京：中国纺织出版社，2015.5 （2024.1重印）

ISBN 978-7-5180-1379-1

Ⅰ.①词… Ⅱ.①文… Ⅲ.①汉语—成语—通俗读物②人生哲学—通俗读物 Ⅳ.①H136.3-49②B821-49

中国版本图书馆 CIP 数据核字（2015）第 026228 号

责任编辑：李伟楠　　　　责任印制：储志伟

中国纺织出版社出版发行

地址：北京市朝阳区百子湾东里 A407 号楼　邮政编码：100124

销售电话：010—67004422　传真：010—87155801

http://www.c-textilep.com

E-mail：faxing@c-textilep.com

中国纺织出版社天猫旗舰店

官方微博 http://weibo.com/2119887771

北京兰星球彩色印刷有限公司　各地新华书店经销

2015 年 5 月第 1 版　2024 年 1 月第 3 次印刷

开本：710×1000　1/16　印张：18

字数：310 千字　定价：58.00元

前言

知道为什么绝大多数成语总是四个字吗?

如今我们见到“四字格”成语,早已习以为常,很少有人会对成语为何多是由四个字组成感兴趣,其实这个看似简单的小问题背后,却有着大文章。

成语之所以多为“四字格”,背后的原因多种多样,其中最重要的原因是受音乐的影响。早期出现的成语都出自诗歌,或者格式与“四言诗”类似,所以探寻“四字格”成语可以从“四言诗”入手。而诗歌之所以为诗歌,诗与歌是分不开的。上古时期的文学作品其实都是可以唱的,《诗经》中的十五国风其实就是当时各地百姓的“流行歌曲”。既然早期的文学作品多是歌词,自然要求合音韵,而成语富有节奏感、韵律优美,自然被老百姓所青睐。“昔我往矣,杨柳依依。今我来思,雨雪霏霏。”其中的韵律美不言自明。其实成语不仅仅唱出来富有韵味,读起来又何尝不美?“读来爽然,听来了然”,何其之美。所以不仅“四言诗”与音乐分不开,“四字格”的成语也深受音乐的影响。

如果仅是因为音乐的关系,等到文学与音乐“分家”之后,成语应当被逐渐淘汰,但我们看到的并不是这样,成语的生命力反而愈加旺盛。除了受古风影响外,大家也逐渐发现了成语的其他妙处。

其一乃是成语之高度浓缩能力。古人行文说话一般崇尚简洁,这从很多原典中不难看出。而成语寥寥数字却涵盖了诸多内容,既简洁又易于记忆,这也是成语能够历千载而不灭的原因之一。

其二是成语结构灵活。成语在日常语言中,既可以作为一个整体,即一次四分,也可以形成两次偶分,及“2+2”模式。这让成语能够完全适应日常用语灵活多变的语境,而不会被“束之高阁”,成为完全书面化的词汇。这一点非常重要,任何事物一旦脱离了人们的日常生活,其结果必然是被历史淘汰。成语之所以今天依然活跃在人们的日常对话中,其结构的灵活性是很重要的原因。

除此之外，成语还具有其他字数词汇所不具备的气势感。古文中最有气势的当属骈文与汉晋大赋，其中无不选用成语辞藻，骈文甚至被称作“四六文”。最鲜活的例子当属《三国演义》中诸葛亮怒骂王朗的那段话了：“……昔日桓帝、灵帝之时，汉统衰落，宦官酿祸，国乱岁凶，四方扰攘……劫持汉帝，残暴生灵，因之，庙堂之上，朽木为官；殿陛之间，禽兽食禄……理当匡君辅国，安汉兴刘，何期反助逆贼，同谋篡位！罪恶深重，天地不容。”十几个成语冲口而出，气势磅礴，竟然活生生骂死了王朗，足见成语之气势。

成语自形成以来一直都渗透在人们的生活之中。根据百度指数的数据显示，“成语”一词的搜索热度甚至和“高考”“房价”等热点话题不相伯仲。“高考”是学子最关注的话题，而“房价”则是当下都市年轻人背上的“大山”，从这一点也可以看出成语从来没有离开人们的生活，古老的成语依然鲜活。

成语的魅力不仅令国人着迷，甚至外国人也将成语视为汉文化的标签。美国总统奥巴马就曾在欢迎胡锦涛主席的致辞中说道：

“If you want one year of prosperity，then grow grain. If you want 10 years of prosperity，then grow trees. If you want 100 years of prosperity，then you grow people.”

奥巴马所说的用成语来解释就是“十年树木，百年树人”。这段话不仅佐证了成语的简练，更说明如今成语已经走出国门，“墙内开花内外香”了。

成语之所以如此令人着迷，除了自身的美之外，它与人的一生也息息相关：人们从呱呱坠地开始，渐渐牙牙学语；度过天真无邪的童年，也曾有两小无猜的懵懂；时间如白驹过隙，转眼间已是鲜衣怒马少年郎，朝气蓬勃的你像初生牛犊；有朝一日终于学业有成，金榜题名，心有鸿鹄之志，志在四方；经过一路披荆斩棘，饱经风霜后成就一番宏图大业，同时获得了举案齐眉的贤内助；时光荏苒，人总免不了垂垂老去，尽管已是风烛残年，但可以问心无愧，此生没有蹉跎岁月……

是的，成语和我们的人生就是联系得如此紧密，几乎找不到任何事情、任何状况是成语所不能准确描述的。

前面所说实在不足以表达成语魅力之万一，还有待大家自己去发现更多，重新捧起静躺在历史长河中的成语“珍珠”，体会玩味它的美。

编著者

2014 年 11 月

目录

第一篇 挖掘潜能，修炼人生

第一章 外在谦和有礼，内里铁骨铮铮 …… 2
面对花花世界，守住本心——木人石心 …… 2
沽名钓誉，别有用心——嗟来之食 …… 3
攀龙附凤，为人不齿——趋炎附势 …… 4
选择远离喧嚣不等于闭目塞听——山中宰相 …… 5
第二章 决定不了生命的长度，可以决定它的厚度与宽度 …… 7
常在河边走，哪能不湿鞋——玩火自焚 …… 7
旁观者的角度最理性——当局者迷 …… 8
丧失理智时的决定永远是最不明智的一种——丧心病狂 …… 9
第三章 做善事像登山，做坏事却像下山 …… 11
暂时的蛰伏是为了更有力的崛起——明哲保身 …… 11
只有真正关心你的人才会说出逆耳的忠言——从善如流 …… 12
眼界决定境界——大方之家 …… 13
心急吃不了热豆腐——脚踏实地 …… 14
第四章 水清因源头干净，影正因自身不斜 …… 16
捡来的钱财怎能用得安心——拾金不昧 …… 16
对自己严格要求，对集体无私奉献——克己奉公 …… 17
白纸上的墨点最刺眼——两袖清风 …… 18
多照自己，少照别人——明镜高悬 …… 19
第五章 才华不是傲慢的资本，宠爱不是骄纵的理由 …… 21
人生不只有眼前的风景，还有诗和远方——高屋建瓴 …… 21
能拴住人的只有心——解衣推食 …… 22
遇到问题反省自己而不是责怪别人——下车泣罪 …… 23
做人要像成熟的麦穗，不要像中空的竹子——趾高气扬 …… 24
第六章 “诚”是君子的标签 …… 25
拒绝加入“外貌协会”——以貌取人 …… 25
小心别有用心的午餐——包藏祸心 …… 26

甜言蜜语须防备，当面批评是诤友——口蜜腹剑 …… 27
笑容背后可能藏着刀枪剑戟——笑里藏刀 …… 28
第七章　闲庭信步是享受，更是从容的气度 …… 30
一时的荣辱都只是人生的浮云——宠辱不惊 …… 30
平平淡淡，从从容容才是真——安步当车 …… 31
重视每一件事，但人生无大事——从容不迫 …… 32
见惯的事情并不总是合理——司空见惯 …… 33
成语荟萃 …… 34

第二篇　向上人生路，传递正能量

第八章　成大事，需要与众不同的特质 …… 38
可以接受失败，但绝不轻言放弃——精卫填海 …… 38
勤与恒是最简单的诀窍——磨穿铁砚 …… 39
今天明天很残酷，但后天会很美好——锲而不舍 …… 40
越是聪明人越要下笨功夫——愚公移山 …… 41
第九章　世上没有做不成的事，只要你足够勇敢 …… 43
为达到目标，勇于改变自己——漆身吞炭 …… 43
勇敢，让你忘记拼搏路上的痛苦——赴汤蹈火 …… 44
强者不是没有眼泪，只是可以含泪向前跑——披荆斩棘 …… 45
为了理想，放弃生命也在所不惜——杀身成仁 …… 46
第十章　拒绝做庸人，对恐惧说不 …… 48
不要被恐惧遮蔽双眼——吴牛喘月 …… 48
心怀杂念，自然疑神疑鬼——杯弓蛇影 …… 49
盲目行动就会身处险境——盲人瞎马 …… 50
危险不可怕，害怕危险才可怕——杞人忧天 …… 51
第十一章　立志就要志向高远 …… 53
飞得高是因为志在高远——鹏程万里 …… 53
最初的志向决定最终的位置——鸿鹄之志 …… 54
至少要为理想疯狂一次——夸父逐日 …… 55
不要把自己局限在条条框框内——志在四方 …… 56
第十二章　人须生而努力 …… 58
人的能力由短板决定——一日千里 …… 58
正确区分爱好与工作——励精图治 …… 59
做自己的伯乐——毛遂自荐 …… 60
真的无欲无求了吗——百尺竿头 …… 61
第十三章　空有大志只是妄人 …… 63
家国情怀，没有国哪有家——先忧后乐 …… 63
舍生取义，名垂青史——人死留名 …… 64

成为楷模前请以楷模为榜样——一代楷模 …… 65
有的人死了，他的精神还活着——死而不朽 …… 66
成语荟萃 …… 67

第三篇 人生如此艰难，你要内心强大

第十四章 是你的终究跑不掉，不是你的不必徒劳 …… 72
适度的撤退换来更有力的前进——退避三舍 …… 72
天下武功，唯快不破——捷足先得 …… 73
斩断退路，令你全力以赴——破釜沉舟 …… 74
得之我幸，失之我命——塞翁失马 …… 75
第十五章 任世事真假难辨，我还是我 …… 77
不论直线曲线，达到目的就行——围魏救赵 …… 77
过早暴露，会成为靶子——暗度陈仓 …… 78
巧借外力，为我所用——草木皆兵 …… 79
掀起你的盖头来——扑朔迷离 …… 80
第十六章 不能输在起跑线上 …… 82
一切尽在掌握之中——运筹帷幄 …… 82
杀鸡给猴看——惩一儆百 …… 83
给对手一个“惊喜”——出奇制胜 …… 84
萝卜加大棒——宽猛相济 …… 85
敌未动，我先行——先发制人 …… 86
第十七章 不管风吹雨打，始终坚持梦想 …… 88
坚持不是固执己见，学会适时改变——投笔从戎 …… 88
失败不可怕，不过是从头再来——东山再起 …… 89
成功就在你选择放弃的下一刻——功败垂成 …… 90
酒香也怕巷子深——明珠暗投 …… 91
第十八章 再强大的势力也不能无视普通人的志气 …… 93
立志只要一秒钟，实现却要一辈子——中流击楫 …… 93
机会总是留给有准备的人——大器晚成 …… 94
坚持才能胜利——南山可移 …… 95
死是另一种“生”——视死如归 …… 96
第十九章 漫漫人生路，难免磕磕碰碰 …… 98
认错从来不嫌太迟——亡羊补牢 …… 98
犯错最大的价值就是让人拥有勇气认错——负荆请罪 …… 99
小本领派上大用场——鸡鸣狗盗 …… 100
解决问题的最好方法是预防——曲突徙薪 …… 101
第二十章 自己是永远欺骗不了自己的 …… 103
随意炫耀是无知的表现——班门弄斧 …… 103

表面的强大不过是掩饰内心的虚弱——黔驴技穷 …… 104
无谓的牺牲缺乏理性——螳臂当车 …… 105
蒙住双眼也蒙不住心——掩耳盗铃 …… 106
成语荟萃 …… 107

第四篇　小赢靠术，大赢靠德

第二十一章　力往一处使，众人一条心 …… 112
学会合作则无往而不胜——众志成城 …… 112
失去朋友，自身难保——唇亡齿寒 …… 113
在别人的喜怒哀乐中找自己的影子——同病相怜 …… 114
将自己和亲友绑在一起——休戚相关 …… 115
第二十二章　美感产生在适度的前提下 …… 116
空有其表惹人厌——华而不实 …… 116
打破常规才是创新——不拘一格 …… 117
忽视细节为自己减分——不修边幅 …… 118
有谁记得你曾来过——得过且过 …… 119
第二十三章　要了解一个人，看他的朋友 …… 121
小人之间也有“友谊”——狼狈为奸 …… 121
趣味一致路相同——沆瀣一气 …… 122
气味相投便为知己——物以类聚 …… 123
第二十四章　做有道德底线的人 …… 124
“爱护”自己说出去的话——一诺千金 …… 124
话不能乱说——道听途说 …… 125
谣言终结于你我——三人成虎 …… 126
不负责任的话降低个人形象——信口雌黄 …… 127
第二十五章　可怜之人必有可恨之处 …… 129
反复无常不是明智之举——朝三暮四 …… 129
“狼真的来了”的时候，已经没人相信你——出尔反尔 …… 130
当你还没落魄时，就该知道没有几个真朋友——门可罗雀 …… 131
失去骨气的心灵是卑微的心灵——奴颜婢膝 …… 132
损害别人获利不是真正的赢家——损人利己 …… 133
爱心不应泛滥——养虎遗患 …… 134
第二十六章　角度决定认知 …… 136
计划赶不上变化快——郑人买履 …… 136
对不同的人采用不同的策略——对牛弹琴 …… 137
一种视角背后总有阴影——盲人摸象 …… 138
成语荟萃 …… 139

第五篇 走自己的路，心智成熟的旅途

第二十七章 你怎样对别人，别人就怎样对你 …… 142

与人为善，总会有惊喜——一饭千金 …… 142

爱一个人就爱他的全部——爱屋及乌 …… 143

我们需要别人做我们的“水”，不要忘记自己也是他人的“水”——如鱼得水 …… 144

想获得真心？先掏出自己的心——推心置腹 …… 145

温暖来自于真正的情谊——雪中送炭 …… 146

第二十八章 欺骗不了自己，更不能欺骗他人 …… 148

制度在于执行——约法三章 …… 148

人生不仅仅有“小我”，还有“大我”——大公无私 …… 149

坚持并不排斥调整方向——改弦易辙 …… 150

找到自己的位置便找到幸福——各得其所 …… 151

真正的学问是“深入浅出”——平易近人 …… 152

第二十九章 见一片落叶，秋天还会远吗？ …… 154

大禹治水靠的是疏导，不是堵截——因势利导 …… 154

不实施诡诈，但要认清诡诈——兵不厌诈 …… 155

普通人下棋看三步，聪明人下棋看全盘——神机妙算 …… 156

第三十章 开头错半步，结果天差地别 …… 158

竹篮子如何能打水——缘木求鱼 …… 158

盲目模仿，适得其反——东施效颦 …… 159

如果没有能力，要懂得适时放手——狗尾续貂 …… 160

何必为外在的世界改变自己——削足适履 …… 161

第三十一章 前虑不定，后有大患 …… 163

磨刀不误砍柴工——厉兵秣马 …… 163

火苗总是在刚燃起时最容易扑灭——防微杜渐 …… 164

创造有利于自己的条件——篝火狐鸣 …… 165

鸡蛋不能放在一个篮子里——狡兔三窟 …… 166

第三十二章 不是不报，时候未到 …… 168

抓住弱点，把握机会——图穷匕见 …… 168

惊蛇有风险，操作须谨慎——打草惊蛇 …… 169

过度好胜就成为鲁莽——穷兵黩武 …… 170

有因必有果——四面楚歌 …… 171

不要得意，当心身后的虎视眈眈——螳螂捕蝉 …… 172

第三十三章 人才是最宝贵的财富 …… 174

真心换回报——三顾茅庐 …… 174

放走一个人才等于送对手一份大礼——楚材晋用 …… 175

三个臭皮匠，赛过诸葛亮——集思广益 …… 176

家有一老，如有一宝——老马识途 …… 178
第三十四章　没有永远正确的策略，只有最适合的方法 …… 180
是承诺就要兑现——完璧归赵 …… 180
懂得蛰伏，避其锋芒——坚壁清野 …… 181
再复杂的事物也有关键点——庖丁解牛 …… 182
有些人不值得一忍再忍——请君入瓮 …… 184
让成功来得更有把握——双管齐下 …… 185
成语荟萃 …… 186

第六篇　遇见未知的自己，向生命求知

第三十五章　知识是医治愚昧的良药 …… 190
开口的一瞬间，就失去了宁静之美——洗耳恭听 …… 190
关在自己的世界中，注定孤陋寡闻——不耻下问 …… 191
师长是人生的第二父母——程门立雪 …… 192
第三十六章　学习从来没有捷径可走 …… 194
助你攀登书山的“小橘灯”——凿壁偷光 …… 194
停止懒惰，勤奋带来成功——闻鸡起舞 …… 195
不经历风雨，怎么见彩虹——卧薪尝胆 …… 196
取其精神，弃其方法——悬梁刺股 …… 197
第三十七章　知识就是力量 …… 199
少谈些抱负，多做些实事——纸上谈兵 …… 199
病急不能乱投医——抱薪救火 …… 200
闪亮的“珠宝”可能是玻璃——买椟还珠 …… 201
多称称自己的重量——夜郎自大 …… 202
第三十八章　学海无涯苦作舟 …… 204
实现目标，一要专注，二要重复——韦编三绝 …… 204
成功的最大阻碍是软弱——半途而废 …… 205
做大事就要坐得住冷板凳——废寝忘食 …… 206
字字泣血，句句揪心——呕心沥血 …… 207
第三十九章　腹有诗书气自华 …… 209
一字之差，云泥之别——一字之师 …… 209
抓住重点，事半功倍——画龙点睛 …… 210
台上一分钟，台下十年功——下笔成章 …… 211
第四十章　学习贵在思考 …… 212
能够蒙混一时，不能蒙混一世——滥竽充数 …… 212
拥有藏宝图不意味着拥有宝藏——按图索骥 …… 213
不是每本书都需要精读——不求甚解 …… 214
急于求成只能事与愿违——囫囵吞枣 …… 215

第四十一章 读书是人生一大快事 …… 217
准备充分，才能应对自如——胸有成竹 …… 217
每本书都是等待和你交谈的“有缘人”——开卷有益 …… 218
不疯魔如何能成活？做个书痴——手不释卷 …… 219
三天不念口生，三天不做手生——熟能生巧 …… 220
成语荟萃 …… 222

第七篇 取财有道，先做人再做生意

第四十二章 有来有往才是有礼 …… 226
迂回也能达到目的——指桑骂槐 …… 226
人要有敬畏之心——毕恭毕敬 …… 227
不分场合容易招致麻烦——不合时宜 …… 228
站在前人的肩膀上看得更远——借花献佛 …… 229
第四十三章 命运之手操纵人生 …… 231
青春永不谢幕——返老还童 …… 231
与其晚年悔恨，不如现在奋起——行将就木 …… 232
身体是“革命”的本钱——病入膏肓 …… 233
心情是身体的晴雨表——河鱼腹疾 …… 234
第四十四章 世间熙来攘往都为利 …… 236
贪图小利，一生没有成就——贪天之功 …… 236
壁立千仞，无欲则刚——不贪为宝 …… 237
白日梦再美，终有梦醒时分——南柯一梦 …… 238
集体利益永远高于个人利益——求田问舍 …… 239
第四十五章 成语中的生意经 …… 241
君子岂能夺人所爱——巧取豪夺 …… 241
放长线，钓大鱼——奇货可居 …… 242
睁大眼睛，寻找良机——价值连城 …… 243
百姓的劫难——米珠薪桂 …… 244
成语荟萃 …… 246

第八篇 幸福人生，情商比智商更重要

第四十六章 爱情是人类永恒的话题 …… 250
尊重是爱的前提——相敬如宾 …… 250
相互尊重让婚姻开出幸福的花朵——举案齐眉 …… 251
有情人终成眷属——破镜重圆 …… 252
婚姻是爱情的延续——秦晋之好 …… 253

第四十七章　百事孝为先 …… 255
飞得再高不忘父母的牵挂——倚门倚闾 …… 255
只是给予，不求索取——舐犊情深 …… 256
乌鸦反哺，羊羔跪乳——乌鸟私情 …… 257
第四十八章　兄弟间的手足之情 …… 259
任何事都不是兄弟相残的理由——煮豆燃萁 …… 259
无法背负的伤痛也终将面对——人琴俱亡 …… 260
亲者痛，仇者快——同室操戈 …… 261
第四十九章　相识满天下，知心能几人 …… 263
选择放下身段还是坚持孤独——曲高和寡 …… 263
友情是财富，同样需要创造——白头如新 …… 264
真的朋友就是相互温暖——肝胆相照 …… 265
人之相知，贵在知心——高山流水 …… 266
朋友纵然长久不见，再见不会陌生——管鲍之交 …… 267
成语荟萃 …… 269
参考文献 …… 272

第一篇

挖掘潜能，修炼人生

第一章　外在谦和有礼，内里铁骨铮铮

面对花花世界，守住本心——木人石心

成语诠释

【来源】《晋书·夏统传》。

【解释】形容意志坚定，面对任何诱惑都不动心。

【成语掌故】

晋朝有个名士叫夏统，会稽人，是位超凡脱俗的隐士。他多才善辩，很有名气。当时，许多人劝他出来做官，都被他拒绝了。

一次，他到了京城洛阳，太尉贾充听说了，便想利用他的才学和名望来扩充自己的势力，于是就劝他到自己身边来任职，被他婉言谢绝。贾充不甘心，他调来整齐的军队，装饰上华丽的车马，吹着响亮的号角，从夏统面前走过。贾充对夏统说："如果你同意到我身边来做官，就可以指挥这些军队，乘坐这样华美的车子，那该有多威风啊！"夏统对眼前豪华显赫的场面就像没有看见似的，根本不动心。

贾充仍不死心，又招来一些美女，在夏统面前轻歌曼舞。贾充心想，这下你总该动心了吧。不料，夏统漠然如初，毫不动摇。贾充见全然打动不了夏统的心，不解地说："天下竟有这样的人！真像木头做的人，石头做的心啊！"

词解人生

诱惑，是一个会让人心动的词汇。每个人都曾经希望自己的人生可以轰轰烈烈，殊不知，这轰轰烈烈中便包含了无数次诱惑的考验。诱惑是一直存在的，差别在于面对诱惑，每个人所作出的不同反应——有的人享受诱惑，让自己沉醉于诱惑之中，一步步地沦陷；有的人洁身自好，不同流合污，始终保持自己的纯洁，如莲花般"出淤泥而不染"。

孟子在很早以前便已经为我们定下了面对诱惑时的行为准则：富贵不能淫，贫贱不能移，威武不能屈。李敖说：这还不够，还应该再加上一句，"时髦不能动"。有些人就是经不住时髦的诱惑，总想要去"尝尝鲜"，"开开眼"，以至于嘴巴变馋了，眼睛变色了。

我们身处的社会虽然不是物欲横流，但也有太多的诱惑，要想保持自己高贵的人格，便需要以一颗禅定的心去抵御诱惑。只有这样，才能不被别人牵着鼻子走，才能活出自己想要的人生。

沽名钓誉，别有用心——嗟来之食

成语诠释

【来源】《礼记·檀弓下》。

【解释】嗟：不礼貌的招呼声，相当于现在的“喂”。通常指带有侮辱性的或不怀好意的施舍。

【成语掌故】

春秋战国时期，诸侯国征战不断，百姓本就处于水深火热之中，如果再加上天灾，百姓就更没法活了。这一年，齐国大旱，田地干裂，庄稼全死了，穷人吃完了树叶吃树皮，吃完了草苗吃草根，眼看着一个个都要被饿死了，只得到外面去逃荒要饭。可是富人家里的粮仓却堆得满满的，他们照旧吃香的喝辣的。

有个富人名叫黔敖，家里囤积了很多的粮食，他看着穷人一个个饿得东倒西歪，却始终无动于衷。这时，他的一个家奴向他建议：如果在这个时候施舍给那些饥民们一点吃的，他们必定会感恩戴德，自然便可以获得一个好名声。于是，黔敖把做好的窝窝头摆在路边，施舍给过往的饥民。每过来一个饥民，黔敖便丢过去一个窝窝头，并且傲慢地叫着：“叫花子，给你吃吧！”有时候过来一群人，黔敖便丢出去好几个窝头，让饥民们互相争抢，黔敖在一旁嘲笑地看着他们，十分开心，觉得自己真是大恩大德的活菩萨。

一天，一个瘦骨嶙峋的饥民走了过来。他满头乱蓬蓬的头发，衣衫褴褛，一双破烂不堪的鞋子用草绳绑在脚上。从他摇摇晃晃的步伐便看得出他已经好几天没吃东西了。黔敖看见他，便特意拿了两个窝窝头，还盛了一碗汤，对他大声吆喝道：“喂，过来吃吧！”语气中充满了得意。黔敖本以为这个饥民一定会感谢他的好意，谁知，那个饥民像没听见似的，没有理他。黔敖又叫道：“嗟，听到没有？给你吃的！”只见那饥民慢慢地走到黔放的面前，仰起头注视着黔敖说：“收起你的东西吧，我宁愿饿死也不愿吃这样的嗟来之食！”说完头也不回地走了。

黔敖万万没料到，饿得摇摇晃晃的饥民竟还保持着自己的人格尊严，顿时满面羞惭，一时说不出话来。

词解人生

民以食为天，食是人类生存的根本。自食其力则自得其乐，若无力自食，受一点别人善意的恩惠似乎是可以接受的，唯有这“嗟来之食”却是不能接受的。一句“廉者不受嗟来之食”，曾为多少仁人志士所赏识，也激励了许多人为免受“嗟来之食”而奋发自强，这其中包含了做人的气节和为人的骨气。

帮助和救济本应是发自内心的、善意的，施助者不应该以救世主的心态自居，更不应该将施助当作一种工具，一种提高知名度的手段。现在社会中的一些施助者在媒体面前竭力表白他们大海般的“同情心”，实际上，却只是甩给穷人几个钱，犹如丢给宠物一点粮食一般，以此来沽名钓誉。

所以，如果你不是真心诚意地想要帮助别人，那就请收起你的虚假与伪善；如果你需要帮助，但摆在面前的却是“嗟来之食”，请挺起你的胸膛，大声地说“不”，一个有骨气的人才能奋发图强，获得成功。

攀龙附凤，为人不齿——趋炎附势

成语诠释

【来源】《宋史·李垂传》。

【解释】趋：奔走，巴结；炎：热，显赫，指权势；附：依附，依靠。奉承和依附有权有势的人。用于指斥那些巴结、投靠有权有势者的行为。

【成语掌故】

李垂，字舜工，山东聊城人，北宋官员。咸平年间考中进士，先后担任著作郎、馆阁校理等职。他曾编写了三卷《导河形胜书》，对治理旧河道提出了许多有益的建议。他博学多才，为人正直，对当时官场中奉承拍马的庸俗风气非常反感，并因不肯同流合污而得罪了许多权贵，一直得不到重用。

当时的宰相丁谓就是一个善于阿谀奉承之人，他用卑劣的手段获取了宋真宗的欢心，从而手中握有大权，加上他玩弄权术，排挤异己，最后竟然独揽朝政。许多想要升官发财的人见他炙手可热，便都争相吹捧他，奉承他，希望可以获得他的赏识，从此以后平步青云。

有人见李垂从来不去刻意地讨好丁谓，十分不解，便问他为何从未去拜谒过当朝的宰相。李垂说：“丁谓身为宰相，不但不以身作则，公正地处理政事，反而仗势欺人，实在有负于朝廷对他的重托和百姓对他的期望。这样的人我为什么要去拜谒？”这话很快就传到了丁谓的耳朵里，丁谓对此非常恼火，便借故把李垂贬到外地去了。

宋仁宗即位后，丁谓倒台，而李垂则被召回京都。一些关心他的朋友对他说："朝廷里有些大臣知道你才学过人，都想推举你做知制诏。不过，当今的宰相还不认识你，你是不是应该去拜访一下他呢？让他认识认识你，一定会有好处的。"李垂淡淡地回答说："如果我三十年前就去拜谒当时的宰相丁谓，可能早就当上翰林学士了，但是我并没有这样做。我仍然坚持自己的原则，见到有的大臣办事不公，就当面指责他，以我现在的年纪，又怎么能趋炎附势，看别人的眼色行事，借以换取他们的提携呢？"他的这番话又传到了新任宰相的耳朵里。结果，他再次被排挤出了京都。

词解人生

人总是会追求一些自己认为重要的东西，但无论你追求的是什么，都必须要有一个前提，即要拥有完整的人格。在这个世界上，我们要想与人融洽地相处，就要学会尊重别人。要尊重别人，先决条件就是要尊重自己。

"大人物之所以高大，是因为你自己在跪着。"我们可以用一种崇拜的眼光去看待那些伟人，但却不能用一种卑下的心态度过自己的一生。我们需要别人的尊重，但更重要的是，首先我们必须尊重自己。或许我们暂时还没有做出什么伟大的成就，但起码我们有成就伟业的决心，也有成就伟业的动力。与"圆滑""精明"相比，拥有完整的人格是获得成功的先决条件。

选择远离喧嚣不等于闭目塞听——山中宰相

成语诠释

【来源】《南史·陶弘景传》。

【解释】南朝梁时陶弘景隐居茅山，屡聘不出。梁武帝常向他请教国家大事，人们称他为"山中宰相"。比喻隐居的高贤。

【成语掌故】

离南京不远的地方，有座连绵几十里的句曲山，传说汉代有茅盈、茅固、茅衷三兄弟在此成仙，所以又称茅山。南朝时期，陶弘景便隐居于此。

陶弘景，原籍丹阳，出身于官宦世家。陶弘景自小聪明，博览群书，才高八斗，却一直都没能做上掌有实权的官，所以怏怏不得志。36岁时，他决意辞官修道，便来到茅山。他以为此山号称"华阳之天"，于是便自号为"华阳隐居"，在山中筑道馆居住。

梁武帝萧衍未做皇帝前就和陶弘景是好朋友。萧衍夺得大权后，对于朝代的名称一直未能决断，最后，他听从了陶弘景的建议，定国号为梁。

事后，萧衍特地派人进山，对陶弘景表示感谢。武帝知道陶弘景是个奇才，几次想请他出山做官，陶都坚辞不出。皇帝的诏书来得急了，他就画了两头牛让人带走呈给武帝。画中一牛散放在水草间，一牛则被加上了金笼，有人执着鞭子在驱赶它。武帝一看，明白了他的意思，笑着说道："这人没有什么荣华富贵的欲念，看来是打算仿效在泥淖中拖着尾巴自由爬行的乌龟，哪有招来的办法?"于是，他也就不再勉强了。

但是，梁武帝萧衍在位时，常有朝廷的使者带着皇帝的信件风尘仆仆地前往茅山，得了回书又急匆匆赶回。有时遇有重大事件，往来频繁，前头刚刚派人捧着诏书、敕告出发，马上又加派使者去催办。梁武帝每有军国大事，都要征求陶弘景的意见。陶弘景身在方外，却俨然是朝政决策人物，所以当时人都称他为"山中宰相"。

词解人生

无论身居何处，我们都应该有一颗统揽全局的心。我们可以随意地选择自己喜欢的生活方式，或居于繁华的都市，或居于静谧的乡村，或居于无人的山林，但任何一种方式都不能影响我们胸怀大局的心，以一种出世的心态去看待世间的事情，可以看得更加透彻、明晰。

现代社会是信息爆炸的时代，即便我们可以选择远离尘世的生活，也必须时时关注信息的变化，因为它与我们的生活息息相关。我们无法逃避，也不能逃避。

第二章　决定不了生命的长度，可以决定它的厚度与宽度

常在河边走，哪能不湿鞋——玩火自焚

成语诠释

【来源】（春秋）左丘明《左传·隐公四年》。

【解释】玩：玩弄；焚：烧。玩火的人必定会烧到自己。比喻干冒险或害人的勾当，最后受害的还是自己。

【成语掌故】

春秋时期，卫国公子州吁不想屈居人下，便杀了哥哥卫桓公，自立为君主。因为他倒行逆施，导致民心不顺，国家动荡不安，于是，州吁便想发动一场对外战争，这样既可以在外交上讨好诸侯，同时还能缓和国内的矛盾。他与上大夫石厚商议，询问应该将哪个国家作为进攻的对象。

石厚说："早年间，郑国曾攻打过我国，当时我国战败，先君庄公被迫认错，请求郑国的赦免，这对卫国来说，无疑是一种耻辱。如果大王想要出兵的话，郑国再适合不过了。"

州吁说："大夫言之有理。可是光凭我们一国的实力恐怕不够，还要多联合几个国家才行。陈国和蔡国是两个小国，和我们关系一向不错，他们应该是会出兵帮助我们的，但是宋国是一个大国，恐怕不一定会出手相助。"

石厚说："以前宋宣公传位给弟弟穆公，穆公想报答哥哥的恩典，于是在他临死之前，没有把王位传给自己的儿子公子冯，而是传位于哥哥的儿子舆夷，是为宋殇公。公子冯因此既怨恨父亲，又嫉恨舆夷，便离开了宋国，到了郑国。郑国一直都想起兵攻打宋国，为公子冯夺取王位。如今我们正好可以打着为宋君除掉公子冯的幌子联络宋国。"

于是，卫国联合了宋国、陈国和蔡国一起出兵，将郑国东门围得水泄不通。鲁国的隐公听到四国攻郑的消息，问大夫众仲："这场战争卫国能取得胜利吗？"众仲说："自古以来，唯有以德服民，民众才能团结和睦。战争好比是火，如果不赶紧停下来的话，玩火的人自己终将被火烧死。"

果然不出所料，四国的军队围攻郑国东门，只坚持了五天就都撤兵了。州吁的目的不仅没有达到，反而使得国内更加动荡不安。不久，他就被石

厚用计除掉了。

词解人生

玩火的人，最后把自己给点着了；随地乱扔香蕉皮的人，因踩到香蕉皮而狠狠地摔了一跤……俗话说：“人在江湖，身不由己。”在现实生活中，人们总是会在不知不觉间迈入“江湖”，与武侠世界中的人物一样，不得不过着“刀口舔血”的日子，等到想要退出的时候，已是难上加难了。与其将自己置身于“江湖”之中，不如在还没涉足之前，就及时地警醒自己，远离那些纷纷扰扰，免得最后落得个玩火自焚的下场。

旁观者的角度最理性——当局者迷

成语诠释

【来源】（宋代）辛弃疾《恋绣衾·无题》。

【解释】当局者：正在下棋的人，也指当事人；迷：糊涂，迷惑。下棋的人往往容易被棋局迷惑，看不清楚事态的发展方向。比喻当事人因顾虑太多导致主观片面，反而更容易糊涂。

【成语掌故】

唐玄宗时期，大臣魏光上书要求把唐初名相魏征整理修订过的《类礼》列为经书，也就是作为儒家的经典著作。玄宗当即表示同意，并命元澹等仔细校阅一下，再加上注解。

不料，右丞相张说对此持否定意见，他说，现在的《礼记》，是西汉戴圣编纂的本子，已经使用了近千年。再说东汉的郑玄也已加了注解，成为经书，为什么还要改用魏征整理修订的本子呢？玄宗觉得他说得也有道理，便改变了主意。

但是元澹认为，本子应该随着时代的发展改换一下，这样才能更适合现在使用。为此，他写了一篇题为《释疑》的文章，表明自己的观点。《释疑》中，客人问：“《礼记》这部经典著作，戴圣编纂、郑玄加注的本子与魏征修订的本子相比，究竟哪个更好呢？”主人回答说：“戴圣编纂的本子从西汉起到现在经过了许多人的修订、注解，虽然已经有了很长的历史，但也出现了一些互相矛盾之处，本朝名相魏征正是考虑到这些因素而对其进行重新整理，怎么都想不到那些墨守成规的人会反对！”客人听后点头称是，说：“是啊，就像下棋一样，下的人反倒糊涂，旁观者却看得分外地清楚。”

词解人生

“不识庐山真面目，只缘身在此山中。”每个人都知道当局者迷，旁观者清的道理。站在局外看棋，客观理智，身处局中，却会困于其中无法脱身。当人们急于办成某件事而深陷其中时，就容易忘记了什么是重要的，什么是不重要的，甚至会因小失大。最后看起来好像把事办成了，其实失去的更多。因为关心则乱，所以一旦涉及自身的利益问题时，我们总是会在不知不觉间，把事情看得特别重。就像是对痛苦的感受一样，所有的人都觉得自己所经历的是世界上最痛苦的事情，但与其他的人相比，其实那根本不算什么。身处其中，很容易就会失去理智的判断，适时地跳出来，以一个旁观者的眼光看待发生在自己身上的事情，反而会有不小的收获。

丧失理智时的决定永远是最不明智的一种——丧心病狂

成语诠释

【来源】《宋史·范如圭传》。

【解释】丧失理智，言行错乱，像发了疯一样，形容言行荒谬或残忍狠毒到了极点。

【成语掌故】

秦桧，一个中国历史上著名的奸臣，以“莫须有”的罪名陷害岳飞，让他为世人所唾骂。北宋末年，他任御史中丞。“靖难之变”时，宋徽宗和宋钦宗被金国掳去，他也跟随着到了金国，成了金太宗之弟挞懒的亲信。三年后，秦桧被派遣回宋朝，他谎称是在杀死看守兵士后，才得以逃脱的，其实就是金国派到南宋的内奸。昏庸的宋高宗没有丝毫的怀疑，反而还非常宠信他，让他担任宰相。

绍兴八年（公元1138年），秦桧代表宋高宗向金使跪接诏书。绍兴十年（公元1140年），金兵南侵，岳飞领军大举北伐，屡破金军，进逼开封，秦桧却在此时怂恿宋高宗以十二道金牌迫令岳飞班师回朝。绍兴十一年（公元1141年），宋高宗与秦桧解除岳飞、韩世忠等大将的军权，以谋反罪陷害他们，并以“莫须有”的罪名杀害了岳飞，与金朝再次签订屈辱的和约。宋向金称臣、纳贡、割地，金规定宋高宗不许无缘无故地废除宰相。秦桧担任宰相长达十九年之久，独揽朝政，排除异己，力主投降，采取向金称臣纳贡的政策，压制抗金舆论。他还任用李椿年等推行经界法，丈量土地，重定两税等税额，使很多贫民下户因横征暴敛而家破人亡。

一次，金国派使者来宋，秦桧要安排他住在秘书省官署里。有个叫范如圭的官员极力反对，说：“秘书省是机要重地，怎能让金国的使者住到那里去呢?”为了形成更大的舆论压力，范如圭联络其他官员，打算联名给皇帝写份奏章，抗议秦桧的卖国行径。没想到，奏章写好了，要那些官员签名的时候，他们却因为害怕秦桧报复，而都打了退堂鼓，没有一个肯签名。逼于无奈，范如圭只好以自己的名义给秦桧写了封信，信中写道：“公不丧心病狂，奈何为此?”意思是：你秦桧要不是丧失理智，发了疯病，怎会做出这种事情来呢?

词解人生

秦桧身为宋臣，其所作所为却无一不是以损害宋朝利益为出发点的。如果不是一个丧失理智的人，为何会有如此行径？又怎么会只为了个人利益，便将国家全都置之脑后？在这个纷纷扰扰的世界中，太多的事物足以使我们沦陷，如完全超出想象的钱财、一套渴望已久的房子、一辆梦寐以求的车子……一旦我们在遇到诱惑的那一瞬间眩晕了，那么所要付出的可能将会是为人的根本，即理智。摄定心神，不要被外界的事物所诱惑，时刻保持自己的理性，否则便有可能如秦桧一样，成为一个“病态”的人。

第三章　做善事像登山，做坏事却像下山

暂时的蛰伏是为了更有力的崛起——明哲保身

成语诠释

【来源】《诗经·大雅·烝民》。

【解释】 明哲：聪明有智慧。原指聪明有智慧的人善于趋安避危，不参与可能给自己带来危险的事，以保全自身。现多指因怕犯错误或有损自己利益，而对原则性问题不置可否的处世态度。

【成语掌故】

西周宣王在位期间，朝中有两位大臣，一位叫尹吉甫，一位叫仲山甫，他们辅佐周宣王，立下了汗马功劳。尹吉甫名甲，尹是官名。他曾领兵打退过西北方猃族的进攻，还曾奉命在成周（今河南洛阳东）一带征收南淮夷等族的贡赋。仲山甫，因被封在樊（今陕西西安南）地，所以也称樊仲、樊穆仲。仲山甫不仅学识渊博，而且敢于直谏，朝中的大臣们个个对他敬重有加。

当时，鲁国鲁武公有两个儿子，长子名括，次子名戏。周宣王仅凭自己的一时喜恶，武断地立戏为鲁国太子。这种废长立幼的做法，很容易酿成内部的动乱。仲山甫极力谏阻，但周宣王不听，坚持要立戏为太子。后来戏继位为鲁懿公，鲁国百姓个个愤愤不平，不久鲁懿公就被人刺杀了。

在位期间曾制定中国最早刑法的周穆王，在起九师讨伐楚国之后，又西征少数民族犬戎，将俘获的一批少数民族部落迁到了太原地区。国人暴动后即位的周宣王，不知与民休息，仍不断地发动战争，命尹吉甫击退犬戎的进攻，并反击到太原地区，将太原地区纳入了周王朝的版图。周宣王为了防御西北各部族的进攻，还命令尹吉甫到齐地去筑城，最早的平遥古城相传就是尹吉甫所筑。

这时，尹吉甫写了一首诗送给仲山甫，诗中赞美了仲山甫的品德和才能，也对周宣王任贤使能，使周朝中兴做了一番歌颂。这首诗就是《诗经·大雅》里的《烝民》，诗中道："肃肃王命，仲山甫将之。邦国若否，仲山甫明之。既明且哲，以保其身。夙夜匪解，以事一人。"它的意思是说：天子之命很严肃，山甫奉命就启程。国家社会好和坏，山甫眼里看得清。聪明智慧懂事理，高风亮节万年长。昼夜操劳不懈怠，竭诚辅佐我周王。

词解人生

人生在世，最宝贵的就是生命。没有人赞同“苟延残喘”“苟且偷生”，但人们却相信“留得青山在，不怕没柴烧”。

如果面对的是大是大非，邪恶对正义的挑战，我们当然可以选择舍生取义，但如果面对的只是些细节问题，我们何必为了一件鸡毛蒜皮的小事而轻易地将自己置身于危险之中呢？

正所谓有人就有一切。其他的事物都可以在人的努力之下，逐渐地创造或恢复，但唯独人的生命是失去了便不会再有第二次的。以一种明智但却不损害别人的方式，竭尽全力保护自己的生命，这是一个人最起码的义务，所以，请务必要珍爱生命。

只有真正关心你的人才会说出逆耳的忠言——从善如流

成语诠释

【来源】（春秋）左丘明《左传·成公八年》。

【解释】从：听从；善：好的、正确的（意见）；如流：像流水一样。像流水一样迅速而自然地接受别人正确的意见。比喻乐于接受正确的意见，听从善意的规劝。

【成语掌故】

栾书，春秋时期晋国的上卿，因屡获军功，升任中军元帅。公元前585年，楚国派数万精锐军队进攻郑国，郑国不敌向晋国求救。晋景公派栾书率军前往救郑，栾书的军队刚到郑国境内，就遇上了楚军。楚军见晋军来势汹汹，就退兵回国了。

栾书不想就此撤兵，便去进攻与楚国结盟的蔡国。力量弱小的蔡国见晋国来犯，连忙派使者向楚国求救。楚国本不想与晋国正面交战，但蔡国来求救，很明显地，此战已经避无可避了。于是，楚王派公子申和公子成带领自己所属的军队前去救援。

晋国大将赵同和赵括向栾书请战，准备率军攻打前来援救的楚军，栾书同意了。这时，栾书的部下知庄子、范文子、韩献子建议说，楚军本来已经退回去了，现在又折回来，一定是有备而来的，千万不可大意。此战如果我们获胜了，也只不过是打败楚军，并没有什么值得高兴的；但是如果失败了，就一定会令人感到耻辱。权衡利弊，这一战还是不打的好，我们不如收兵回国。

栾书觉得他们说得有理，便下令准备撤军回国。但军中仍然有很多人都想与楚军决一胜负，又听说栾书决定撤兵，就跟他说：“其实贤人与多数人的想法是一样的，只要用心去做，事情就能成功。身为主帅，辅佐您的有十一个人，其中只有三个人不主张开战，说明想打的人还是占多数的，您为什么不按多数人的想法行事呢？”栾书回答说：“正确的意见才能代表大多数。知庄子他们三个是晋国的贤人，他们所提的意见正确，能代表大多数人，我就采纳他们的意见。”于是，栾书下令撤兵回国。

两年之后，栾书率兵攻占了蔡国，接着想去攻打楚国。知庄子、范文子、韩献子等人分析了当时的具体情况以后，建议栾书暂时先不要攻打楚国，而应该去侵袭沈国。栾书觉得他们的建议正确合理，便去攻打沈国，最后取得了胜利。

栾书能正确听取部下的意见，人们便称赞他：“听从好的、正确的意见就像流水一样迅速。”

词解人生

忠言逆耳利于行，良药苦口利于病，这是自古以来中国人坚信不疑的格言。大凡能够建功立业，称雄一世的明君英主，他们对于敢于直言相劝，排除国家隐患的忠臣良将极为尊重。贤明的君主虚心纳谏，从善如流，能做到防患于未然，继而成就一番伟业。与此相反，拒绝不同意见，骄横专断的君主，到头来必定落个国破人亡、身败名裂的下场。

商纣王拒绝贤臣良将的进谏，从而造成灭顶之灾；周厉王不听穆公的直言劝谏，最终招致丧国之痛；项羽刚愎自用，最后落了一个自刎乌江……这样的例子数不胜数。虽然我们不像那些君王一样，要对大多数人的命运负责，但起码我们要对自己的人生负责，所以，不要轻易堵上耳朵，用心倾听“善”的声音吧！

眼界决定境界——大方之家

成语诠释

【来源】（战国）庄周《庄子·秋水》。

【解释】大方：大道理。原指懂得大道理的人。后泛指见识广博或学有专长的人。

【成语掌故】

每到秋天的时候，众多大川里的水都会按照时令汇聚到黄河里来，黄河顿时显得特别壮观，河面宽阔、波涛汹涌、一片汪洋，连对岸的牛马都看不见了。

这时，黄河的河神沾沾自喜，以为把天下一切美好的东西都聚集到自己这里来了，认为自己是最高贵的。河神顺着水流向东而去，不知不觉间来到了北海边，向东一望，只见白浪滔天，根本看不见大海的尽头。这时，河神才改变了先前得意洋洋的神态，对着北海之神慨叹道："俗话说'听到了上百条道理，便认为天下再没有谁能比得上自己了'，说的就是我这样的人了。我还曾听说过孔丘懂得的东西太少、伯夷的高义不值得看重的话语，开始我不敢相信；如今我亲眼看到了你是这样的浩渺博大、无边无际，才知道我先前的自以为是和骄傲自大实在是不应该，要不是因为来到你的门前，我可就危险了，我必定会永远被那些有学问、有修养的人耻笑！"

词解人生

"高度决定视野"，这是一句非常有名的广告词，它将一个一直以来大家都知道的观点，用一种更为简洁和概括的方式表现了出来。

"站得高，看得远"，表达的也是同样的道理，当你处在低处时，你所看到的只是那个"无知山谷"里仅有的风景；当你站在高山之上时，放眼望去，你所看到便会是更迷人的景致。不要认为自己眼睛看到的便是全部，在这个广袤的宇宙中，我们目所能及的永远只是沧海一粟。那些成为大方之家的人，他们的视野永远是向着远处的，不会满足于眼前的一点一滴。别再待在深井之中夸耀自己头顶的天空，也别再居于一隅自负学富五车，保持前进的步伐，永攀高峰，才有机会成为"大方之家"。

心急吃不了热豆腐——脚踏实地

成语诠释

【来源】（宋代）邵伯温《闻见前录》第18卷。

【解释】双脚在地面上踏稳，踏踏实实地做事。比喻做事踏实、认真，作风质朴，不虚浮，不投机取巧。

【成语掌故】

北宋时期著名的政治家、思想家、历史学家司马光自幼便聪明机警，且胆识过人，深得周围人喜爱。有一次，司马光与几位小伙伴在一起玩耍。其中一个小伙伴失足掉进了水缸中。其他的几个小伙伴都傻眼了，不知该如何是好，你看我，我看你，都吓得哭了。唯独司马光临危不乱，举起旁边的石头，便向缸砸去，缸一下就被打破了，水"哗"的一声流了出来，那个小伙伴因此而得救了。

勤学苦读的司马光不到二十岁便考中了进士。宋仁宗在位时，他已被提升为天章阁待制兼知谏院。宋英宗治平三年（公元1066年），司马光开始着手撰写编年体史书——《通志》。他花了整整十九年的时间，才完成这部巨著。书成之后，宋神宗非常高兴，将书赐名为《资治通鉴》。司马光治学严谨，一丝不苟，在写作《资治通鉴》的十九年中他始终保持了自己的这一治学风格。对于这一点，不仅司马光的朋友钦佩不已，就连他的政敌王安石也深为叹服。

邵雍是与司马光同时代的一位学者。这位老先生淡泊名利，一生不肯入朝为官，曾多次拒绝朝廷的任命。他以毕生的精力研究《周易》，并写有很多的著作，其中最著名的便是《皇级经世》。邵雍与司马光交往甚密，他们时常在一起品评朝政、切磋学问。在洛阳时，司马光、邵雍、文彦博、吕公著等元老经常聚首，大家知道邵雍非常善于观察，特别对面相学有相当的研究，便纷纷向他请教，请他说一说自己的为人。邵雍对文彦博说："你面相好，是一个为人厚道，但又有些脾气的人。"司马光听了兴趣也来了，便问道："先生，我是一个怎样的人?"邵雍不假思索地说："你是个脚踏实地的人啊!"司马光听了，不禁感叹："知我者，唯邵雍也!"

词解人生

时代在前进，社会也在不断地发生变化：人们可以不用再为旅行要花费太多的时间而烦恼，因为飞机可以在短短的几个小时之内把人们送往目的地；人们可以不用再为找不到书而焦虑，因为电脑把所有的书都收录其中……但这个世界的规律却没变，吃东西时，还是得一口一口吃；睡觉时，还是得够八个小时才会清醒；学习时，还是得一点一点地去看；工作时，还是得一步一步地去做……"千里之行，始于足下"，所以，还是脚踏实地地做事为好，这才是最明智的选择。

第四章 水清因源头干净，影正因自身不斜

捡来的钱财怎能用得安心——拾金不昧

成语诠释

【来源】（清代）吴炽昌《客窗闲话·义丐》和（清代）《歧路灯》。

【解释】金：原指钱财，泛指各种贵重物品；昧：隐藏。拾到贵重的东西并不隐瞒下来据为己有。形容良好的为人道德和社会风尚。

【成语掌故】

从前，有一个秀才，名叫何岳，自号畏斋，虽然他出身贫寒，但为人却十分正直。

一次，他回家晚了，在路上捡到二百两白银，回到家之后，他将这些白银藏了起来，没和家人说起这件事。他担心家人知道了这件事之后，便会让他把钱留下来，据为己有。第二天早晨，何岳带着银子来到他捡到钱的地方，希望可以等到丢了钱的人回来寻找。没过多久，他看到有一个人正在四处寻找什么东西，于是他便上前询问，那个人果然是丢了钱的那个人，经过数目与封存的标记的核对之后，何岳确定是那个人丢的钱没错，便将钱如数还给了那个人。那个人想用一部分钱作为酬谢，何岳说："本来捡到钱而没有人知道，这些钱就可以算是我的了。然而这样我都不要，又怎么会贪图这些报酬呢?"那个人拜谢之后，便离开了。

何岳还曾经在做官的人家中教书，官吏有事要去京城，便将一个藏有数百两黄金的箱子寄放在何岳家里，并跟何岳说，等他回来便来取。谁知这个官吏一去便是许多年，后来听说官吏的侄子为了他的事情南下，何岳便托官吏的侄子把箱子带回给官吏。

词解人生

俗话说：有钱能使鬼推磨。仅从这样的一句话中我们便可以看出人们对于钱的一种看法。有人说：钱是万恶之源；也有人说：万恶的是人心。无论如何，这些说法都是与钱有关的。钱，在人们生活中是不可缺少的东西，它既是天使，也是魔鬼。它可以使你得到想要的东西，可以使你风光无限；它也可以使你忘乎所以，胡作非为，甚至沦为阶下囚。但钱可以使人趾高气扬，却无法驱除内心的空虚；钱可以换

来美女的微笑，却不能买到忠贞的爱情；钱可以买到豪华的别墅，却不能买到温暖的家庭；钱可以换来门庭若市，却不能买到纯洁的友谊。

古语有云："君子爱财，取之有道。"用劳动、汗水、诚实、信用取得"财"是正道，用盗窃、抢劫、敲诈等犯罪行为得到"财"是邪道，用权力、淫威等手段谋取"财"是腐道。别人的始终是别人的，我们没有权利，也不能占有属于别人的东西，这便是我们中华民族一直以来所提倡的美德。

对自己严格要求，对集体无私奉献——克己奉公

成语诠释

【来源】（南朝·宋）范晔《后汉书·祭遵传》。

【解释】克己：约束自己；奉公：以公事为重。克制自己的私心，以公事为重。比喻一个人对己要求严格，一心为公。

【成语掌故】

祭遵，字弟孙，东汉初年颍阳人。祭遵虽然出身豪门，但生活非常俭朴。他从小就喜欢读书，知书达理，贤孝博学。

公元 24 年，刘秀攻打颍阳一带时，祭遵前去投奔，刘秀便将其收到帐下。刘秀发现祭遵为人正派，做事讲究原则，便任命他为军市令，负责执行军营的法令，管理军纪。任职中，他执法严明，不徇私情，为大家所称道。

有一次，刘秀身边的一个小侍从犯了罪，祭遵查明真相后，依法把这名小侍从处以死刑。刘秀知道后，十分生气，欲降罪于祭遵。但马上有人来劝谏刘秀说："严明军令，本来就是大王的要求。如今祭遵坚守法令，上下一致做得很对，这样号令三军才有威信啊，保证以后再也没人敢以身试法了。"

刘秀听了觉得有理，笑着说："这个侍从死得太妙了，他一个该死的人让我看到了我的营帐中的两个贤人。"于是，他不但没有降罪于祭遵，还提升他为刺奸将军。后来，祭遵因屡立战功，又被封为征虏将军、颍阳侯。

祭遵为人廉洁，为官清正，做事谨慎，克己奉公，常得到刘秀的赏赐，但他将这些赏赐都拿出来分给了手下的人。他生活十分俭朴，家中也没有多少私人财产，即使在安排后事时，他仍嘱咐手下的人，不许铺张浪费，只要用牛车装载自己的尸体和棺木，拉到洛阳草草下葬就可以了。

词解人生

海瑞说过："读圣贤书，干国家事。"他几乎不近情理的廉洁和不可思议的正直

品性，使他与周围的环境总是格格不入。虽然他的一生是在政敌无休止的攻击中度过的，虽然他并没有作出什么伟大的功业，但却给后世留下了千古传颂的高尚品德——克己奉公。

“克己”，便是要对自己有要求，有一个时刻不能松懈的标尺。贪、嗔、痴，这是每个人都会面临的诱惑，但不同的人在诱惑面前的表现却大不一样。克制自己的欲望，使自己成为一个道德高尚、有修养的人，这应是我们对自己的最起码的要求。“奉公”，是一种为自己所在的团体贡献力量的义务，是一种维护自己所在团体的公平与公正的义务。以法律和法规为行事的准则，以共同利益为行动的目标，以众人的幸福为己任，这样的人生才有价值。唯有将克己和奉公结合起来，才会拥有青松般高洁的品质。

白纸上的墨点最刺眼——两袖清风

成语诠释

【来源】（元代）魏初《送杨季梅》诗。

【解释】袖：袖子。两袖中除清风外，别无所有。原指人迎风潇洒的姿态，后指清贫得一无所有。比喻做官廉洁。

【成语掌故】

于谦，字廷益，明朝名臣。他在没有调入京城前，一直担任地方官。他为官清廉，对下属的各级官员要求都十分严格，坚决禁止受贿、贪赃，他自己更是以身作则。

正统年间，宦官王振专权，他作威作福，以权谋私，肆无忌惮地收受贿赂。每逢朝会，各地官僚为了讨好他，多献以珠宝白银。而于谦每次进京奏事，总是不带任何礼品。他的同僚劝他说：“你虽然不献金宝，不肯攀求权贵，也应该带一些有名的土特产如线香、蘑菇、手帕等物，送点人情呀！否则，人家会对你有看法，还会找你的麻烦的。”于谦潇洒一笑，甩了甩他的两只袖子，风趣地说：“只有清风！我当官是为国为民，不是为了某一个人。只要我为官清廉，认真做事，又何须担心他人。”

为此他曾作过一首《入京诗》以明志：“绢帕蘑菇与线香，本资民用反为殃。清风两袖朝天去，免得闾阎话短长。”绢帕、蘑菇、线香都是他任职之地的特产。于谦在诗中说，这类东西本是供人民享用的，只因官吏征调搜刮，反而成了百姓的祸殃了。他在诗中表明了自己的态度：我进京什么也不带，只有两袖清风朝见天子。

词解人生

于谦的“两袖清风朝天去，免得闾阎话短长”是一种潇洒，同时也是一种气节。自古以来，为官者的腐败一直是历史的顽症，虽然有太多的政令去限制，但始终无法彻底杜绝。所以，一个廉洁自律、洁身自好的人，便成了百姓心目中的“青天大老爷”。

宋人吕本中说过：“当官之法，唯为三事：曰清，曰慎，曰勤。”官场是个大染缸，身处其中能洁身自好就已经难能可贵，在保证自身的廉洁之外，还能够以一人之力，澄清官场这缸浑水，就更是难上加难了。也正因为如此，于谦能够成为廉洁的典范，为世人所敬仰。在现代，那些在官场中摸爬滚打的人，也应该以于谦为榜样，即便不能青史留名，也要让自己问心无愧。

当法制还没有达到完善的境地时，我们只能严格要求自己，做到“慎独”，将廉洁看作是一种境界、一种修养、一种对自我的约束。正如司马光在《资治通鉴》中所说的那样，“由俭入奢易，由奢入俭难”。当你远离清廉，踏入了腐败的“浑流”之中时，你便很难再从其中抽身而出了。所以，时刻警惕着，让自己如泥淖中的荷花一般，清清白白地活在这个世界上。

多照自己，少照别人——明镜高悬

成语诠释

【来源】《西京杂记》卷三。

【解释】又名秦镜高悬，传说秦始皇有一面镜子，能照人心胆。比喻官员判案公正廉明。也比喻目光敏锐，识见高明，能洞察一切。

【成语掌故】

秦朝末年，农民起义风起云涌，各地的义军纷纷想要推翻秦朝的统治，建立自己的政权，这其中又以汉王刘邦和楚王项羽的势力最为强大。他们约定：谁先攻下咸阳，谁就可以在关中称王。

刘邦成为最先攻入咸阳的人。他进入咸阳宫后，前去巡视秦王室存放珍宝的仓库，里面的金银珠宝数不胜数，奇珍异宝令人眼花缭乱。但其中最令刘邦惊异的，却是一面长方形的镜子。它宽四尺，长五尺九寸，正反两面都能照人。如果一个人用平常的姿势走近它，照出的是倒立的人像；如果有病的人捂着心口走近它，就能从中看到自身疾病所在的部位；如果一个心术不正的女子走近它，就会发现她的胆特别大，心脏的跳动也异于常人。秦始皇害怕别人对他怀有异心，所以经常让人们去照这面镜子，如果发现了什么异于常人的状况，就将那个人杀掉。

此镜功能奇特，后人以“秦镜高悬”来比喻当官的人明察是非，断狱清明。唐代诗人刘长卿在《避地江东留别淮南使院诸公》一诗中写道：“何辞向物开秦镜，却使他人得楚弓。”许多当官的人为了标榜自己的清廉，都在公堂上挂起“明镜高悬”的匾额。

词解人生

秦始皇宝库中的那面镜子有特殊的功能，它能照见人心。俗话说：知人知面不知心。人心向来都是最“深不可测”的，有些时候，不只是别人不了解我们，就连我们自己都对自己知之甚少。如果世间真的有一面这样的镜子，一定会有很多人想要去看看真正的自己到底是什么样子的，一定也会有很多人害怕看到自己心底最深处的不堪。其实，在中国历史上是否真的有这面镜子，已经变得不重要了，关键在于，借由这样的一面镜子，我们看到了自古以来人们想要了解世人心理的愿望。

能照见人心，衡量人性的镜子，其实就在我们自己心里。当做了一件造福众人的事情的时候，你的心中一定是充满了幸福感的；当无意中伤害了别人时，你的心中一定是悔恨不已的；当无意中成了一桩罪恶的帮凶时，你的心中一定是恐惧万分的……无论是幸福、悔恨，还是恐惧，其实都是通过你心中的“镜子”折射出来的，根本无须别人提醒，你已经为自己的所作所为作出了恰当的评价。

秦朝的那面镜子只是一个传说，但“明镜高悬”的匾额却时时可以在影视剧中见到，它所体现的，不只是为官者的公正无私，更重要的是让我们照见自己心中的“镜子”，在别人做出评判之前，自己先认真地看清楚自己。

第五章　才华不是傲慢的资本，宠爱不是骄纵的理由

人生不只有眼前的风景，还有诗和远方——高屋建瓴

成语诠释

【来源】（西汉）司马迁《史记·高祖本纪》。

【解释】建：倒水，泼水；瓴：盛水的瓶子。从高高的屋顶上往下倒瓶中的水。形容居高临下、不可阻遏的形势。

【成语掌故】

经过五年的楚汉战争，刘邦建立了汉王朝，史称汉高祖。一方面，刘邦对立下了汗马功劳的将士们心存感激；另一方面，他又担心部下的势力过于强大，会对他的天下产生威胁，尤其是大将韩信最令他担忧。

果然，在刘邦登基的第二年，就有人向他报告说韩信要造反。刘邦听了，非常生气，急忙召集文武大臣商议对策。最终，刘邦采用陈平的建议，不费一兵一卒便把韩信抓住了。虽然没有治韩信的罪，但削去了他的王位，将其贬为淮阴侯。

刘邦对此十分满意，于是下令大赦天下。大夫田肯前来道贺，说："臣恭喜陛下，既抓住了韩信，又牢牢地控制住了关中地区，真是双喜临门啊！关中这个地方土地辽阔，而且地势险要，易守难攻。陛下利用此处的地势就能轻易地控制和驾驭诸侯，就好像是从高高的屋脊上把瓶子里的水倒下去一样，势不可当。东方靠海的齐地自从韩信调离后，一直没有妥善的安排，但是此地两千多里、七十余城，东有琅玡和即墨等资源富饶之地，南以泰山为屏，西有黄河孟津要塞，北有渤海的水产和贸易之便，地势十分重要。如果能够控制此地，和关中遥遥相对，定可保大汉江山固若金汤了。但是，如此重要的地方，绝不能赐封给任何一位异姓诸侯，只有亲信子弟才能将其封为齐王。"

刘邦听了田肯的话十分高兴，即刻赏赐了他黄金五百两，接着，便以高屋建瓴之势征服了齐地，控制了其他的异姓诸侯。

词解人生

登高才能远眺，站在高处才能将所有的景物尽收眼底。唯有处在一种居高临下的态势之中，才能掌控所有事情的发展。刘邦对此便运用得十分得体。他从全局的

观念出发，控制了关中和齐地，便等于是控制了诸侯，控制了全国。他以最小的成本获得了最大的收益，这便是高屋建瓴的智慧所在。

高屋建瓴还需要人有一种超越平凡的气概和胆略，在高远立意指导下，从全局观念了解事物的全貌，以充满智慧且独特的方式充分地展现自己的能力，将事情的发展推向极致。

能拴住人的只有心——解衣推食

成语诠释

【来源】（西汉）司马迁《史记·淮阴侯列传》。

【解释】 推：让。把穿着的衣服脱下给别人穿，把正在吃的食物让别人吃。形容对人热情，慷慨地给予关心和帮助。

【成语掌故】

楚汉相争的时候，韩信是刘邦帐下的一员大将，他为刘邦立下了许多汗马功劳，也因此受到了刘邦的重用。

项羽在多次与韩信的交战中，都以失败告终，于是他对刘邦的这员猛将真是一筹莫展，想到自己手下竟然没有一个像韩信这样的大将，更是急得寝食不安。一直以来，他都想将韩信拉拢过来，却没有什么好的办法。这时，有人向项羽建议不妨用高官厚禄去招揽韩信，项羽虽然明知没有什么把握，但还是派武涉去汉营游说韩信。

武涉见到韩信后，指出他所具有的优势，劝说他或脱离汉王，自立为王；或与楚王联手，与楚王共分天下。韩信毫不犹豫地回绝了武涉，他说："当年我在楚王帐下时，我的建议楚王从来未曾接受过。而自从我归附汉王以来，汉王让我指挥全部的兵马，对我言听计从，与我情同手足，把他的衣服给我穿，把他的饭食给我吃，对我恩重如山，我就是死也不会背叛汉王的！"

词解人生

刘邦对韩信的"解衣推食"或许有收买人心的嫌疑，但他的举动却给我们树立了一个榜样。情感是人性的一大弱点，中国人尤其重视情感。"生当陨首，死当结草"，无一不是"感情效应"的结果。做事者能悟透其中的奥妙，不失时机地付出自己的感情，往往会收到良好的效果。感情投资可能是投入产出比最高的一种投资方式，它可以渗透到我们生活的方方面面，做事要有"心计"，要把握好细节。感情投资是一种长远的投资，所以不必急于收获回报，你所要做的就是不断投资和耐心等待，终有一天，你会得到数倍的回报。有心之人就常用这种方法让别人甘心为自己卖命，为自己创造更大的效益。正因为刘邦的解衣推食，韩信才坚定地站在刘邦一边，为刘邦夺取天下立下了汗马功劳。

遇到问题反省自己而不是责怪别人——下车泣罪

成语诠释

【来源】（汉代）刘向《说苑·君道》。

【解释】罪：指罪犯。下车向着遇见的罪犯流泪。旧时称君主对人民表示关切。

【成语掌故】

禹，通常被尊称为大禹，与尧、舜并称为“三圣”，又相传为夏王朝的开国君主。早在尧的时代，洪水便已泛滥成灾，给百姓造成了巨大的灾难。禹在舜的时期受命治水，三过家门而不入，最终完成了治水的任务，帮助百姓解决了水患带来的困扰。舜见禹治水有功，又深受百姓爱戴，便把部落联盟领袖的位置以禅让的方式传给了他。

有一次，禹乘车出外巡视，刚巧有个犯罪的人被押着从他的车前经过。禹见到了，便吩咐把车停下，问押送的人：“这个人犯了什么罪？”押送的人回答说：“他偷别人家稻谷的时候，被抓住了，我们把他送去治罪。”

禹听到这里，便走下车，来到那个人身边，问：“你为什么要去偷别人家的稻谷呢？”那个人知道问话的是个大人物，吓得低着头不敢吭声。禹见他不说话，便尽力地规劝他，说着说着眼泪就流下来了。

禹身边的人见了，都十分不解。其中一个问道：“这人偷别人的东西，就应该送去受罚。大王为什么要痛哭流涕呢？”禹擦了擦眼泪，说：“我不是为这个人流泪，而是为自己流泪。尧和舜做领袖的时候，以德化人，老百姓都和他们同心同德，从来没有人作奸犯科。如今，我做了领袖，老百姓却做出这损人利己的事来，因此，犯罪的虽是百姓，其实是由于我之不德所致，所以让我感到痛心的，不是那犯罪之人，而是我的德行不如尧、舜啊！”禹当即命人在一块龟板上刻了“百姓有罪，在于一人”八个字，然后下令把那罪犯放了。

词解人生

“人非圣贤，孰能无过”，错误会伴随每个人的一生。但是面对错误，每个人的态度却各不相同：有的人会寻找它产生的原因，吸取教训，避免以后再犯；有的人或将它归罪于外界的客观条件，或将它归罪于别人，总是不肯自我反省；有的人则从自身寻找症结，并将别人的问题也一并归到自己身上，连别人的那一份也一起承担……这其中的差别，一目了然；这其中的对与错，我们自有评判。

孔子曰：“见贤思齐焉，见不贤而内自省也。”与其浪费时间寻找理由推卸责任，不如抓紧时间，好好地反省一下自身。

做人要像成熟的麦穗，不要像中空的竹子——趾高气扬

成语诠释

【来源】（春秋）左丘明《左传·桓公十三年》。

【解释】趾高：走路时脚抬得很高；气扬：神气十足。形容骄傲自满、得意忘形的样子。

【成语掌故】

公元前701年春，楚国掌管军政的莫敖屈瑕率军在郧国的城邑蒲骚（今应城西北）与郧、随、蓼等诸侯国的联军作战。由于对方盟国众多，屈瑕准备请求楚王增派军队。将军斗廉认为，敌方盟国虽多，但人心不齐，只要打败郧国，整个盟国就会分崩离析，他建议集中兵力迅速攻破蒲骚。屈瑕采纳了斗廉的建议，果然大获全胜。

但是，屈瑕本就是个看重外表，且无自知之明的人，有了这次的胜利，他就骄傲起来，自以为是常胜将军，从此任何敌人他都不放在眼里。过了两年，楚王又派屈瑕率军去攻罗国。出师那天，屈瑕全身披挂，威风凛凛地扬长而去。

送行的大夫伯比返回的时候，对给他驾车的人说："我估计屈瑕这次出征一定要吃败仗，你看他走路的时候脚抬得那么高，一副神气十足的样子，还能冷静地、正确地指挥作战吗?"

伯比越想越不妥，就去求见楚王，建议楚王给屈瑕增加军队，但楚王并没有采纳他的建议。回宫后，楚王无意中将此事告诉了他的夫人邓曼。邓曼是一个非常聪明的女子，她听了楚王的话，认为伯比说得很有道理，也建议楚王应该赶紧派兵去援助，否则就来不及了。

楚王听了夫人邓曼的话，这才恍然大悟，立即下令增派部队前去支援，但是已经晚了。屈瑕到了前线，不可一世，武断专横到了极点。楚军来到罗国都城时，对方早就整军待战，而屈瑕则一点也不做戒备，结果遭到了罗军与卢濡的军队的两面夹攻，楚军死伤惨重，屈瑕也因战败而自杀身亡了。

词解人生

要想获得成功，谦逊是必备的品质。缺乏这样的心理素质，没有这样的度量，就难以成就大业。谦逊是一种极为难得的美德，它能够促使人不断地进取，主动去做应该做的事。才干是成功的必要条件，谦逊则是成功的基础。

骄傲的人，往往眼高于顶，拒人于千里之外，极易引起别人的反感，甚至厌弃。如果是身居高位的人目中无人，必定会因其地位而给民众带来巨大的灾难；谦逊的人，平易近人，尊重别人，使别人乐于跟他打交道。只有胜不骄，败不馁，正视自己的能力，才能取得更大的成功。

第六章　“诚”是君子的标签

拒绝加入“外貌协会”——以貌取人

成语诠释

【来源】（西汉）司马迁《史记·仲尼弟子列传》。

【解释】以：根据；貌：外貌；取：衡量。根据人的外貌来判别或衡量人的品质、才能。

【成语掌故】

孔子是我国历史上著名的大教育家，他有一套独特的教育理念，比如众所周知的“因材施教”“温故知新”等。

孔子有一个名叫宰予的学生，能说会道，开始时给孔子的印象还不错。一天，宰予对孔子说：“父母去世了之后，守孝要三年的时间，太长了。如果在这三年的时间里都不学习的话，之前学到的东西，一定会被忘记的。”孔子听了非常生气，说：“你真是太不孝了。从你出生到三岁的时候，仍然无法离开父母的怀抱，你认为三年的守孝时间太长吗？”从此以后，孔子对宰予的看法渐渐改变了，到后来甚至发现宰予既无仁德又十分懒惰：大白天不读书听讲，躺在床上睡大觉。为此，孔子骂他是“朽木不可雕”。

孔子还有一个学生，叫澹台灭明。他的体态和相貌很丑陋，孔子开始认为他资质低下，不会有什么作为，而且还认为他的品德也很差。但澹台灭明从师学习后，致力于修身实践，做事光明正大，不走邪路；不是为了公事，他从不去会见公卿大夫。后来，澹台灭明游历到南方，跟随他的弟子有三百人，各诸侯国都传诵他的名字。孔子听说了这件事，感慨地说：“我只凭言辞判断人品质、能力的好坏，在宰予身上我发现自己的判断错了；我只凭相貌判断人品质、能力的好坏，在澹台灭明的身上我发现自己的判断又错了。”

词解人生

第一印象的重要性不可否认，尤其是当面对我们并不熟悉的人的时候，我们很容易受到表面现象的影响。俗话说：“人不可貌相，海水不可斗量。”此话便是让我们抛却成见，避开外表，去发现人的内心。人的长相或体形是与生俱来的。你如果只是从远处看对方就表示："我总觉得那个人看起来很讨厌!"那只能表明示了你是个自以为是的人。

有些人其貌不扬，但他们却能创造我们无法想象的奇迹；有些人相貌堂堂，但他们的行为却为我们所不齿。

中国有句老话：耳听为虚，眼见为实。但实际上，很多时候，眼睛所看见的，不一定是真实的。我们不仅需要摘下有色眼镜，还需要用自己的心去看待身边的人，唯有那些内心善良、学识丰富的人，才真正值得我们交往。

小心别有用心的午餐——包藏祸心

成语诠释

【来源】（春秋）左丘明《左传·昭公元年》。

【解释】包藏：隐藏，包含；祸心：害人之心。心里怀着害人的恶意。

【成语掌故】

春秋时期，楚国北面的郑国是一个小国，郑国出于自身利益的考虑，希望用结亲的方式同楚国建立友好关系。楚国答应了郑国的请求，却是另有所图，楚国想利用公子围到郑国迎亲的机会，带兵前往一举吞并郑国。

到了迎亲那天，公子围驾起战车，率领武装整齐、威风凛凛的"迎亲队伍"，浩浩荡荡直奔郑国而来。郑国的上卿子产深知楚国历来诡计多端，一看公子围的迎亲队伍，便知道了楚国的险恶用心。于是，他派能言善辩，极富外交经验的子羽出城，对公子围说："我们郑国都城很小，你们来迎亲的人太多，实在盛不下，就请各位委屈一下，在城外举行婚礼吧!"公子围听了很不满，便派代表说："你们不让我们进城，岂不是要叫天下人都笑话我们楚国的地位低于你们郑国吗？公子围在离开楚国时，还到祖庙恭敬地祭告祖先呢！如果在野外举行婚礼的话，会使公子围犯下欺骗祖先之罪。"子羽见对方已经把话说到这份上了，只好直言不讳地说："我们的国家小，并不是什么错。但如果因为国家小仰赖大国，而自己不加防备，那才是错呢。郑国同你们楚国联姻，本想依靠你们大国来保护我们，但你们外表友善而心怀恶意，暗中图谋吞并我国，这是我们绝对不能容忍的!"

公子围见阴谋败露，料想郑国定有防备，只得放弃偷袭郑国的打算，但又矢口否认自己有吞并郑国的意图，坚持要进城。子产和子羽见公子围承诺不带武器，就同意了他进城迎亲的要求。公子围在城中举行婚礼后，不久便带着新娘子回到了楚国。

词解人生

中国向来有“良药苦口”一说，对于“苦”的味道，人们很不喜欢，但对于“甜”则不同，因为甜会让人消除紧张的情绪，能让人体味到幸福的感觉。当我们心情欠佳时，一颗甜美的巧克力，一桶甜甜的冰激凌可以让我们暂时把烦恼放在一边。

西方有一句话：“世界上没有免费的午餐。”当那些与我们没有什么关系，或者与我们原本就存在利益之争的人，向我们伸出看似友好的双手，给予我们看似友善的帮助时，记住要冷静！他的袖中可能隐藏着如李寻欢的飞刀般致命的暗器，他的帮助可能是外表包裹着一层朱古力的炮弹。“害人之心不可有，防人之心不可无。”虽然我们对世间的人总是心存一种美好的期望，但世事总是不能尽如人意，总是会有一些包藏祸心的人，他们会在我们与之坦诚相待的时候，向我们射出冷箭，让我们猝不及防。为了让自己少受一点伤，就要认清利益背后的真相。

甜言蜜语须防备，当面批评是诤友——口蜜腹剑

成语诠释

【来源】（宋代）司马光《资治通鉴·唐玄宗天宝元年》。

【解释】蜜：蜜糖。嘴上说得很甜，肚子里却怀着害人的坏主意。形容两面派的狡猾阴险。

【成语掌故】

李林甫，唐玄宗李隆基时期著名的奸相。他通音律，无才学，会机变，善钻营。他出身于李唐宗室，是李渊叔伯兄弟李叔良的曾孙。刚为官不久，他便通过他舅姑夫的叔叔侍中乾曜的关系，升至国子司业。不久，他又升迁为御史中丞，隶管刑部、吏部侍郎。至此，他已跻身李唐高层统治者行列。不但如此，他还用些不正当的方法结交玄宗亲信的宦官和妃子。因此，他很得玄宗的宠信，一直在朝中做了十九年的官。

按照惯例，宰相都是由功勋卓著、德高望重之人担任，他们轻装简从，更易于接近百姓。但李林甫成为宰相之后，却每次出行都有几百名护卫为其开路。李林甫和一般人接触，总是在表面上显得和人很友好，非常合作，嘴里说尽漂亮话。可是实际上，他的性情和他的表面态度完全相反，他是一个非常狡猾阴险，常常使坏主意来害人的人。日子久了，大家发现了他这种伪善，在背地里说他“口有蜜、腹有剑”，意为口上甜甜蜜蜜，心中利剑害人。

他曾修筑了一座月牙形的建筑，名为“月堂”，这里实际上是他陷害贤臣，兴起大狱的密谋场所。每当他面带笑容，从月堂里走出来时，不知又

有多少贤良要被他残害。

词解人生

真诚，是每个人都想要获得的，但更多的时候，我们却不得不面对虚伪。俗话说“忠言逆耳”，当我们听到那些不顺耳的话时，总会对说话的人心存不满，而忽略了这样的人才是真诚的。

为人处世，谁都不愿意与小人打交道，但不管你愿意还是不愿意，谁都不可避免地会碰到小人。与小人打交道，一句话，如果不是一定有必要，那就不要得罪他们。在生活中一定要防备小人，尤其在与小人交往的时候，不要轻易相信他们，要防备他们甜言蜜语中的剑，笑容背后的刀。

刀剑所带给我们的伤痛，是可以痊愈的，因为那只伤及了我们的身体；而那些藏在人心中的“刀剑”对我们的伤害，却是永远都不会消失的。避开那些会让自己受伤的人，也将自己心中那些可能变成“刀剑”的东西永远地“驱逐出境”，因为我们柔弱的心灵中容不下那么尖锐的武器。

笑容背后可能藏着刀枪剑戟——笑里藏刀

成语诠释

【来源】《旧唐书·李义府传》。

【解释】比喻外表和气，心里却阴险毒辣。

【成语掌故】

唐太宗统治时期，有个叫李义府的官员，他自小便聪明伶俐。二十多岁时经人推荐，唐太宗决定召见他，并以皇家园林里的鸟为题让他吟诗，李义府马上吟道：“日里飏朝彩，琴中闻夜啼。上林如许树，不借一枝栖。”太宗听了很满意，就给了他一个门下省典仪的官，又升监察御史，并在晋王府兼职。

李义府深得太子李治的喜欢，李治继位后，他跟着一路加官晋爵，成为手握大权的重臣。他外表温和谦恭，说话时脸上总是带着甜蜜的微笑，实际上却心胸狭窄，一肚子坏主意。

一次，李义府听说监狱中关着一个长相俊美的女犯人，于是他把看管监狱的华正义找来，一番甜言蜜语，想要拉拢他，希望能借机把那个女犯人放了。监狱长华正义见李义府态度谦和，而且说的话也很合自己的心意，便答应无罪释放那个女犯人。

后来，有人借此事告发了华正义，李义府不仅不出手帮忙，还故意装作不知道，又因为担心华正义会出卖自己，便威逼华正义自杀了。而当时告发华正义的人也因为此事而被李义府暗中罢了官。此类事情数不胜数，人们对他的所作所为都非常气愤。

一百多年后，白居易写诗道："君不见李义府之辈笑欣欣，笑中有刀潜杀人!"

词解人生

李义府，一个让人想到便不寒而栗的历史人物，他不只是一个权臣，更是一个诡诈的小人。"宁得罪君子，不得罪小人"，这是前人留对我们的告诫。小人总是会对一些鸡毛蒜皮的小事耿耿于怀，他们也总是会用尽手段打击别人。他们的手段往往会出乎我们的意料，或许前一刻他还在跟你谈笑风生，但后一刻他便已经给你布下了陷阱，这便是"笑里藏刀"之人的可怕之处。

如果你是一个职场新人，那可要小心了，不要再单纯地以为世界上所有的人都是善良的，毕竟童话故事中还有黑心的皇后和恶毒的老巫婆。所以，记住，在了解一个人之前，要对他进行全面的观察和考验。每个人都有私心，你无法阻止他们利用你的善良去达到自己的某些目的。他们喜欢低着头，他们没有正视别人的勇气，他们总是举止轻浮，他们会利用你的弱点，让你在不知不觉中落入他们已经挖好的陷阱。一旦发现这样的人出现在你的生活中，最好能避而远之。

第七章 闲庭信步是享受，更是从容的气度

一时的荣辱都只是人生的浮云——宠辱不惊

成语诠释

【来源】（晋代）潘岳《在怀县》诗。

【解释】宠：宠爱。受宠受辱都不在乎，指不因个人得失而动心。

【成语掌故】

唐太宗时期，有个叫卢承庆的人，字子余，他被任命为考功员外郎，是专管官吏考绩的。因为他做事认真、公正，深受人们的敬重。

一次，卢承庆奉命调查漕运船只失事的责任问题，他给负责此事的一个官员评定了“中下”的评语，并通知了本人。受到惩处的官员听说后，没有提出意见，也没有任何疑惧的表情。卢承庆事后想了想，觉得粮船翻沉，并不是他一个人的责任，也不是他一个人可以挽救的，给他一个“中下”的评语未免太过严苛了，于是，就把评语改成了“中中”，并通知了本人。那位官员依然没有发表意见，既不说一句虚伪的感激的话，也没有什么激动的神色。卢承庆得知此事，脱口称赞道：“好！宠辱不惊，难得难得！”于是，又把他的评语改成了“中上”。

后来，卢承庆本人也经历了大起大落，命运坎坷，但他的心情始终平静如水，并不因人生的起落无常而改变自己为人的原则。

词解人生

《幽窗小记》中有一副对联：“宠辱不惊，看庭前花开花落；去留无意，望天上云卷云舒。”大意是：为人做官能视宠辱如花开花落般的平常，才能“不惊”；视职位去留如云卷云舒般变幻无常，才能“无意”。寥寥数语深刻地道出了对待名誉和地位应持的正确态度。

在现实生活中，要想做到去留无意，宠辱不惊，可不是件容易的事。人们总是在事业顺利时志高气盛，一经失意、挫折就失去勃勃生气，要么精神沮丧，要么完全陷入绝望的深渊，最终自己断送了自己。以一种博大的胸怀对待人生路上的成就与挫折，让一切顺其自然。

平平淡淡，从从容容才是真——安步当车

成语诠释

【来源】（西汉）刘向《战国策·齐策四》。

【解释】安：安详，不慌忙；安步：缓缓步行。以从容的步行代替乘车。

【成语掌故】

战国时齐国有位贤者，名叫颜蠋。齐宣王十分仰慕他，便把他召进宫来。颜蠋走进宫内，来到殿前，就停住了脚步，不再行进。齐宣王叫他上前，颜蠋不仅一步不动，还叫齐宣王下来迎接他，还说："如果是我走到大王面前，说明我羡慕大王的权势；如果是大王走过来，说明大王礼贤下士。与其让我羡慕大王的权势，还不如让大王礼贤下士的好。"齐宣王生气地说："到底是君王尊贵，还是士人尊贵？"颜蠋不假思索地说："当然是士人尊贵！从前秦国进攻齐国的时候，秦王曾经下过一道命令，有谁敢在高士柳下季坟墓五十步以内的地方砍柴的，格杀勿论！他还下了一道命令，有谁能砍下齐王脑袋的，就封为万户侯，赏金千镒。由此看来，一个活着的君主的脑袋还不如一个死了的士人的坟墓呢！大禹的时候，诸侯有万国之多，是因为他尊重士人的缘故；到了商汤时代，诸侯有三千之多；如今，称孤道寡的才二十四个。由此看来，重视士人与否是得失的关键。从古到今，没有不务实事而成名于天下的，所以君王要以不经常向人请教为羞耻，因不向地位低的人学习而惭愧。"

齐宣王听到这里，才觉得自己理亏，于是对颜蠋说："听了您的一番高论，茅塞顿开，希望您接受我拜您为师，今后您就住在这里，饮食有肉吃，出门有车乘，您的家人个个衣着华丽。"颜蠋却说："玉，产于山中，一经匠人加工，就会被破坏；虽仍宝贵，但失去了本来的面貌。士人生在穷乡僻壤，如果选拔上来，享有利禄，他外来的风貌和内心世界就会遭到破坏。所以我希望大王让我回去，每天晚点吃饭，像吃肉那样香，安稳而慢慢地走路，足以当作乘车。平安度日，并不比权贵差。清净无为，纯正自守，乐在其中。"颜蠋说罢，向齐宣王拜了两拜便离开了。

词解人生

在如今城市钢筋水泥的丛林之中，原本明朗的天空雾霾笼罩，原本清新的空气也变得污浊，越来越多令人不安的现象开始出现在人类的面前。我们不得不感叹，文明与进步是一把双刃剑，当茂密的森林变成一次性筷子源源不断地出口，当白色污染屡禁不止，当垃圾分类难以推行，当蓝藻在江河湖泊里疯狂地生长，当各种各

样的疾病不断呈现上升和高发的趋势，当污染已经渗透至我们生活的每一个角落，甚至饮食与医疗也变得令人不安时，在川流不息的欲望之河劈波斩浪的人们，逐渐发现可能此时最难满足的恰恰是最简单的愿望——拥有一个美好的生存环境。

“无车日”应运而生，它的重点不在于拒绝汽车，而是想要唤起民众对于环境问题的重视；它并不是作秀，而应成为一种习惯，一种行为准则。不妨放慢脚步，安步当车，悠闲自在地走在清晨的阳光里，享受大自然的气息，享受平实生活的快乐，那才是生活中真正的乐趣。

重视每一件事，但人生无大事——从容不迫

成语诠释

【来源】（战国）庄周《庄子·秋水》。

【解释】从容：不慌不忙，镇静；不迫：不急促。形容镇定自若，不慌不忙。

【成语掌故】

庄子，名周，字子休，著名的思想家、哲学家、文学家，道家学派的代表人物，老子哲学思想的继承者和发展者，先秦庄子学派的创始人。

一天，庄子和当时的另一名哲学家惠子一同到濠水游玩。庄子指着水中的鱼说：“你看这条鱼在水中游得多么悠闲自在啊，这就是鱼儿的快乐！”惠子说：“你又不是鱼，怎么知道它现在很快乐呢？”庄子说：“你又不是我，怎么能断定我不知道它现在很快乐呢？”惠子说：“我不是你，当然不知道你是喜是忧。但你也不是鱼，你不知道鱼的快乐，也是肯定无疑的。”庄子说：“还是让我们从头说起。你刚才问我怎么知道鱼是快乐的，这就说明你已经知道我了解鱼的快乐，才会这样问我的。我现在告诉你，我是从自己的感受中体会到的。我与你在濠水同游观鱼，悠闲自在。这鱼则在水中游戏，从容不迫地观望着我俩，当然也和我们一样，感到十分快乐。”

词解人生

淝水之战中，谢安收到捷报，却以一句“小孩子们打了胜仗”作结，这便是一代名相从容不迫的风范。从容不迫是一种气度和雅量。面对猛烈的批评、巨大的争议、超常的压力或者是变革的挑战时，能够做到从容不迫，不只是一种勇气，也是一种应对的技巧，更是一种气质，如同巴赫的音乐一般，优雅、大气，即便是急速的旋律，也依然透着一派从容。

此时，人生变成了一种享受，即使悲伤也饱含着感动，即使劳累也充满了香甜，即使匮乏也孕育着满足，即使失去也拥有回忆。

见惯的事情并不总是合理——司空见惯

成语诠释

【来源】（唐代）孟棨《本事诗·情感》载刘禹锡诗。

【解释】司空：古代官名。指某事常见，不足为奇。

【成语掌故】

唐朝时，有一个诗文都很出色的人，名叫刘禹锡。中了进士之后，他被任命在京城做监察御史。他因放荡不羁的性格而遭人排挤，被贬做了苏州刺史。

在苏州任职期间，当地有一个名叫李绅的人，曾任过司空官职。他听说刘禹锡到苏州来任职，便慕名来请他饮酒，并请了几个歌妓作陪。在酒席间，刘禹锡一时诗兴大发，便做了这样的一首诗："高髻云鬓新样式，春风一曲杜韦娘。司空见惯浑闲事，断尽苏州刺史肠。"诗中所用的"司空"二字，是唐代的一种官职名称，相当于清代的尚书。这句诗的意思是：李司空对这样的事情（让歌妓陪伴）已经见惯，不觉得奇怪了。

词解人生

繁忙的生活，让人们越来越多地关注外在的事物，而不是自己的内心。人们对于房子的热情已经远远超过了对家的期盼，住大房子是为了使生活舒适，但每一次换房子都给自己多加了一份负担，房子大了，生活压力却更沉重了；人们对于工具的迷恋已经远远超过了对于获取信息的需求，使用先进的电子产品是为了更多更快地获取信息，但每当有新的产品出现，蠢蠢欲动的心便会紧随其后，产品越来越高端，人也变得越来越浮躁；人们对于方式的执着远远超过了对情谊的依恋，三两好友相聚是为了增进彼此之间的情谊，但每一次的吃饭、送礼都变成了人情债，情谊已经被外在的形式紧紧地套住了……

所有的一切都已经司空见惯，但并不代表我们要对此类的事情习以为常。以一颗清澈澄明的心去看万事万物，站在局外人的立场去分析事情事理，让那些并不合理的"司空见惯"的事情在自己这里停下脚步，从自己这里开始转入正轨。

成语荟萃

◎**出类拔萃**

【解释】拔：超出；类：同类；萃：原为草丛生的样子，引申为聚集。超出同类之上，多指人的品德才能。

◎**超凡入圣**

【解释】凡：指凡人，普通人。超越平常人而达到圣贤的境界。形容学识修养达到了高峰。

◎**鹤立鸡群**

【解释】像鹤站在鸡群中一样。比喻一个人的仪表或才能在周围一群人里显得很突出。

◎**经天纬地**

【解释】经、纬：织物的竖线叫“经”，横线叫“纬”，比喻规划、谋划。指谋划天下之事，形容人的才能极大。

◎**雄才大略**

【解释】非常杰出的才智和宏大的谋略。

◎**丹心碧血**

【解释】丹心：红心、忠心；碧血：碧指青绿色的宝石，血化为碧玉，表示血的珍贵。赤诚的心，宝贵的鲜血。用以赞扬为正义事业而捐躯。

◎**披肝沥胆**

【解释】披：披露；沥：往下滴。比喻真心相见，倾吐心里话。也形容非常忠诚。

◎**博施济众**

【解释】博：广泛；济：救济。给予群众恩惠和接济。

◎**死得其所**

【解释】所：处所，地方；得其所：得到合适的地方。指死得有价值，有意义。

◎**弃暗投明**

【解释】离开黑暗，投向光明。比喻在政治上脱离反动阵营，投向进步方面。

◎**大义凛然**

【解释】大义：正义；凛然：严肃或敬畏的样子。由于胸怀正义而神态庄严，令人敬畏。

◎**浩然正气**

【解释】浩然：盛大；气：气质。形容正直刚毅、大义凛然的精神和气质。

◎**反戈一击**

【解释】掉转武器向自己原来所属的阵营进行攻击。

◎**临危受命**

【解释】在危难之际接受任命。

◎**义愤填膺**

【解释】义愤：对违反正义的事情所产生的愤怒；膺：胸。发于正义的愤懑充满胸中。

◎**忧国忧民**

【解释】为国家的前途和人民的命运而担忧。

◎**仗义执言**

【解释】执言：说公道话。主持正义说公道话，指能伸张正义。

◎**除暴安良**

【解释】暴：暴徒；良：善良的人。铲除强暴，安抚善良的人民。

◎**恻隐之心**

【解释】恻隐：对别人的不幸表示同

情。形容对人寄予同情。

◎**扶危济困**

【解释】扶：帮助；济：搭救，拯救。扶助有危难的人，救济困苦的人。

◎**疾恶如仇**

【解释】指对坏人坏事如同对仇敌一样憎恨。

◎**肺腑之言**

【解释】肺腑：指内心。发自内心的真诚的话。

◎**各为其主**

【解释】各人为自己的主人效力。

◎**将心比心**

【解释】设身处地地为别人着想。

◎**交浅言深**

【解释】交：交情，友谊。跟交情浅的人说心里话。

◎**心直口快**

【解释】性情直爽，有话就说。

◎**谆谆教导**

【解释】耐心恳切地教诲、劝导。

◎**说一不二**

【解释】说怎么样就怎么样。形容说话算数。

◎**信誓旦旦**

【解释】信誓：表示诚意的誓言；旦旦：诚恳的样子。誓言说得真实可信。

◎**白水监心**

【解释】监：通“鉴”，照。清澈的水可以照见心。形容人心纯洁，明澈可见。

◎**冰壶玉尺**

【解释】冰壶：盛冰的玉壶，比喻洁白；玉尺：玉制的尺。比喻高尚的品质，清白的操行。

◎**冰清玉洁**

【解释】像冰那样清澈透明，像玉那样洁白无瑕。比喻人的操行清白（多用于女子）。

◎**德厚流光**

【解释】德：道德，德行；厚：重；流：影响；光：通“广”。指道德高尚，影响便深远。

◎**高风亮节**

【解释】高风：高尚的品格；亮节：坚贞的节操。形容道德和行为都很高尚。

◎**毁家纾难**

【解释】毁：破坏，毁坏；纾：缓和，解除。捐献所有家产，帮助国家减轻困难。

◎**泰山鸿毛**

【解释】比喻轻重差别非常悬殊。

◎**铁面无私**

【解释】形容公正严明，不怕权势，不讲情面。

◎**晚节黄花**

【解释】黄花：菊花；晚节：晚年的节操。比喻人晚节高尚。

◎**不饮盗泉**

【解释】比喻为人廉洁。

◎**洁身自好**

【解释】保持自己的清白，不与他人同流合污。

◎**虚怀若谷**

【解释】虚：谦虚；谷：山谷。胸怀像山谷一样深广。形容十分谦虚。

◎**艰苦卓绝**

【解释】卓绝：极不平凡。形容斗争十分艰苦，超出寻常。

◎**锐不可当**

【解释】锐：锐气；当：抵挡。形容勇往直前的气势不可抵挡。

◎**骁勇善战**

【解释】勇猛，善于战斗。

◎大刀阔斧

【解释】原指使用阔大的刀斧砍杀敌人，后比喻办事果断而有魄力。

◎斩钉截铁

【解释】形容说话或行动坚决果断，毫不犹豫。

◎孤注一掷

【解释】把所有的钱一下投做赌注，企图最后得胜。比喻在危急时用尽所有力量进行最后一次冒险。

◎傲雪欺霜

【解释】傲：傲慢、蔑视。形容不畏霜雪严寒，外界条件越艰苦越有精神。比喻经过长期磨炼，面对冷酷迫害或打击毫不示弱、无所畏惧。

◎善始善终

【解释】做事情有好的开头，也有好的结尾。形容办事认真。

◎泰然自若

【解释】不以为意，神情如常。形容在紧急情况下沉着镇定，不慌不乱。

第二篇

向上人生路，传递正能量

第八章　成大事，需要与众不同的特质

可以接受失败，但绝不轻言放弃——精卫填海

成语诠释

【来源】《山海经·北山经》。

【解释】 精卫：古代神话中的鸟名。小鸟精卫衔来木石，决心要填平大海。比喻意志坚决，不畏艰难，努力奋斗。

【成语掌故】

传说很久以前，太阳神炎帝有一个女儿，名唤女娃，是他最钟爱的女儿，长相清秀，性格活泼。

有一天，女娃划着一只小船，到东海去游玩，不幸海上起了风浪，像山一样的海浪把小船打翻，女娃就淹死在海里，永远回不来了。

女娃不甘心死去，她的灵魂变作一只小鸟，名叫精卫。精卫长着花脑袋、白嘴壳、红足爪，外形有点像乌鸦，住在北方的发鸠山上。她恨无情的大海夺去自己年轻的生命，因此常从发鸠山衔一粒小石子，或是一段小树枝，展翅高飞，一直飞到东海。她在波涛汹涌的海面上飞翔着、游弋着，把石子或树枝从高空投下去，想把大海填平。

大海咆哮着问："你为什么想要把我填平？你为什么会对我有这么深的仇恨呢？"

精卫愤怒地说："因为你夺去我年轻的生命，将来还有许多年轻而无辜的生命会被你夺去。"

大海露出雪亮亮的牙齿，嘲笑道："算了吧，小鸟，你就算干上一百万年，也休想把大海填平！"

精卫在高空中坚定地回应大海："哪怕是干上一千万年、一万万年，干到宇宙的终尽、世界的末日，我也要把你填平！"

精卫飞翔着、鸣叫着离开大海，又飞回发鸠山去衔石子和树枝了。她衔呀，扔呀，长年累月，往复飞翔，从不停息。后来，一只海燕飞过东海时无意间看见了精卫，为她的行为感到困惑不解，但了解了事情的起因之后，海燕为精卫大无畏的精神所打动，就与其结成了夫妻，生出许多小鸟，这些小鸟雌的像精卫，雄的像海燕。小精卫和他们的妈妈一样，也去衔石填海……

词解人生

“精卫填海”是一个关于复仇的故事，我们好像看到了那个葬身于大海的女娃，也好像看到了那个翱翔于茫茫大海上的小精卫，同时也看到了一个意志无比坚定的英雄。

无论是在刀耕火种的旧石器时代，还是在当今科技发达的信息社会，人的生存都不是一件容易的事，我们总会遇到无穷无尽的问题。“日子就是问题叠着问题”，但我们从来不曾放弃。只因我们心中有着活下去的信念与意志，我们才会如同精卫一般，有敢于同大海较量的勇气，有同艰难的环境抗争，寻找生存机会的动力。

所以，无论你的心中存有一个多么难以企及的愿望，只要以无比坚定的意志去实现它，你便是不可战胜的。

勤与恒是最简单的诀窍——磨穿铁砚

成语诠释

【来源】（元代）范康《竹叶舟》第一折。

【解释】把铁铸的砚台都磨穿了。形容立志不移，持久不懈，也形容笔墨功夫之深。

【成语掌故】

桑维翰，字国侨，洛阳人，五代后晋时期的宰相。他年轻的时候非常好学，而且很有毅力和决心，一心想要考取功名。但老天偏偏不让他如愿，在参加进士考试的时候，他的成绩非常好，却碰到了一个十分迷信的主考官。主考官在翻阅卷子的时候，看到桑维翰的姓便皱着眉头说：“这个人怎么姓‘桑’啊?”只是因为“桑”与“丧”同音，主考官便取消了他的录取资格。

当桑维翰得知自己没有考中的原因后，觉得主考官的做法太不合理了，便作了一篇《日出扶桑赋》，以此来破除主考官的这种迷信思想，同时以此来激励自己。

当时，有个好心人劝他干脆改姓得了，他听了很不高兴，说：“早在秦国的时候，有一个名叫公孙枝的人，字子桑，他曾担任过秦国的大夫。他的子孙以他的字‘桑’为姓，称为桑氏，我便是他的后代，怎么能说改就改呢！而且随便更改自己的姓氏也是对自己祖先的极不尊重!”也有人劝他说不一定非做官不可，或许可以试试其他的路，但他却说：“我已经决定了，就是非要考取进士不可!”

为了表示自己的决心，他还特意请铁匠师傅打制了一个铁砚，并对大家说："除非这块铁砚磨穿了，否则我是不会改变主意的。"从此以后，桑维翰寒暑不辍，努力攻读。后来被晋高祖任命为河阳节度掌书记，赐为翰林学士，后又升为礼部侍郎。

词解人生

我们的生命每天都在经受着考验，如果我们想要成功，就必须坚持不懈，去迎接挑战，那样成功才会离我们越来越近。我们不是为了失败才来到这个世界上的，所以，我们不能任由失败肆意地打击我们。虽然我们不知道要走多远才能达成目标，但只要前进一步，离成功就近了一步。

唯有在我们自己的人生字典中剔除"放弃"这个词，不断地辛勤耕耘，勇往直前，跨过前进路上的一个个障碍物，必定可以迎来生命中的"绿洲"。或许我们当下所面临的是一种不可抗力，但乌云不会一直阻挡在我们的头顶，它们总会有被风吹散的时候，只要我们努力坚持，一定可以在将来的某一天，获得令人欣喜的成功。

今天明天很残酷，但后天会很美好——锲而不舍

成语诠释

【来源】《荀子·劝学》。

【解释】锲：镂刻，用刀刻；舍：停止。用刀一直镂刻下去不停止。比喻有恒心，坚持不懈、持之以恒地做某件事。

【成语掌故】

王冕，字元章，他是元末文坛很有影响的诗人，同时又是画坛上以画墨梅开创写意新风的花鸟画家。7岁的时候，他的父亲就去世了，母亲靠做点针线活供他到学堂读书。但他最终因经济条件有限而被迫辍学。尽管家庭贫困，他却没有放弃求学，一边替人放牛，一边很勤奋地读书。

一天大雨过后，王冕出去放牛。山上的草木都像水洗过一般，绿得可爱。他坐在草地上，见湖里有十来株荷花，荷叶上的水珠滚来滚去。王冕看着这美丽的景色，心里想，古人说"人在画中"，真是一点不错。可惜这里没有画师，不然把这美景画下来该多好。他转念又一想：天下没有学不会的事，我为什么不能自己学着画画呢？于是，王冕买来一些画画用的东西，开始学画荷花。因为没有人指导，所以一开始他画得很不好。看着自己画的荷花那么难看，王冕心里很不是滋味，一度想放弃学画。但他想起做事要锲而不舍，不能半途而废，于是还是每天到湖边去，一边放牛一边画画。他仔细地观察荷花的神韵，天天练习，坚持不懈。

三个月之后，他画的荷花活像从湖里摘下来的那样栩栩如生。王冕到

了20岁的时候，绘画技艺更加纯熟，尤以画墨梅知名，开创了写意花鸟画风之先河。

词解人生

坚持，一个再简单不过的词汇，但要做到却并不简单。俗话说：有志者立志长，无志者常立志。这其中所体现出的“有志者”与“无志者”的区别，便在于能否坚持。

做一个决定总是很容易的，但当事情逐渐发展下去时，我们会发现越来越多的问题在困扰着我们：没有时间、外界干扰、条件不允许……这些我们为自己找的借口，一个接一个地出现。然后，我们开始动摇，我们心存疑惑：我真的能做完这件事吗？接着，我们开始气馁，我们灰心丧气：我有能力做完这件事吗？随后，我们退缩，我们选择放弃：这应该是伟人才能完成的事！于是就此止步于成功的大门前。

这样的经历在大多数的人生中，或多或少都会出现。一位牧师在墓志铭上写道：“假如时光可以倒流，世上将有一半的人成为伟人。”当我们年华老去时，回首往事才会翻然醒悟：只因为我们选择了放弃，所以我们也就选择了平庸的人生。其实，我们与成功只是一步之遥，迈出这一步靠的便是坚持不懈、锲而不舍。

越是聪明人越要下笨功夫——愚公移山

成语诠释

【来源】（战国·郑）列御寇《列子·汤问》。

【解释】比喻知难而进，有坚定不移的精神和毅力。

【成语掌故】

相传，太行山和王屋山两座山，方圆七百多里，高达七八千丈，它们原本位于冀州的南部、河阳的北部。

北山有个愚公，年近九十，住在两座大山的正对面，由于大山的阻挡，出来进去都要绕道而行，他为此感到很苦恼。一天，愚公召集全家人商量说：“我们尽力将太行和王屋这两座山搬开，然后修一条直达豫州南部、汉水南岸的大道，你们说怎么样？”大家纷纷表示赞同，他的妻子疑惑地问道：“仅凭咱们一家人的力量，连魁父这样的小山都无法削减，又怎么能把太行和王屋这两座大山搬开呢？何况那些挖下来的土石要放在哪里啊？”众人讨论过后，决定把土石放到渤海的边上和北方最远的地方去。

一切都决定之后，愚公带领子孙中身强力壮的几个人上了山，开始凿石头，挖泥土，用箕畚运送到渤海的边上。虽然每天挖得很少，但他们一直坚持不懈。邻居姓京城的寡妇家有个孤儿，刚七八岁，也蹦蹦跳跳地去帮助他们。

有个叫智叟的老人，听说了这件事情，笑着阻止愚公说：“你也太愚蠢了！都已经一大把年纪了，还能在这个世上活几年呢？就凭你的余年剩下的力气，连毁掉山上的一根草都很困难，又能把太行和王屋两座山怎么样呢?”愚公长叹一声说：“你一直都自诩是很聪明的，怎么连这么简单的道理都想不清楚，还不如寡妇和弱小的孩子。我一个人的力量确实有限，但即使我死了，还有儿子在，儿子又生孙子，孙子又生儿子，子子孙孙没有穷尽，可是山不会增高加大，何愁挖不平?”智叟听了，无言以对。

山神听说了这件事，怕愚公会一直不停地挖下去，便报告了天帝。天帝被愚公的诚心和坚持不懈的精神所感动，命令大力神夸娥氏的两个儿子背走了太行和王屋两座山。从此，冀州的南部、汉水的南面，再也没有高山阻隔了。

词解人生

智者与愚者的对比往往会令人啼笑皆非，聪明的智叟在愚公面前反倒无言以对。

面对世间纷繁的事物，自以为聪明的我们，总是会在自己认为适当的时候，作出自己认为最适合的选择，或者选择开始，或者选择继续，或者选择放弃。但其实，我们的聪明如智叟一般，只是一种表象。当我们站在一个自以为是的高度上嘲笑那些我们眼中的愚者时，或许他们正站在另一个角度嘲笑我们。我们以为适度的放弃是一种高明的智慧，我们以为接受现实是一种勇气，但在他们眼中，放弃便是一种愚蠢，不敢改变便是一种懦弱。

愚公已经明确地告诉我们：只要有恒心、有毅力，一直做下去，无论什么样的困难都可以战胜，即使没有天帝的帮助，世世代代子子孙孙一样可以征服太行和王屋两座大山。每个人的心中都有一座很难跨越的“山”，但只要有愚公般的精神与毅力，一直坚持下去，最终会站在胜利的顶峰。

第九章　世上没有做不成的事，只要你足够勇敢

为达到目标，勇于改变自己——漆身吞炭

成语诠释

【来源】（西汉）刘向《战国策·赵策一》。

【解释】 漆身：身上涂漆为癞；吞炭：喉咙吞炭使哑。在自己的身上涂上油漆，吞下烧红的煤炭。比喻故意改变容貌和声音，使人不能认出自己。

【成语掌故】

春秋末期，晋国被智、赵、韩、魏、范、中行六家大臣所把持。公元前458年，智伯联同韩、赵、魏三家共灭范氏、中行氏，并分掉了这两家的土地。公元前455年，智伯又要韩、赵、魏三家割地给他。赵襄子不给，并说服韩、魏与赵联合，于公元前453年灭掉了智氏。

晋国有个人叫豫让，他曾在范氏、中行氏手下办事，后来投到智伯门下，智伯对他十分赏识。智伯死后，他发誓要为智伯报仇，杀掉赵襄子。于是，他改名换姓，到赵襄子的宫中干抹墙的杂活，身边时刻暗藏匕首。不料，赵襄子为人警觉，豫让还没动手，事情就败露了。豫让直截了当地对赵襄子说，他要为智伯报仇。赵襄子身边的人都建议把豫让杀了，但赵襄子却说："他肯为旧日的主人报仇，必定是个有义气的人，我谨慎地避开他就是了。"便命手下放豫让走了。

豫让并不死心，他把漆涂抹在脸上、身上，看上去像是患有严重的皮肤病一样；又吞下烧红的木炭，使声音变得嘶哑。他沿街乞讨，妻子迎面走过，也没认出他来。一位朋友认出了他，对他说："以你的才干，去给赵襄子办事，一定会得到他的重用，那样报仇不是很容易吗？何苦一定要把自己弄成这副模样！"豫让说："为人臣者，心里却想着杀他，这是怀二心以服侍其君，我不能用这种卑鄙的手段。"

一天，豫让躲在赵襄子必经的一座桥下，准备在赵襄子过桥时行刺。赵襄子来到桥头，马忽然受了惊，他心知有异，便命左右把躲在桥下的豫让揪了出来。虽然豫让已经改变了容貌，但赵襄子还是认出了他，叹息道："豫子，寡人饶过你一次，已足够了，这次不能再放你走了。"赵襄子手下立即将豫让围了起来。豫让请求赵襄子脱下衣服，让他用剑砍几下，以表

示已经为智伯报了仇。赵襄子很欣赏豫让的气节，便答应了他。豫让达到目的后，便拔剑自杀了。

词解人生

姣好的面容、动听的声音，都是现代人所努力追求的。有人为了让自己看起来更完美，不惜花费重金，忍受疼痛，将自己置身于“砧板”上，任由医生的手术刀在自己的脸上“横行”。这样的举动，并不是所有的现代人都可以接受得了的，因为他们只是为了一个表象便要付出如此惨痛的代价。

早在春秋时期，便有了改变自己容貌的故事，但故事的主人公并非为了表象，而是为了自己一直以来坚持的一个目标。或许将自己的容貌和声音彻底地毁掉，在现代人看来，是一种愚蠢，但在豫让的身上，我们却看到了一种勇敢，看到了一种坚持。为了能够实现自己的目标，即使牺牲生命也在所不惜，何况区区的容貌与声音。但是，毕竟“身体发肤，受之父母”，还是不要随意地“摧残”它们的好。

勇敢，让你忘记拼搏路上的痛苦——赴汤蹈火

成语诠释

【来源】（三国·魏）嵇康《与山巨源绝交书》。

【解释】赴：奔向；汤：滚烫的开水；蹈：踩。奔向滚烫的沸水，踩着炽热的烈火。比喻不畏艰险，奋勇向前。

【成语掌故】

三国末年，司马氏为了争夺国家政权，搞得官场异常黑暗。许多有识之士不想与其同流合污，便野游于山林，不问世事，过起了隐士的生活，嵇康便是其中的一个。

嵇康，字叔夜，谯国铨人。他家境贫寒，但立志于学，文学、音乐等无所不通，与山巨源、阮籍等七人合称为“竹林七贤”，之所以被称为贤士，皆因他们个个信守承诺、不畏强权。司马氏曾多次想要拉拢嵇康，均被他拒绝。从此，司马氏与嵇康便结下了仇怨。

司马氏专权后，嵇康不满其统治，隐居山阳。而山巨源后来则入朝为官，嵇康从此就非常看不起他。山巨源在朝中得到了提升，于是想请嵇康出来辅佐他，却遭到了嵇康的坚决拒绝。

不仅如此，山巨源很快便收到了门人递上的一封信，拆开一看，原来是嵇康给自己的一封绝交信。信中嵇康列举老子、孔子、庄子等先圣，说自己“志气可托，不可夺也”。意即：自己虽然并非圣人，但和他们一样非常有志气。接着又写到自己倾慕尚子平、台孝威等隐士，他们不涉经学，

淡泊名利。信中他还表示自己对于虚伪礼教的蔑视，决心要公然对抗朝廷的法制。他以麋鹿作比，鹿很少见有驯育服从的，哪怕是用金的马嚼子来装饰它，拿佳肴来喂它，它还是思念树林、向往草地；如果羁绊、束缚它，那它必定狂躁不安，即使前路是滚烫的开水和炽热的烈火，也会义无反顾地冲过去。嵇康以此表示如果司马氏请他做官，他就会像野性难驯的麋鹿，“狂顾顿缨，赴汤蹈火”。

由于嵇康时常发表一些讥刺朝政和世俗的言论，公元262年，因言论放荡、毁谤朝廷等罪名入狱，不久便被杀害了。

词解人生

滚烫的开水和炽热的烈火，却无法阻挡人们前进的步伐。中国历来便有许多的勇士，他们的无所畏惧，让我们崇拜不已；他们的一往无前，让我们自愧不如；他们的潇洒壮举，让我们望尘莫及……

当你的心中存有一种信念，一种可以让你忘却一切艰难困苦的信念时，你便拥有了无比的勇气，你便不会因为别人的闲言闲语而退缩，你便不会因为别人的从中作梗而停滞不前，你便不会因为强权的威逼利诱而改变方向。马克思在生活穷困潦倒的情况下，仍然继续他的共产主义理论研究；在面对当局的迫害时，仍然继续他的事业。我们只需要找到自己的人生理想与信念，便也可以成为一个勇敢的人。

强者不是没有眼泪，只是可以含泪向前跑——披荆斩棘

成语诠释

【来源】（南朝·宋）范晔《后汉书·冯异传》。

【解释】披：拨开；斩：砍断；荆、棘：带刺的小灌木。拨开和斩断长刺的灌木和藤草。比喻在创业或前进的道路上清除障碍，克服困难。

【成语掌故】

冯异是东汉初期一位著名的军事将领，是东汉光武帝刘秀手下的一员大将，立下不少战功，成为东汉的开国功臣之一。

刘秀举兵之际并不顺利，一些吃不了苦的人纷纷离开了他，但冯异却始终追随他左右，与他共患难。刘秀到了信都，冯异奉命招募整编军队，回来后被封为偏将军。后来，冯异又在消灭王郎的战役中立下了战功，被封为应侯。

公元25年，刘秀建立了东汉政权，做了皇帝。他派冯异讨伐赤眉军，冯异不负众望，一举平定了关中，长期驻守长安。后来，刘秀封冯异为阳夏侯，任征西大将军。此时，有人向刘秀进谗言说，冯异权力过大，声望

过高，要小心他有二心。冯异得知此事，忙上奏给刘秀，表明自己忠于朝廷、谨慎办事，不敢有丝毫越轨之心。刘秀深知冯异的为人，并没有对他产生怀疑。

公元30年，冯异到京城朝拜光武帝。光武帝隆重地接待了他，并向文武百官介绍说："他是我当年起兵时的主将，为我在创业的道路上劈开了丛生的荆棘，扫除了重重障碍，平定了关中广大地区，是大汉王朝的有功之臣啊！"退朝后，刘秀赐给冯异大量的奇珍异宝，并亲写了一道诏书奖励他。

词解人生

人们常说："创业难，守业更难。"大多数的人还无法体会守业的难处，却正在经历着创业的艰辛。从我们离开学校，迈入社会的那一刻起，我们便体会到了前进道路上的艰辛。我们会因为与社会脱节而碰一鼻子灰，我们会因为没有经验而遭到别人的嘲笑，我们会因为过于相信别人而使自己碰得头破血流，我们像一个思想成熟、行为幼稚的人一样横冲直撞。虽然我们已经伤痕累累，但这并不会让我们停下前进的脚步，只会让我们更加坚强，脚步更加坚定。谁不是在受伤中成长起来的？只要我们有披荆斩棘的勇气与魄力，我们就会在不断的受伤中，学会如何更好地保护自己，学会如何更快地让自己痊愈，学会如何跨过荆棘迈向成功。

为了理想，放弃生命也在所不惜——杀身成仁

成语诠释

【来源】（春秋）孔子《论语·卫灵公》。

【解释】成：成全；仁：仁爱，儒家道德的最高标准。表示为了成全仁德，可以不顾自己的生命。比喻为了维护正义的事业而牺牲生命。

【成语掌故】

孔子一生热衷于政事，他有自己的政治见解，但始终得不到统治者的重视。从20多岁开始，孔子便对天下大事十分关注，对治国的各种问题发表自己的见解。50岁后，他开始周游列国，宣扬自己的政治主张。

有一次，孔子的弟子向孔子请教说："先生，您讲的仁德、忠义都是极好的。人人相爱，以仁义待人，确实是一种美德。仁德我很想得到，但活在世界上也是我的欲望。假如仁德与生命两者发生了冲突，该怎样处理呢？"孔子严肃地回答说："这还有什么可犹豫的？凡是真正的志士仁人，都不会因为贪生怕死而损害仁义。为了成全仁德，即使牺牲自己的生命也在所不惜。"弟子恭敬地给孔子施礼，表示敬佩。

这时，孔子的学生子贡又问："仁德一定是很难得到的吧？我们应当怎样去培养它呢?"孔子回答说："培养仁德可以从头做起，从小事做起。比如说，工匠要做好他的活，必须先有得心应手的工具。对于一个国家来说，应该选择那些大夫中的贤者去敬奉他；对于自己来说，就应该挑选那些士人当中的仁者交朋友。这样，才会培养起仁德来。"

词解人生

孟子曾经说过："生，亦我所欲也；义，亦我所欲也。二者不可得兼，舍生而取义者也。"很明显，在孟子看来，生命固然非常重要，但仁义更加重要，当二者之间必须作出一个抉择的时候，为了仁义而舍弃生命一定是理所当然的。

无独有偶，匈牙利诗人裴多菲也有相同的表达，他有一篇《自由与爱情》的不朽名作："生命诚可贵，爱情价更高。若为自由故，二者皆可抛。"在他的心中，自由是不可侵犯的，是丝毫不容亵渎的，为了自由，他可以舍弃自己的生命与爱情。

每个人的心中都会有一片自己的"圣地"，在你的人生中它是不容侵犯的。但这块"圣地"必须是你经过与内心的千百次对话之后找到的答案，它值得你付出一切。

第十章　拒绝做庸人，对恐惧说不

不要被恐惧遮蔽双眼——吴牛喘月

成语诠释

【来源】（南朝·宋）刘义庆《世说新语·言语》和《太平御览》卷四引《风俗通》。

【解释】吴牛：指产于江淮间的水牛。吴地天气多炎热，水牛怕热，见到月亮以为是太阳，故卧地望月而喘。比喻因疑心而害怕，也比喻人遇事过分惧怕，而失去了判断能力。

【成语掌故】

晋朝初年，有一个叫满奋的尚书令，他向来怕吹冷风，尤其害怕寒冷刺骨的冬天的风。

一天，他去觐见晋武帝司马炎，晋武帝指着靠近北窗口的椅子让他坐下。北窗口立着一扇透明的琉璃屏风，好像很不坚固，顿时，满奋寒从心生，紧皱双眉，浑身打战，嘴唇更是筛糠般抖得厉害。晋武帝觉得奇怪，就问他原因。满奋指着窗外被风吹得在空中打旋的最后一片树叶儿，哆嗦着说："陛下，外面的北风吹进来，好冷呀。"晋武帝大笑着说："这透明的琉璃屏风，似疏实密，风透不进来呢。"满奋觉得很不好意思，十分尴尬地说："臣犹吴牛，见月而喘。以惧风故，疑心太甚。"意思是说：我就好像吴地的牛一样，一看到月亮就吓得喘起气来了。

词解人生

太阳和月亮原本相差很多，但是在怕热的吴牛眼中，月亮也成了让它恐惧的对象，这正如中国的那句谚语所说："一朝被蛇咬，十年怕井绳。"从心理学上来讲，每个人都有一种自我保护的意识，尤其是遇到重大灾难的时候，严重的还可能会出现选择性的失忆，在潜意识中，自行选择忘记那段不堪回首的过去。同样，人的自我保护意识也包括一种条件反射，当我们受到某些东西的伤害之后，看到与它相类似的东西自然会产生一种恐惧心理，相应的，也会产生一定的生理反应，满奋的表现正是说明了这一点。

但是，解决问题的方法永远不是逃避，唯有去正视它、面对它，才能找到战胜它。当今社会，因为太多的压力，人们的心理已经变得越来越脆弱了。有的人因为一次恋爱的失败，便从此拒绝爱情、拒绝婚姻，这也是一种“吴牛喘月”的表现。事物总是有两面性，它可以伤害我们，同样也可能对我们有巨大的帮助，就拿蛇来说，虽然它能让我们心生恐惧，但同时，蛇毒也是珍贵的药材。别再一味地害怕了，以一种大无畏的心态去尝试面对一次，你会发现，战胜自己比想象的要容易得多。

心怀杂念，自然疑神疑鬼——杯弓蛇影

成语诠释

【来源】（清代）黄遵宪《感事》。

【解释】将映在酒杯里的弓影误认为是蛇。比喻疑神疑鬼，自己吓唬自己。

【成语掌故】

西晋时期，有个做官的人叫乐广。他有一位好朋友，一有空就到他家里来聊天。

很长一段时间，这位朋友一直没有来。乐广十分惦念，就前去看望。到了之后，发现朋友半坐半倚在床上，脸色蜡黄，这才知道朋友生病了。追问病因，朋友支支吾吾地不肯说，经过再三询问后，朋友才说：“那天在你家喝酒，看见酒杯里有一条青皮红花的小蛇在游动。当时恶心极了，出于礼貌，只得闭着眼睛喝了下去。从此以后，就老觉得肚子里有条小蛇在乱窜，什么东西也吃不下。”

乐广心想，酒杯里怎么会有蛇呢？回到家中，他在客厅里踱来踱去，分析原因。他看见墙上挂着一张青漆红纹雕弓，心里一动。他斟了一杯酒，放在桌子上，移动了几下，终于看见那张雕弓的影子清晰地投映在酒杯中，随着酒液的晃动，真像一条青皮红花的小蛇在游动。

这下真相大白了，乐广把朋友接到家中，让他仍旧坐在上次的位置上，仍旧用上次的酒杯为他斟了满满一杯酒，问道：“您再看看酒杯中有什么东西？”那个朋友低头一看，立刻惊叫起来：“蛇！蛇！又是一条青皮红花的小蛇！”乐广大笑，指着墙壁上的雕弓说：“您看看那是什么？”朋友看看雕弓，再看看杯中的蛇影，恍然大悟，顿时觉得浑身轻松，病也全消了。

词解人生

俗话说：“平日不做亏心事，夜半敲门心不惊。”以一颗坦坦荡荡的心，生存在这个世界上，才可以避免很多的困扰，省去很多的烦恼，减少很多的恐惧。孔子也曾说过：“君子坦荡荡，小人常戚戚。”无非是教人用更宽广的心胸去面

对人世间的种种。故事中，乐广的朋友必定是个整日忧虑的人，如忧天的杞人一样，所以，当他看到那条“小蛇”的时候，才会感到如此害怕，试想在一个人的酒杯里，怎么可能出现小蛇呢？即使真的有，也可以坦诚地告诉乐广，共同把小蛇妥善地解决掉。身为乐广的朋友，他未免太过见外了，所以才会让一张雕弓吓得生了一场大病。

坦荡地对人对事，可以在简单的事情上节省更多的时间与精力，可以将更多的时间花到有必要的事情上去，这样的人生才会更有价值。

盲目行动就会身处险境——盲人瞎马

成语诠释

【来源】（南朝·宋）刘义庆《世说新语·排调》。

【解释】盲人骑着瞎马。形容自身的处境本来就很危险，刚好又遇到了危险的外部环境。也比喻盲目行动，后果十分危险。

【成语掌故】

东晋时期，桓玄、殷仲堪和顾恺之为莫逆之交。

一次，三人聚在一起饮酒闲谈，酒过三巡后，突然想到要行酒令。于是三人决定用一句诗描绘出最惊险的场景。

桓玄首先说：“矛头淅米剑为炊。”意思是：用长矛的尖头淘米，用剑烧火做饭。

殷仲堪接着说：“百岁老翁攀枯枝。”意思是：年纪很大的老头去攀干枯的树枝，自然险得很。

顾恺之最后说：“井上辘轳卧婴儿。”意思是：井台的辘轳上睡着一个婴儿，随时都有落井溺水的可能，似乎更险。

这时，殷仲堪的一位参军也憋不住了，冒出话来：“盲人骑瞎马，夜半临深池。”

顾恺之和桓玄听了，异口同声地说：“奇险！奇险!”试想一下，一个盲人骑着一匹瞎马，深更半夜走到一个深水池边，恐怕很难避免厄运了。

殷仲堪是个孝子，他曾经因为父亲病危而哭瞎了一只眼睛，他本来就忌讳别人提到这一点，听到这句话的时候，顿时火冒三丈：“你，你咄咄逼人!”这次的聚会也就因此不欢而散。

词解人生

危险的处境，会给人带来恐惧，但有些时候，却是我们自己一步步地迈向了危险。有的青少年只是贪图一时的“帅气”，而误入歧途，被坏人利用，如《雾都孤儿》中的奥利弗·特威斯特一样，但他们却没有奥利弗那么好的运气，他们一步步地陷入一个黑暗的势力团伙之中，渐渐地走上了一条不归路，当他们意识到问题的严重性以及随之而来的危险时，已经如盲人骑瞎马一般，走到了深水池边，很难避免厄运的降临了。人生便如走钢丝，每一步都得慎之又慎，尤其是在原则问题上，不能有一步行差踏错，否则，你将面临的就可能是从钢丝上摔下来，即使大难不死，也一定会伤筋断骨。所以，在你作出决定之前，一定要三思！

危险不可怕，害怕危险才可怕——杞人忧天

成语诠释

【来源】（战国·郑）列御寇《列子·天瑞》。

【解释】杞：周代诸侯国名，在今河南省境内；忧：忧虑。杞国有个人怕天塌下来，而整日寝食不安。比喻无中生有，不必要的或缺乏根据的忧虑和担心。

【成语掌故】

从前，杞国有一个人，胆子很小，而且有点神经质，他常常会想到一些莫名其妙的问题。

有一天，他突然又想到了一个非常严重的问题：万一哪一天，天塌了下来，那该怎么办啊？到时岂不是要被活活压死吗？

从此以后，他整天担心天会塌下来，自己没有地方安身，他越想越觉得危险，越想越觉得可怕，因此愁得睡不着觉，吃不下饭。

朋友们看他这样忧愁，整日精神委靡，很为他担心，就去开导他说：“天不会那么容易就塌下来的，即使天真的塌下来了，也不是你一个人担心就能解决的啊！何况，天不过是由很厚的气体聚积而成的，没有一个地方没有气。你一举一动，一呼一吸，从早到晚都生活在大气之中。放心，天不会塌下来的。”

他听了朋友的话，又说：“如果天真的是大气积成，那么太阳、月亮和星星不是会掉下来吗？”

朋友说：“太阳、月亮和星星，也都是由会发光的气体积聚而成的。即使掉下来，也不可能把人打伤。”

朋友的话，他根本听不进去，仍然在为这个问题担忧。他一会儿担心天会塌下来，一会儿又担心太阳、月亮和星星会掉下来。就这样，一年又一年过去了，天没有塌，日月星辰也好好地挂在天上，但他仍然在为此担忧。后来，他终于因忧虑过度而去世了。

词解人生

“天会不会塌下来？”“宇宙会不会爆炸？”“外星人会不会攻击地球？”这些问题都是“杞人”所要担心的，这些问题也是我们到现在为止仍然无法得出结论的，既然如此，我们又何必把未来的担忧全都放到今天呢！

天天担心的人，会越来越退缩，他不敢行动，因为行动就可能会出错，不行动就不会出错。其实我们的担心，主要是害怕自己没有办法应对，可是有些事情本来就是我们无能为力的，比如，我们不可能阻止地震的发生，但我们可以把精力放在我们可以改变的事情上，像预测地震、盖防震房屋、了解逃生知识，等等。这才是更加切实有效的解决问题的方法。

中国有句老话：“天塌了，还有高个子顶着。”与其每天在提心吊胆中度过，把精力浪费在无能为力的事情上，还不如积极一点，去做一些我们能力范围内的事情，这样即使意外真的发生了，也不至于在生命的最后一刻充满遗憾。

第十一章　立志就要志向高远

飞得高是因为志在高远——鹏程万里

成语诠释

【来源】（战国）庄周《庄子·逍遥游》。

【解释】鹏：传说中的大鸟；程：路程；万里：喻远大。相传鹏鸟能飞万里路程。比喻理想宏伟，前程远大。

【成语掌故】

传说，在遥远的北方，有块不毛之地，那里有一片无边无际的大海，名叫天池。天池里有一种鱼，其身宽达几千里，没有人知道它有多长，它的名字叫“鲲”。鲲变成了一只大鸟，就是“鹏”，它的脊背好似巍峨的泰山，它展开双翅，宛如遮天的乌云一样。

大鹏鸟乘着旋转的狂飙盘旋向上，搏击一下翅膀，就激起海面三千里的浪。它乘着旋风，直向高处飞去，扶摇直上，冲入云霄，一下子就可以飞出几万里。如此远的距离，大鹏鸟要过半年才能飞回到原来的住所休息。

沼泽中有只小小的雀儿，看见大鹏在高飞，不以为然地笑笑说：“它将飞到哪里去呢？我跳跃飞腾，悠然向上，不过几丈高，又回到地面上，在蓬蒿丛中飞来飞去，自由自在，这也是极得意的飞行啊。它飞向几万里外的地方，是为什么呢？”

后来，人们常用“鹏程万里”作为祝贺或自勉的话。李白在《上李邕》中写道：“大鹏一日同风起，扶摇直上九万里。”宋代女词人李清照在《渔家傲》中写道：“九万里风鹏正举。”

词解人生

俗话说“石看纹理山看脉，人看志气树看材。”一个人如果没有志气，就不会奋发向上，也成不了一个有成就的人。立志是成功的起点，一个人只有具备明确的目标和远大的理想，才会朝气蓬勃，勇往直前。

志有高下之分。不同的人有不同的志向，就像登山一样。有的人发誓要登上最高的山，有的人却只想攀上丘陵。登高山固然辛苦，但只要坚持到底，就必能如愿。那种“一览众山小”的境界，岂是登丘陵的人所能感悟和企及的？唯有具备远大的理想，经过努力之后，才能取得骄人的成就，毕竟“伟大的动力来自伟大的目标”。

最初的志向决定最终的位置——鸿鹄之志

成语诠释

【来源】（战国）吕不韦《吕氏春秋·士容》和（西汉）司马迁《史记·陈涉世家》。

【解释】鸿鹄：天鹅；志：志向。天鹅翱翔于天空的远大志向。比喻志向远大有抱负。

【成语掌故】

秦朝末年，统治者昏庸无道，不断地搜刮民脂民膏。百姓不仅要交纳沉重的赋税，还要服繁重的徭役，生活在水深火热之中。当时，有一个人名叫陈胜，字涉，他因为家境贫寒，不得不以替别人耕种为生。他深刻地体会到下层人民的疾苦，也为当时社会上存在的严重的贫富差异而愤愤不平，于是，他暗暗地下定决心，一定要改变这种局面。

一天，他和别人一起在地里劳作，中间休息的时候，他们谈起了现在过的苦日子，陈胜因失望而叹息了好长时间以后，对同伴们说：“假如以后谁发达了，一定不要忘记曾经一起受苦的人啊！”同伴们都觉得他是异想天开，笑着回答他说：“我们都是被人雇来耕地的农民，连自己的土地都没有，哪里谈得上富贵啊？别做白日梦了！”陈胜长长地叹了一口气说：“燕子和麻雀又怎么会知道天鹅凌空飞翔的远大志向呢！”

胸怀大志的陈胜，后来揭竿而起，成为秦朝农民起义的领袖之一。

词解人生

从丑小鸭到白天鹅的蜕变，是一个漫长的过程。自卑的丑小鸭一直因丑陋抬不起头来。但它并不是一只普通的鸭子，在某一天，它突然发现自己变成了美丽的白天鹅，成为比那些鸭子还要美丽的“天使”，这个蜕变与陈胜从一介平民到农民领袖的蜕变有异曲同工之妙。

如果你现在只是一个平凡的“丑小鸭”，不要为此而沮丧，只要你的心中怀有“鸿鹄之志”，在某一个意想不到的时刻，你也可以成为众人瞩目的“白天鹅”。点燃心中的斗志，激发心中的潜能，追求卓越，必能获得成功。

至少要为理想疯狂一次——夸父逐日

成语诠释

【来源】《山海经·海外北经》。

【解释】 夸父：古代传说中的人名。夸父拼命追赶太阳。比喻人有大志，也比喻不自量力。

【成语掌故】

远古时候，在北方荒野中，生活着一群力大无穷的巨人。他们的首领是幽冥之神“后土”的孙儿，“信”的儿子，名字叫做夸父，因此这群人就叫夸父族。他们高大魁梧，意志力坚强，而且心地善良，过着与世无争的日子。但是因为当时的大地上毒蛇猛兽横行，夸父每天都率领众人跟洪水猛兽搏斗。

有一年，天气非常热，火辣辣的太阳直射在大地上，烤死庄稼，晒焦树木，河流也干枯了。人们热得难以忍受，夸父族的人纷纷死去。夸父看到这种情景心里很难过，他仰头望着太阳，告诉族人：“太阳实在是可恶，我要追上太阳，捉住它，让它听人的指挥。”族人听后纷纷劝阻。有的人说：“你千万别去呀，太阳离我们那么远，你会累死的。”有的人说：“太阳那么热，你会被烤死的。”

但是夸父心意已决，他看着愁苦不堪的族人，说：“为大家的幸福生活，我一定要去！”于是，夸父告别族人，从东海边上向着太阳升起的方向，迈开大步追去，开始他逐日的征程。

太阳在空中飞快地移动，夸父在地上如疾风似的拼命追。他穿过一座座大山，跨过一条条河流，跑累的时候，就打个盹，饿的时候，就摘野果充饥。眼看离太阳越来越近，他的信心越来越强。越接近太阳，就渴得越厉害。但是，他没有害怕，还一直鼓励自己：“快了，就要追上太阳了，人们的生活就会幸福了。”

九天九夜之后，在太阳落山的地方，夸父终于追上了它。夸父无比欢欣地张开双臂，想抱住太阳。可是太阳炽热异常，夸父感到又渴又累。他就跑到黄河边，一口气把黄河水之水喝干；他又跑到渭河边，把渭河水也喝光，仍不解渴；夸父又向北跑去，那里有纵横千里的大泽，大泽里的水足够夸父解渴。但是，夸父还没有跑到大泽，就在半路上渴死了。

词解人生

成功人士和平庸之辈最根本的差别，并不在于天赋，而在于有没有人生的目标。

人生没有目标，正如生活没有方向，让人意志消沉，碌碌无为而虚度一生。平淡而有规律的日子，使人惬意，但容易让人失去方向。不甘于平庸一生，不愿意永远被埋没，则需要树立远大的目标，然后向着目标努力奋斗。树立自己人生的目标，就如同黑夜中燃起不灭的灯，照亮我们前进的方向。只要有了目标，平淡的日子亦能放射出绚丽的光芒，生活才会变得充实和有意义。把服务社会当做人生目标，寻找一条帮助别人的途径，对那些迫切需要帮助的人伸出援手，你的一生将会过得充实而有意义。在这个世界上，你永远不用担心找不到能让你付出时间、精力、金钱、爱心和创造力的地方。

可能有人会笑夸父是一个无知、鲁莽的人，但他有一个最睿智、最伟大的目标——让他的族人过上幸福的生活。在他追逐太阳的过程中，可能也想到过放弃，但是在信念的支持下，他挺了过来。在逐渐接近太阳的时候，他的心中必定是溢满了幸福的，因为他在一点点地接近目标。虽然他最后未能实现自己的目标，但他却让自己的人生，如烟花般绚烂。在他迈开步伐，追逐太阳的时候，整个世界都在他面前黯然失色了，这就是目标的魅力。

不要把自己局限在条条框框内——志在四方

成语诠释

【来源】（明代）冯梦龙《东周列国志》第二十五回。

【解释】四方：天下。志向远大，不愿蜗居于自己的小天地里。形容有远大的抱负和理想，愿意到遥远的地方做一番伟大的事业。

【成语掌故】

春秋时期，晋献公在宠妾骊姬的挑拨下，杀了太子申生，公子重耳和夷吾也被迫分别逃亡到狄国和梁国。后来，晋献公死了，夷吾在秦穆公和齐桓公的帮助下做了国君，他担心重耳会回来争夺王位，便派人去追杀重耳。于是，重耳又从狄国历尽艰险，逃到了齐国。

齐桓公对重耳以及追随他的子犯、赵衰、狐偃等人都十分优待，还把自己的女儿齐姜嫁给了重耳，送给他二十辆四匹马拉的车，并且在各方面都很照顾他。重耳在齐国一住七年，日子过得十分舒服，不想回国了，他的随从子犯、赵衰等人对于重耳如此胸无大志很是不满，但也无可奈何。

不久，齐桓公死了，齐孝公做了齐国的国君。子犯、赵衰、狐偃等觉得齐孝公不是一个贤能之人，不会有什么作为，于是便到桑园里秘密商议，要想办法让重耳离开齐国。

不料，正巧齐姜的一个小丫环在树上采桑叶，把他们说的话全听去了，小丫环立即把这件事告诉了齐姜。齐姜是个女中豪杰，她希望丈夫能做一番大事业，害怕这丫鬟泄露秘密，就把丫鬟杀了，然后对重耳说："公子，知道你有远大的志向，我很高兴。你走吧！男子汉大丈夫总得做一番事业，为了实现自己的抱负，不惜走遍天涯海角，留恋妻子和贪图安逸是没有出息的！那个听到你部下秘密商议的丫环，我已把她杀掉灭口了。”重耳听了很惊讶，说：“可是我并没打算离开你，离开齐国呀！”

齐姜听了，知道重耳不想走，便不再劝他了，和子犯等人商量了一个计策，把重耳灌醉后，送出了齐国。后来，重耳在62岁的时候，终于回到晋国，当上了晋国的国君，史称晋文公。

词解人生

志向高远与否，会让人们的行为产生差异。有的人天生没有志向，有的人志向卑微，有的人志向高远，他们付出的努力和取得的成就也会是不同的。

“大丈夫四海为家”“好男儿志在四方”，都说明了人们对于高远志向的一种认同。不要隅居于自己的狭小天地之中，做一只井底的青蛙，而应该走出去，去看看外面的大千世界，去关注天下苍生，站在一个更高的立场去看待世间的万物，以一种更广阔的胸怀去面对自己的人生。只要相信“天生我材必有用”，努力使自己成为有用之才，那么再远大的志向，也终有实现的一天。

第十二章　人须生而努力

人的能力由短板决定—— 一日千里

成语诠释

【来源】（战国）庄周《庄子·秋水》和（西汉）司马迁《史记·刺客列传》。

【解释】原形容马跑得很快，一天能跑一千里，现在比喻人进步很快或事情发展极其迅速。

【成语掌故】

战国时期，燕国太子丹在赵国做人质时，与同在赵国做人质的秦国王子嬴政因为同病相怜，相处良好。

后来，嬴政回国做了秦王，太子丹又到秦国去做人质，原本以为可以得到嬴政的优待。不料，嬴政不但没有顾念旧情、加以特别照顾，反而处处慢待、刁难他，太子丹见此状况，便找机会逃回了燕国。回国后，太子丹一直耿耿于怀，想报复嬴政。但由于燕国国力单薄，根本无法与秦国抗衡，更别说是实现太子丹复仇的愿望了。

不久，秦国出兵攻打齐、楚、韩、魏、赵等国家，渐渐逼近了燕国。燕国国君担心不已，太子丹也忧愁万分，于是就向他的老师鞠武请教阻挡秦国侵吞的办法。鞠武说："我有一个好朋友，名叫田光，他为人机智，很有谋略，您可以跟他商讨一下。"田光来了，太子丹非常恭敬地招待了他，并对他说："希望先生能替我们想个办法，抵挡秦国的侵吞。"田光听了，一言不发，拉着太子丹走到门外，指着拴在大树旁的马说："这是一匹良马。在壮年时，它一天可以跑千里以上，等到衰老时，却连劣马都跟不上了。您说这是为什么呢?"太子丹说："那是因为它精力不行了。""对呀！您听说的关于我的情况，都是我壮年时候的事情了，如今我年事已高，精力不行了。"田光停了停又接着说："虽然有关国家的大事我已无能为力，但我愿向您推荐一个人——荆轲，他能够承担这个重任。"

后来，太子丹结交了荆轲，派他去行刺秦王，但最后行刺以失败告终。

词解人生

蓓蒂·施莱姆曾说："克服缺点就是进步。精力要用在克服缺点上，优点是埋没不了的。”每个人的身上都会有别人所不具备的优势与闪光点，同样，每个人身上可能也会有弱项与缺点。

管理学中有个木桶原理：一个木桶由许多块木板组成，如果组成木桶的这些木板长短不一，那么这个木桶的最大容量不取决于长的木板，而取决于最短的那块木板。一个人要取得成就，固然要发挥自己的优势，但对于弱项也是绝不能忽视的。当你已经清楚地了解自己的优点与缺点时，集中火力攻克那些缺点，让自己以一日千里的速度迅速进步，才可以使自己的那个“木桶”装更多的水。

正确区分爱好与工作——励精图治

成语诠释

【来源】（东汉）班固《汉书·魏相传》。

【解释】励：激励，奋勉；图：谋求，设法；治：治理。振奋精神，设法把国家治理好。比喻振作起来做好某件事情。

【成语掌故】

公元前74年，汉昭帝刘弗陵驾崩。他没有儿子，于是手握朝政大权的霍光立武帝的曾孙刘询为帝，这就是汉宣帝。

公元前68年，霍光病死。御史大夫魏相根据历史教训和霍氏家族的专权胡为，建议宣帝采取措施，削弱霍氏的权力。由此，霍氏一族对魏相极度怨恨和恐惧，便假借太后命令，准备先杀魏相，然后废掉宣帝。宣帝得知霍氏一族的阴谋后，先发制人，采取行动，将霍氏满门抄斩。

从此以后，宣帝亲自处理朝政。因其年少时曾流落民间，所以深知民间的疾苦，他直接听取群臣意见，严格考查和要求各级官员，严惩了一批贪赃枉法的官吏，免除了一些残酷的刑罚。他还降低盐价，提倡节约，鼓励发展农业生产。

在魏相的监督下，百官尽职尽责，很符合宣帝的心意。在魏相的配合下，宣帝采取了一系列有利于发展生产，减轻人民负担的有效措施，使国家兴旺发达起来。宣帝在位二十五年，使已经衰落的西汉王朝出现了中兴的局面，史称“宣帝中兴”。

词解人生

以爱好作为自己一生的事业，是人生最大幸福，就如同有情人终成眷属一样，但并不是每个人都那么幸运，可以从事自己喜欢的工作。对于工作而言，如果不能改变，既来之则安之便是最好的选择。把工作培养成爱好，如同先结婚后恋爱一样，慢慢培养出感情，结果一定也会很美满。可见，“在其位，谋其政”，把本职工作做好做精很重要。尽力做好本职工作给别人提供最优的成果，别人也把最优的工作成果提供给你，那我们在生活中就少了很多的抱怨，有的是更多的完美和精致。

做自己的伯乐——毛遂自荐

成语诠释

【来源】（西汉）司马迁《史记·平原君虞卿列传》。

【解释】毛遂：战国时赵国平原君的一个门客；荐：推荐，荐举。一个叫毛遂的门客自我举荐。比喻自告奋勇去做某项工作。

【成语掌故】

赵国的平原君是著名的战国四公子之一，他的门客据说有数千人之多，毛遂便是其中的一个。

公元前257年，秦国军队包围了赵国都城邯郸，赵惠文王派平原君出使楚国请求援助。但楚王不是个容易对付的角色，于是平原君打算带二十个门客前去，能通过谈判达成协议，固然最好，万一不行就用武力强迫楚王同意。可是他挑来挑去还缺一个门客。

这时，有个人站起来，对平原君说：“主公，我自认为符合去的条件。”

平原君觉得他眼生，便问他：“您叫什么名字，到我门下多长时间了？”

门客说：“我叫毛遂，来了三年了。”

平原君说：“有才德的人，就像锥子在口袋里一样，很快就会显露出来。你在我门下这么久了，却从未听到有人称赞过你，可见你才能一般。这次任务关系重大，我看还是免了吧。”

毛遂说：“正因为您没有把锥子放在袋子里，所以锥子才没有冒尖儿。”平原君听他出言不凡，刚好又找不到更为合适的人选了，就决定让毛遂跟着一同去。

到了楚国，楚王果然没有合纵抗秦的打算。众门客都束手无策，只见毛遂不慌不忙，拿了宝剑，来到平原君与楚王面前，楚王命他退下，毛遂按着宝剑说：“你用不着仗着人多势众，如此呵斥我。如今我离你只有十步之遥，我主公在这里，你发什么火！”

楚王看他拿着宝剑，便和气地说：“那我倒要听听先生的高见了！”接着毛遂向楚王详细分析了与赵国结盟有百利而无一害，楚王听了当即与平原君歃血为盟，并派春申君黄歇为大将，率领八万大军，浩浩荡荡地前去援助赵国。毛遂也因此而赢得了平原君和其他门客的尊重，一举成名。

词解人生

在市场经济条件下，在激烈的竞争环境中，一个人要跻身于人才之林，得到最佳发展空间，充分展示自己的才能，就应该有毛遂自荐的勇气和精神。要显示出自己人生的价值，就必须主动地自我推销，让自己从众人之中脱颖而出，这是走向成功的第一步。

毛遂自荐其实也是自信的一种表现，我们应该相信自己的能力，相信“天生我材必有用”，相信自己的身上具有别人所没有闪光点。我们不应在一件事情还没有开始前就说“我做不到”。一个人的潜能是无限的，有时会变得无穷无尽，有时则可能停留在某处未被发掘。如果认为做不到而放弃的话，能力则会在某一处停止。但如果认为“我可以”，做一个自信的人，那么你的能力将会无限地扩大下去。

唯有自信的人，才敢于坐在第一排的位置，才敢于在大庭广众之下侃侃而谈，才敢于将自己的锋芒展露出来。做一个自信的人，让别人看到你，这样你才有成功的机会。

真的无欲无求了吗——百尺竿头

成语诠释

【来源】（宋代）释道原《景德传灯录·卷十》。

【解释】长竿的顶端。比喻极高的官位和功名，或学问、事业有很高的成就；佛教比喻道行、造诣虽深，仍需修炼提高。比喻虽已达到很高的境地，但不能满足，还要进一步努力。

【成语掌故】

宋朝时期，长沙有位高僧名叫景岑，号招贤大师。他佛学造诣高深，时常到各地去传道讲经。大师讲得深入浅出，娓娓动听，听的人总是会深受感染。

一天，招贤大师应邀到一座佛寺的法堂上讲经。前来听讲的僧人虽然很多，但法堂内除了大师的声音外，一片寂静。大师讲经完毕后，一名僧人站立起来，向他行了一个礼，然后提了几个问题，请求大师解答。大师还了礼，慢慢地开始作答。那僧人听到不懂处，又向大师提问，于是两人一问一答，气氛亲切自然。他俩谈论的是有关佛教的最高境界——十方世界的内容。为了说明十方世界究竟是怎么回事，招贤大师当场拿出了一份偈帖。所谓偈帖，就是佛教中记载唱词的本子。大师指着偈帖上面的一段文字念唱道：“百丈竿头不动人，虽然得人未为真。百丈竿头须进步，十方世界是全身。”意思是：百丈的竹竿并不算高，尚需更进一步，十方世界才是真正的高峰。

词解人生

鲁迅曾经说过："不满足是向上的车轮。"人最大的对手，不是别人，正是你自己，唯有超越自己，才能达到真正的进步与成功。"不满足"是一种盼望，是一种追求，是一种对美好事物的向往。

初露锋芒时的足球名将贝利，接受记者的采访，当记者问"你哪一个球踢得最好"时，他毫不犹豫地说："下一个。"而当他成为世界著名的球王之后，对于同一问题的回答仍然是"下一个。"贝利的"下一个"说明他是清醒的，他从未满足于今天的"这一个"，而是将最好的锁定在了永无止境的"下一个"。

"不满足"就像一级级阶梯，只有永不满足，人类才能从低级走向高级，才能从原始社会洞穴为居、树叶兽皮为衣发展到今天的高度文明的社会。保持永不满足的精神，即使已经达到了"百尺竿头"的地步，仍需要"更进一步"。

第十三章　空有大志只是妄人

家国情怀，没有国哪有家——先忧后乐

成语诠释

【来源】（汉代）刘向《说苑·谈丛》。

【解释】忧：忧虑；乐：享乐。忧虑在天下人之先，安乐在天下人之后。比喻吃苦在先，享受在后。

【成语掌故】

范仲淹，字希文，北宋时期著名的政治家、军事家和文学家。他一生功绩卓著，成绩斐然，做了很多为民众所称颂的好事，深受百姓的爱戴。他还很看重教育，无论到哪里为官，他都十分热心兴办学校、培养人才。

一次，他的朋友滕子京被贬到岳州当知州。当地有一名胜，叫岳阳楼，始建于唐朝，到了宋代已经破败不堪了。滕子京到达此处后，重新修复了岳阳楼，范仲淹受他所托写了一篇《岳阳楼记》来记颂这件事。

他在文章中写道："我曾经探求古代品德高尚的人的思想感情，他们的表现与被贬官的人和失意的文人的态度不同，是什么原因呢？不因为外物的好坏和自己的得失而或喜或悲，在朝廷里做高官就为百姓担忧，不在朝廷上做官就为君主担忧。这样看来是在朝廷做官也担忧，不在朝廷做官也担忧。既然这样，那么什么时候才快乐呢？他们一定会说：'在天下人忧愁之前先忧愁，在天下人快乐之后才快乐。'唉！如果没有这种人，我同谁一道呢？"

词解人生

范仲淹年写《岳阳楼记》时已经58岁，被贬谪多次。不管是"居庙堂之高"还是"处江湖之远"，他始终都没有懈怠"以天下为己任"的人生使命。因此，《岳阳楼记》不是他对未来人生的展望，而是对过去人生的回顾，是对自己"以天下为己任"的人生实践的精妙总结，展现给后人的是一种博大情怀和高远的境界。"位卑未敢忘忧国"，我们任何人都要以天下为己任，"先天下之忧而忧，后天下之乐而乐"。

现在有太多的人，他们的关注点总是集中在利益之上，忘记了自己是国家的公民，忘记了对于国家应该有那种关切之情。顾宪成的名联"家事国事天下事，事事

关心”，顾炎武的“天下兴亡，匹夫有责”，不应该只是一个口号，更应该成为我们的责任。胸怀天下，“先忧后乐”的悲悯之心，是我们应该具备的。

舍生取义，名垂青史——人死留名

成语诠释

【来源】《新五代史·王彦章传》。

【解释】人生前建立了功绩，死后可以传名于后世。指人应该珍惜自己的荣誉。

【成语掌故】

中国历史上，有许多动荡的时代，五代十国时期便是其中之一。这一时期持续了五十三年的时间，先后有后梁、后唐、后晋、后汉、后周五代。

王彦章是五代时候的武将，他以骁勇善战而闻名于世。年轻的时候，他跟随梁太祖打仗，立下不少的战功。太祖死后又为新帝巩固了梁朝的江山，功劳不能说不大。晋国与梁国是劲敌，在一次战争中，晋国俘虏了王彦章的妻子和儿女。为了招降王彦章，晋国不仅没有杀害他的亲人，还特别优待他们。晋国派使者与王彦章接触，王彦章拒绝并杀掉了晋国的使者。

但是，当王彦章攻打后唐连续两次失败后，那些嫉贤妒能的人趁机向皇帝说王彦章的坏话，最后王彦章被罢免了兵权。从此以后，梁国连连失地，不到半年，后梁江山岌岌可危，只好再度请出王彦章。

但是，可供王彦章调遣的军队只有五百御林军，这些御林军全部都是新丁，根本不会打仗，很快便败下阵来，王彦章被唐兵活捉。

后唐庄宗很赏识他，想劝他归顺。王彦章怒目而视，说：“我虽为一介武夫，但俗话说‘豹死留皮，人死留名’，哪有当将领的人，早上替梁国效力，晚上又为唐国做事的？所以请大王给我一刀，我没有怨言，只会感到很荣幸。”最后他还是被杀害了。

词解人生

对于自己的人生，每个人心中都会有一定的规划与设想，有的人希望可以衣食无忧，有的人希望可以功成名就，有的人希望过得淡泊宁静，有的人希望过得轰轰烈烈……无论是哪一种，在短短的几十年间，人们总是希望给这个世界留下些什么，以证明自己曾经来过。雁过留声，人过留名，即使是离开了，别人的心中仍留有一些属于你的美好回忆，这应该也是一种人生的幸福吧！将有限的生命活得生动精彩，将有限的力量用于造福社会，总有一些人会将你铭记于心的。

成为楷模前请以楷模为榜样——一代楷模

成语诠释

【来源】《旧唐书·李靖传》。

【解释】 楷模：榜样。一个时代的榜样。形容一个时代的模范人物。

【成语掌故】

隋朝末年，隋炀帝昏庸无道，开凿大运河，大举兴兵东征，劳民伤财，百姓处于水深火热之中，加上赋税不断加重，已经到了官逼民反的地步，农民起义运动风起云涌。

李靖是个有识之士，他虽在朝为官，但看到朝廷腐朽，便辞去了官职，静观世事的变化。这段时期里，他跟随舅父韩擒虎学习《孙子兵法》，以备将来之用。当时的义军有许多支，他看到李渊的义军乃是一支正义之师，于是便来到太原，投靠李渊。

后李渊建立唐朝，李靖率兵南征北战，为唐朝立了许多功劳，多次得到奖赏。有一年，东突厥军犯境，李靖仅率领骁骑三千，就平定了叛军。唐太宗对他更加信任。此后，李靖又为朝廷立下不少战功，官升至尚书右仆射。

天下安定后，李靖有自知之明，觉得自己在朝廷为官多年，功劳不小，受到的封赏也不少。一员武将将来在朝中，也不会有什么大的作为了，应该急流勇退，早点解甲归田，免生后患。所以李靖趁唐太宗派他去访察民俗的机会，说自己的脚有毛病，奏请退休归家。

唐太宗见他的奏书写得十分恳切，便答应了他的请求，并派中书侍郎牟岑少去传他的旨意说："我看自古以来，身居富贵而能知足的非常少，不论是愚人还是智者，都莫能自知。有些人没有什么才能，却硬是要占据官职；就是有了病，也勉强留着不肯辞官。李靖能识大体，实在可嘉。我如今批准你的请求，不仅是成全你的志向，还想把你作为一个时代的模范人物，让人们向你学习。"同时，唐太宗特别赐给他良马两匹，绸缎千匹，还为他制作了一根寿杖，以方便他走路。

词解人生

榜样的力量是无穷的。做一时的榜样并不难，难的是做一辈子的榜样。榜样，是我们心中的一面旗帜，他告诉我们什么是真善美，什么是动人心弦，什么是正人君子。

面对灾难，他们会在第一时间挺身而出，站到战斗的最前线，贡献自己的所有力量；面对利益，他们会悄悄地退到最后面，等到所有的人都已有所得，才轮到他们；面对艰难与辛苦，他们总是当仁不让，替所有人扛下苦与累，解决所有的问题……要成为一代楷模并不容易，需要付出的太多太多，而获得的又太少太少；要成为一代楷模又并非如想象中的那么困难，只要对自己有足够高的要求，并以此指导实践，每个人都可以成为时代的楷模与榜样。

有的人死了，他的精神还活着——死而不朽

成语诠释

【来源】（春秋）左丘明《左传·襄公二十四年》。

【解释】 朽：腐烂。表示人虽然死了，但声名与事业长存，永远地被人们牢记。

【成语掌故】

公元前549年，鲁国的大夫穆叔奉命到晋国去访问。晋国的卿范宣子接待了他，并且与他交谈起来。范宣子问穆叔："古语云：'死而不朽。'你知道它说的是什么吗?"穆叔不清楚范宣子提出这个问题的用意，没有马上回答。

范宣子以为穆叔答不上，得意地说："我的祖先，虞舜前是陶唐氏，夏朝后是御龙氏，在商朗是豕韦氏，在周朝是唐社氏。周王室衰败以后，由晋国主持中原的盟会，执政的是范氏。所谓'死而不朽'，恐怕说的就是这个吧！"

穆叔听他这样说，觉得很不入耳，便反驳道："据我所听到的，这叫做世禄，也就是世世代代享受禄位，而不是'不朽'。鲁国有一位已经去世的大夫，叫臧文种。他死了以后，世世代代没有被人们忘记。这才是所谓的'不朽'吧。我听说，最高的是树立德行，其次是树立功业，再其次是树立言论。一个人如果能做到这样，死了之后，久久不会被人们忘记。这叫做三不朽。如果只是保存和接受姓氏，守住宗庙，世世代代不断绝祭祀，那是每个国家都有的，根本算不上是'不朽'。"

词解人生

俗话说："人过留名，雁过留声。"孔子因其独特的政治主张与教育思想而被后人奉为"圣人"，李世民因其开创的"贞观之治"而成为中国历史上明君的代表，康熙皇帝因其卓越的文治武功而被后人称为"千古一帝"……他们的成就不容忽视，历史因为有他们而熠熠生辉。

卡曾斯曾说过："死并不是人生最大的损失，虽生犹死才是。"那些死而不朽的人物，将永留史册，只要曾经付出过、努力过，只要"活在活着的人的心里，就是没有死去"。

成语荟萃

◎ **求志达道**

【解释】指隐居以保全自己的意志，行义以贯彻自己的主张。这是儒家一种理想的人生观。

◎ **雄心勃勃**

【解释】勃勃：旺盛的样子。形容雄心很大，很有理想。

◎ **雄心壮志**

【解释】伟大的理想，宏伟的志愿。

◎ **有志之士**

【解释】士：对人的尊称。指有理想有抱负的人。

◎ **壮志凌云**

【解释】壮志：宏大的志愿；凌云：直上云霄。形容理想宏伟远大。

◎ **抱负不凡**

【解释】抱负：远大的志向。指有远大的志向，不同一般。

◎ **长风破浪**

【解释】比喻志向远大，不怕困难，奋勇前进。

◎ **登高望远**

【解释】登上高处，看得更远。也比喻思想境界高，目光远大。

◎ **步月登云**

【解释】登上月亮，攀登云霄。形容志向远大。

◎ **大展宏图**

【解释】展：把卷画打开，比喻实现；宏图：比喻宏伟远大的谋略与计划。大规模地实施宏伟远大的计划或抱负。

◎ **非池中物**

【解释】不是长期蛰居池塘中的小动物。比喻有远大抱负的人终究要做大事。

◎ **高飞远翔**

【解释】飞得既高又远。比喻前程远大。

◎ **豪情壮志**

【解释】豪迈的情感，远大的志向。

◎ **弘毅宽厚**

【解释】弘毅：意志坚强，志向远大。志向远大而待人宽厚。

◎ **鸿业远图**

【解释】鸿：大。宏伟的事业，远大的志向或谋划。

◎ **凌霄之志**

【解释】凌霄：高入云霄的志气。形容远大的志向。

◎ **千里之志**

【解释】指远大的志向。

◎ **任重至远**

【解释】原意指负载沉重而可以到达远方。后比喻抱负远大，能闯出新的天地，作出宏伟的业绩。

◎ **桑弧蓬矢**

【解释】用桑木做的弓，蓬草做的箭，射天地四方，表示有远大志向的意思。

◎ **胸怀大志**

【解释】怀：存有。胸中有远大志向。

◎ **风云之志**

【解释】像风云那样雄大高远的志向。

◎ **伏虎降龙**

【解释】伏、降：用威力使屈服。用

威力使猛虎和恶龙屈服。形容力量强大，能战胜一切敌人和困难。

◉ **老当益壮**

【解释】当：应该；益：更加；壮：雄壮。年纪虽老而志气更旺盛，干劲更足。

◉ **老骥伏枥**

【解释】骥：良马，千里马；枥：马槽，养马的地方。比喻有志向的人虽然年老，仍有雄心壮志。

◉ **气吞山河**

【解释】气势可以吞没山河。形容气魄很大。

◉ **穷且益坚**

【解释】穷：穷困；益：更加。处境越穷困，意志应当越坚定。

◉ **事在人为**

【解释】事情能否做成要看人的主观努力如何。

◉ **壮志未酬**

【解释】酬：实现。旧指一生潦倒，志向没有实现就衰老了，也指抱负没有实现就去世了。

◉ **九天揽月**

【解释】九天：天空；揽：采摘。到天上采摘下月亮。比喻豪情壮志的宏大气魄。

◉ **踵事增华**

【解释】踵：追随，因袭；华：光彩。在前人事业或成果的基础上再增添一些光彩。指继承前人的事业并加以发展。

◉ **白手起家**

【解释】白手：空手；起家：创建家业。形容在没有基础和条件很差的情况下自力更生，艰苦创业。

◉ **晨炊星饭**

【解释】清晨烧早饭，入夜才吃晚饭。形容早出晚归，整日辛勤劳苦。

◉ **含辛茹苦**

【解释】辛：辣；茹：吃。形容经受辛苦或历尽辛苦。

◉ **汗流浃背**

【解释】浃：湿透。汗流得满背都是。形容非常恐惧或非常害怕。现也形容出汗很多，背上的衣服都湿透了。

◉ **精疲力竭**

【解释】竭：尽。精神、力气消耗已尽。形容非常疲劳。

◉ **鞠躬尽瘁**

【解释】指恭敬谨慎，竭尽心力。

◉ **为人作嫁**

【解释】原意是说穷苦人家的女儿没有钱置备嫁衣，却每年辛辛苦苦地用金线刺绣，给别人做嫁衣。比喻空为别人辛苦忙碌。

◉ **饱经沧桑**

【解释】饱：充分。沧桑：沧海变桑田，泛指世事的变化。经历过多次的世事变化，生活经历极为丰富。

◉ **跋山涉水**

【解释】跋山：翻过山岭；涉水：用脚蹚着水渡过大河。翻山越岭，蹚水过河。形容走远路的艰苦。

◉ **筚路蓝缕**

【解释】筚路：柴车；蓝缕：破衣服。驾着简陋的车，穿着破烂的衣服去开辟山林。形容创业的艰苦。

◉ **栉风沐雨**

【解释】栉：梳头发；沐：洗头发。风梳发，雨洗头。形容人经常在外面不顾风雨地辛苦奔波。

◉ **翻山越岭**

【解释】翻：翻过；越：过；岭：山岭。翻越不少山头。形容野外工作或旅途的辛苦。

◎能屈能伸

【解释】能弯曲也能伸直。指人在失意时能忍耐，在得志时能大干一番。

◎披星戴月

【解释】身披星星，头戴月亮。形容连夜奔波或早出晚归，十分辛苦。

◎风餐露宿

【解释】形容旅途或野外生活的艰苦。

◎摩顶放踵

【解释】摩：摩擦；顶：头顶；放：至；踵：脚后跟。从头顶到脚后跟都磨伤了。形容不辞劳苦，不顾身体，忘我工作。

◎无冬无夏

【解释】无论冬天还是夏天。指一年四季从不间断。

◎席不暇暖

【解释】座位还没坐热就走了。形容非常忙。

◎死而后已

【解释】已：停止。死了以后才罢手。形容献出一切。

◎幕天席地

【解释】把天作幕，把地当席。原形容心胸开阔，现形容在野外作业的艰苦生活。

第三篇

人生如此艰难，你要内心强大

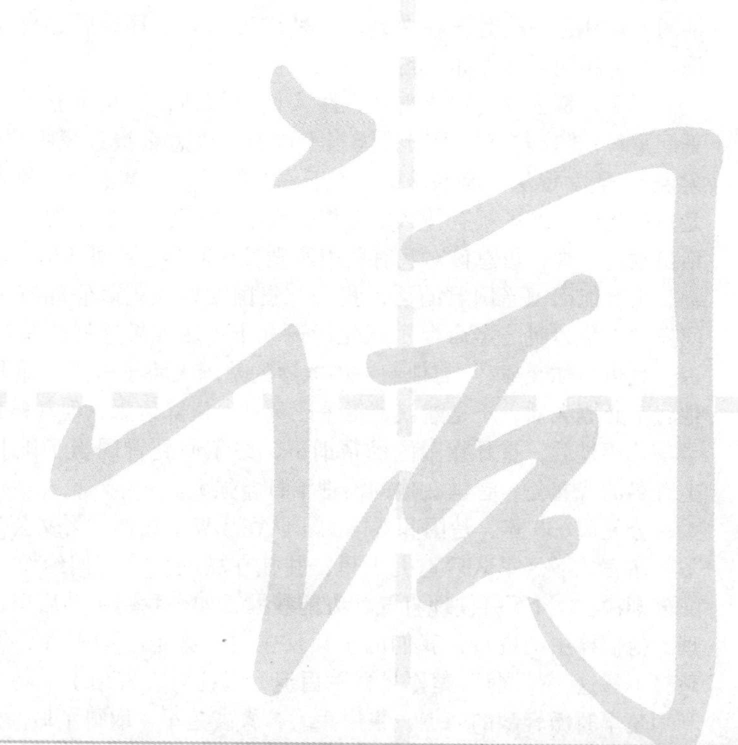

第十四章　是你的终究跑不掉，不是你的不必徒劳

适度的撤退换来更有力的前进——退避三舍

成语诠释

【来源】（春秋）左丘明《左传·僖公二十三年》。

【解释】舍：古代行军时以三十里为一舍。主动退军九十里。比喻主动退让和回避，避免冲突。

【成语掌故】

春秋时期，晋国发生了内乱，晋献公听信谗言，杀了太子申生，又派人捉拿申生的弟弟重耳。重耳闻讯，逃出了晋国，在外流亡了十几年。这期间，重耳有一段时间住在楚国，楚成王认为重耳日后必有大作为，就以国宾之礼相迎，待他如上宾。

一天，楚王设宴招待重耳，两人饮酒叙话，气氛十分融洽。忽然，楚王问重耳："你若有一天回晋国当上国君，该怎么报答我呢？"重耳略一思索说："美女侍从、珍宝丝绸，大王你有的是，珍禽羽毛、象牙兽皮，更是楚地的盛产，晋国哪有什么珍奇物品献给大王呢？"楚王说："公子过谦了。话虽然这么说，可总该对我有所表示吧？"重耳笑笑回答道："要是托你的福，果真能回国当国君的话，我愿与贵国友好相处。假如有一天，晋楚之间发生战争，我一定命令军队先后退九十里。如果这样还是得不到你的原谅，我再与你交战。"与他们一同饮酒的楚国大将子玉听了重耳的话，知道他将来必成大器，于是建议楚王杀死重耳，以除后患，但却被楚王拒绝了。

几年过后，重耳在秦国的帮助下，终于回到晋国当了国君，就是历史上有名的晋文公，晋国在他的治理下日益强大。

公元前633年，楚国和晋国的军队在战场上相遇。晋文公为了实现他许下的诺言，下令军队后退九十里，驻扎在城濮。将士们纷纷表示反对，晋文公则说："行军打仗理直气壮方能获胜，如今我们主动后退，楚国便输了理。他们再主动进攻，我们的士兵反击时，必定心中有气，士气高涨，何愁打不赢这一仗呢！"楚军见晋军后退，以为对方害怕了，马上追击。晋军利用楚军骄傲轻敌的弱点，集中兵力，大破楚军，取得了城濮之战的胜利。

词解人生

“进”与“退”之间存在着一种微妙的关系。如果面前是一条康庄坦途，你便可以毫无顾虑地勇往直前；但如果面前是一条荆棘小道，你可以不必硬闯，在踏上征途之前，先后退一步，也许反而会有海阔天空。正如列宁说的：“为了更好地一跃而后退。”

“退避三舍”便体现了这种智慧，这里的退，不是消极地退，被动地退，而是主动地退，通过退让而寻找前进的机会，积累前进的力量。后发制人应相机而动，反而更有取胜的把握。

晋文公表面上主动让步，让楚国先进军，实际上，这是一种十分巧妙的策略。通过这种让步，晋国在道义上做到了仁至义尽，让楚国不再有攻击晋国的借口。正是这种巧妙的安排，让晋国不费力气地取得了战斗的胜利，并且扬威天下。所以，适度的退让不仅能够让自己在道义上获得更广泛的支持，而且能够打击敌人的士气，从而取得成功。

天下武功，唯快不破——捷足先得

成语诠释

【来源】（西汉）司马迁《史记·淮阴侯列传》。

【解释】 捷：快；足：脚步。比喻行动快的人先达到目的或先得到所求的东西。

【成语掌故】

楚汉相争时，刘邦派韩信率军攻打齐国，韩信一举打败了齐王田广，平定了整个齐地。于是，刘邦封韩信为齐王。当时韩信兵多将广，谋士蒯通曾劝韩信借此良机背离刘邦，和刘邦、项羽三分天下，但韩信顾念刘邦对自己的情谊，没有照蒯通的话去做。后来，刘邦依赖韩信的力量消灭了西楚霸王项羽，建立了汉王朝。

此时，韩信的势力过于强大，刘邦对他不再信任了，甚至还将他看作心腹之患。不久，刘邦找借口解除了他的兵权，又降他为“淮阴侯”。韩信对此十分不满，便暗中联络陈稀，待机起义。后来陈稀宣布反对刘邦，刘邦亲自率兵前去讨伐。韩信本想做内应，但却被刘邦的妻子吕氏骗进宫中，当场处死。

韩信临死时，后悔当初没有采纳谋士蒯通的建议。刘邦得知后，就把蒯通抓了起来，说他煽动韩信造反，要治他的死罪。蒯通大叫冤枉，说：“秦朝失去了它的统治，就好比是失去一只鹿，各方力量都在追逐它，但是只有有才干和腿快的人才能首先得到它！以当时的形势来讲，谁都想追到这只鹿，谁都想得到你今天这样的地位，如果说过那样话的人都有罪，恐怕你不可能把他们都抓来处死吧!”刘邦觉得蒯通的话说得也有道理，于是就把他放走了。

词解人生

现代人关注的最多的往往是金钱，所以会有“时间就是金钱”“速度就是金钱”等说法，这些话虽然有些功利，但也有一定的道理。在商品经济高度发展的现代社会，谁能争取时间，抢先一步，谁就能在竞争中立于不败之地。

要想在竞争中获得发展，要想在行动中实现成长，就需要不断开拓未来的道路。不要坐等机会的到来，也不要以为平坦的阳光大道会一直铺到你的脚下——即使机会已经来到你的身边，即使阳光大道已经铺在你的脚下，如果不抓住机会，不迈步向前，那你永远也不会成功。要永远比竞争对手更先采取行动，要永远比自己原先期望的做得更好，这样你才能够永远走在别人的前面并早一步问鼎成功。

在瞬息万变的时代中，人们并非站在同一条起跑线上，如果我们想要在一个领域中拥有属于自己的声音，就必须比别人先行一步，唯此才能在开始便占有优势，也才有可能在后来的过程中保持优势。正所谓“一步快，步步快”。

斩断退路，令你全力以赴——破釜沉舟

成语诠释

【来源】（西汉）司马迁《史记·项羽本纪》。

【解释】釜：古代用来煮饭的锅。舟：小船。把饭锅打破，把渡船凿沉。比喻不留退路，非打胜仗不可，下决心不顾一切地干到底。

【成语掌故】

陈胜、吴广在大泽乡起义的时候，在吴中的项梁、项羽起而响应。原先齐、赵、燕、魏等国的旧贵族，也都在自己的土地上立了王，恢复了自己国家的名称。秦朝派大将章邯出征，章邯击破了项梁率领的楚军主力之后，带领大军北渡黄河，攻打当时自称赵王的赵歇。赵军被围，赶紧派人四处求救。

楚怀王接到赵王求援的书信，派宋义为上将军，带着项羽、范增北上救赵。大军由彭城出发，将士们个个摩拳擦掌，斗志很旺。但是宋义是一个胆小怕事的小人，他根本就不想到城下和秦军拼命。到达安阳的时候，便号令全军原地休息，一住就是四十多天。项羽实在忍耐不住，便来质问宋义。原来宋义想让秦、赵两国的军队打到筋疲力尽的时候再出兵。他还说全军不服从命令的一律都得砍头。

项羽本来脾气火暴，怎么能咽下这口气。一天早晨，他全副武装，来到宋义的军帐之中，一剑斩下他的脑袋。将士们纷纷表示愿意服从项羽的指挥，拥立项羽代理上将军一职。项羽下令士兵每人带足三天的口粮，还要砸碎全部行军做饭的锅，并跟将士们说，要吃饭的话，就到章邯的军营中取锅。大军渡过漳河，项羽又命令士兵把渡船全都凿沉，烧掉所有的行军帐篷，以此表示决一死战。

战士们看退路没了，这场仗如果打不赢，谁也活不成。在项羽的指挥下，楚军同秦军展开了激烈的战斗，个个以一当十，如下山猛虎，奋勇拼杀。最后终于以少胜多，把秦军打得大败。

词解人生

“破釜沉舟”、“背水一战”，就是“置之死地而后生”的具体运用。它是人们在紧急状况下采取的非常措施，可以激发一往无前的战斗精神，激发人的求生本能。军事家孙武曾说过：“将帅赋予军队任务，要像登高而抽去梯子一样使他们有进无退；率领军队深入诸侯国土，要像弩机射出的箭一样使其一往无前。”

处于绝境中的人，总是为了求生，会爆发出一种出人意料的战斗力。如果你的人生过于安逸，毫无激情，试着切断自己的后路，将自己置身于悬崖绝壁之上，你会发现原来自己还有如此大的能量，原来自己还可以做许多自己从未想过的事情。

得之我幸，失之我命——塞翁失马

成语诠释

【来源】《淮南子·人间训》。

【解释】塞：边疆险要的地方；翁：老头儿。比喻虽然一时受到损失，但也许反而因此能得到好处。也指坏事在一定条件下可变为好事。

【成语掌故】

战国时期，有位老汉住在与胡人相邻的边塞地区，他们一家人以养马为生，来来往往的过客都尊称他为“塞翁”。塞翁生性达观，为人处世的方法与众不同。

有一天，塞翁家的马群中，有一匹马不知什么原因，迷了路，回不来了。邻居们得知这一消息以后，纷纷跑来安慰他。可是塞翁却不以为意，他反而劝慰大伙儿：“各位有心了。丢了一匹马，不是什么大的损失，谁知道它会不会带来好的结果呢？”邻居们听了个个疑惑不解。

没过几天，塞翁家的那匹迷途老马从塞外跑了回来，并且还带回了一匹胡人骑的骏马。邻居们听说了，又一齐来向塞翁贺喜，并夸他有远见。

然而，这时的塞翁却满脸愁容，他忧心忡忡地众人说：“唉，白白得到了一匹马，谁知道会不会给我带来什么灾祸呢?”塞翁的话又让大家百思不得其解。

看到这匹胡人骑的骏马，塞翁的独子喜不自禁，天天骑马兜风。有一天，他因一时疏忽，竟从飞驰的马上掉了下来，命虽然保住了，但摔伤了一条腿。善良的邻居们闻讯后，前来慰问，塞翁还是那句老话：“谁知道它会不会带来好的结果呢?”

又过了一年，胡人大举入侵中原，身强力壮的青年都被征去当了兵，结果十有八九都在战场上送了命。而塞翁的独子却因为是个跛腿，免服兵役，所以得以保全了自己的性命。

词解人生

祸与福在一定条件下可以相互转化，因而，面对祸福，要顺其自然，要想得开、看得透，在灾祸面前要经得起、顶得住；在福面前要头脑清醒，不可得意忘形，乐极生悲。

老子曾说过：“祸兮福之所倚，福兮祸之所伏。”祸往往与福同在，福中往往潜伏着祸。得到了不一定就是好事，失去了也不见得是件坏事。正确地看待个人的得失，才能真正有所收获。人不应该为表面的得到而沾沾自喜，认识人和事物，应该是认识其根本。得到值得高兴，但不要为虚假的表象所迷惑。失去固然可惜，但也要看失去的是什么，如果是自身的缺点、问题，这样的失有什么值得惋惜的呢?

得失总能牵动人心，我们会因为得到而欣喜不已，也会因为失去而悲伤心痛，但一切最终都会“尘归尘，土归土”，借用一句佛家的偈语：“菩提本无树，明镜亦非台，本来无一物，何处惹尘埃。”将得失看淡一点，人生会更幸福。

第十五章　任世事真假难辨，我还是我

不论直线曲线，达到目的就行——围魏救赵

成语诠释

【来源】（西汉）司马迁《史记·孙子吴起列传》。

【解释】原指战国时齐军用围攻魏国的方法，迫使魏国撤回攻赵部队而使赵国得救。后指袭击敌人后方的据点以迫使进攻之敌撤退的战术。

【成语掌故】

齐威王三年，魏惠王想一泄失去中山的仇恨，便派大将庞涓前去攻打中山。魏将庞涓认为中山不过弹丸之地，距离赵国又很近，不如直接攻打赵国的都城邯郸，既解旧恨又能削弱赵国，可谓一举两得。于是，魏惠王调拨五百战车，由庞涓率领，直奔赵国。

庞涓治军有方，军队战无不胜，很快便包围了赵国的都城邯郸，赵国形势危急。第二年，赵国迫于无奈只得向齐国求救。齐威王任命田忌做主将，孙膑做军师，领兵前往救援。

田忌与孙膑率兵进入魏赵交界之地，田忌本来打算领军直接去赵国与魏军作战，孙膑制止说："如今魏赵两国相互攻打，魏国的精锐部队必定在国外精疲力竭，老弱残兵在国内疲惫不堪。你不如率领军队火速向魏国的国都大梁挺进，占据它的交通要道，冲击它军备空虚的地方，魏国国都被围困，魏王肯定会下令庞涓放弃攻打赵国而回兵自救。我们再在庞涓回师的必经之路，中途伏击他，必定可以大获全胜。这样，我们不但可以一举解救赵国之围，而且可坐收魏国自行挫败的成果。"

田忌听取了孙膑的意见，出兵围困魏国的都城大梁，魏王果然下令庞涓回军自救。庞涓收到魏王的命令后，丢掉粮草辎重，星夜从赵国撤军回国。孙膑预先在魏军的必经之地桂陵设下埋伏，当魏军经过时，齐军突然出击，大败魏军。齐国军队大胜，赵国的危机也相应地解除了。

词解人生

这里，孙膑给庞涓设置了一个进退两难的困境：要么放弃赵国，救援都城；要么继续围攻赵国，弃国都和魏王于不顾。对庞涓来说，他很清楚齐国救赵的意图，

但他又不能置魏王和都城的安全于不顾，最后作出赶紧回师的决定。而庞涓的这一决策使齐国救赵的目的达到了。

在现实生活中，当你孤立无援的时候，不要绝望，可以想办法扩大自己的同盟队伍，也就是设法把你的对手绑在自己的船上，形成一个暂时的利益共同体，一荣俱荣、一损俱损，让对手和你陷入同样的困境，迫使他与你合作，从而作出有利于你的决策。

从小我们便知道一个定理：两点之间的距离，直线最短。这样的定理在科学研究的领域，是成立的，但它并不一定适用于现实的生活之中，当我们身陷困境时，与对手发生正面的冲突，以此来解决问题，固然是一种方法，不过绝不是最聪明的方法。身处困境之中，只要我们不被自己的处境吓倒，静下心来，认真寻找对手的软肋，绕过对手的正面“攻击”，从其软肋下手，一样可以摆脱困境，甚至还有可能转败为胜。所以，在有些时候，两点之间的距离，“曲线”最短。

过早暴露，会成为靶子——暗度陈仓

成语诠释

【来源】（元代）尚仲贤《气英布》第一折。

【解释】度：通“渡”；陈仓：古代的地名，今陕西宝鸡东，为通向汉中的交通要道。比喻正面迷惑敌人，而暗中从侧翼对敌人进行突然袭击。亦比喻暗中进行活动。

【成语掌故】

秦朝被推翻的时候，势力最强的项羽企图独霸天下，他对一般将领都没有什么顾忌，唯独对刘邦不放心。早些时候，他与刘邦便曾经约定：谁先攻下秦都咸阳，谁就在关中为王。结果，首先进入咸阳的偏偏就是刘邦。项羽不愿意让刘邦当“关中王”，也不愿意让他回到家乡，便故意把巴、蜀和汉中三个郡分给他，封他为汉王，想把他关进偏僻的山里去。自己则自封为西楚霸王，占领长江中下游和淮河流域一带广大肥沃之地，以彭城为都城。

刘邦的确有独霸天下的野心，可是慑于项羽的威势，只得听从支配，暂时领兵西上，开往南郑，并且接受张良的计策，把一路走过的几百里栈道全部烧毁。烧毁栈道的目的是为了便于防御，更重要的是为了迷惑项羽，使他以为刘邦真的不打算出来了，从而放松对刘邦的戒备。

刘邦到了南郑，发现了一个有才能的人韩信，于是便拜他为大将，请他策划向东发展、夺取天下的军事部署。

韩信的第一步是夺取关中，打开东进的大门，建立兴汉灭楚的根据地。于是派出几百名官兵去修复栈道。守着关中西部的章邯听到了这个消息，觉得他们自己烧了之后，再来修复，这么大的工程不知要到何年何月才能完成，于是对于刘邦和韩信的这一行动，根本没有重视。可是，不久章邯便接到急报，说刘邦的大军已攻入关中，陈仓被占，守将被杀。章邯证实消息后，慌忙领兵抵抗，但已经来不及了，号称三秦的关中地区于是一下子被刘邦全部占领了。

原来韩信表面上派兵修复栈道，装作要从栈道出击的姿态，实际上却和刘邦统率主力部队，暗中抄小路袭击陈仓，趁章邯不备取得了胜利。这就叫做“明修栈道，暗度陈仓”。

词解人生

“暗度陈仓”不只是一种战争谋略，还是一种指导生活的处世智慧，在适当的时候，我们需要将自己的真实意图隐藏起来，制造一种迷惑人心的假象，这样更容易成功。

蒙蔽别人最关键的在于掩饰自己的真实意图和目的。不能让人发现，更不能让人预见，所以诈者蒙蔽他人时，常玩的把戏便是声东击西。假装瞄准一个目标煞有介事地佯攻一番，其实暗自瞅准别人不留心的靶子，然后伺机施以致命打击。有时他似乎不经意间流露出自己的心思，实际上是在骗取他人的注意和信赖，目的在于突然发难而出奇制胜。

蒙蔽别人绝非奸邪之人的专利，它亦可用于达成好事和善举。例如在人际交往中，人们都是怀着一定的目的展开交际活动，或者为了沟通友谊，加深感情；或者为了交流切磋，互通信息；或者为了寻求合作，获得利益；或者为了求得帮助，摆脱困境。一般情况下，交际双方有了明确的交际目的，便于双方的互惠互动，可以互相呼应。但有时，交际目的过于显露，反而会有碍合作，不利于交际目的的实现。这时，“暗度陈仓”便成了一种促进成功的哲学。

巧借外力，为我所用——草木皆兵

成语诠释

【来源】《晋书·苻坚载记》。

【解释】 兵：士兵。把山上的草木都当作敌兵。形容人在惊慌时疑神疑鬼，稍微有一点风吹草动，便紧张害怕得要命，常用来形容失败者的恐惧心理。

【成语掌故】

东晋时代，秦王苻坚控制了中国北部。公元383年，前秦皇帝苻坚率领步兵、骑兵八十七万，攻打江南的晋朝。晋军大将谢石、谢玄领兵八万前去抵抗。苻坚得知晋军兵力不足，就想以多胜少，抓住机会，迅速出击。

谁料，苻坚的二十五万先锋部队在寿春一带被晋军出奇制胜击败，损失惨重，大将被杀，士兵死伤万余。秦军的锐气大挫，军心动摇，士兵惊恐万状，纷纷逃跑。苻坚大惊失色，亲自到城头观察晋军的状况。只见对岸桅杆林立，战船密布，晋兵队伍严整，士气高昂。再北望八公山，随着大风呼啸而过，只见山上晃动的一草一木都像晋军的士兵一样。苻坚回过头对弟弟说：“这是多么强大的敌人啊！怎么能说晋军兵力不足呢?”他后悔自己过于轻敌了。

出师不利给苻坚心头蒙上了不祥的阴影，他令部队靠淝水北岸布阵，企图凭借地理优势扭转战局。这时晋军将领谢玄提出要求，要秦军稍往后退，让出一点地方，以便渡河作战。

苻坚暗笑晋军将领不懂作战常识，想利用晋军忙于渡河难以作战之机，给它来个突然袭击，于是欣然接受了晋军的请求。

谁知，后退的军令一下，前秦军如潮水一般溃不成军，加上有人在前秦的军队中大喊：“前秦军败了！前秦军败了!”前秦的士兵们一听，个个信以为真，纷纷逃跑，争相逃命。而晋军则趁势渡河追击，把秦军杀得丢盔弃甲，尸横遍地，苻坚也中箭而逃。前秦军队全线崩溃，完全丧失了战斗力。

词解人生

原本只是随处可见的草木，却可以成为威吓敌人的利器，我们不得不赞叹古人在战争中所体现出的智慧，同时，也应该将这种智慧运用于我们现在的生活之中，巧妙地借用一些外在的力量，借力打力，很容易便可起到事半功倍的效果。

在现代社会，借力的手段已在政治、经济、文化以及外交等领域广泛运用，而且大有日趋扩展之势。人际交往中，它不失为一种提高自身形象，扩大自己影响的策略和技巧。你可以巧借名人，如谈话中常出现一些身份高的人的名字，你在别人眼里就不同寻常；巧借名地，如有地位有身份的人常去的地方，你不要不好意思表白，这也可以作为提高你的身份、能力的资本；巧借名言，如请社会名流为你题词，请专家教授为你写的书作序，请明星为你签名，等等。这些做法虽然有沽名钓誉之嫌，但被社会接受，是人的正当追求，对社会进步也有积极意义。

许多商业广告为用名人宣传而不惜重金，实际上也是借力的应用。名人喜欢用的东西，普通人心理上容易认同。同样是消费，多一层攀龙附凤的光环，自然会吸引更多人。

掀起你的盖头来——扑朔迷离

成语诠释

【来源】（南宋）郭茂倩《乐府诗集·横吹曲辞五·木兰诗》。

【解释】扑朔：乱动；迷离：眼睛半闭着。提着兔子耳朵把它悬在半空时，雄兔两只前脚时时动弹，雌兔则两只眼半闭着，但在地上跑的时候就分辨不出雌雄了。形容事情错综复杂，难以辨别清楚。

【成语掌故】

相传古代有一位女子，名唤花木兰，她的父亲原是朝廷的武将，后来年纪大了，告老还乡。木兰小时曾经跟父亲习武，十八般武艺样样精通。在和平的年代里，木兰全家过着平静的生活，其乐融融。

可是木兰20岁这年，国家发生战争，匈奴进犯，朝廷征召民众入伍为国家效力，木兰的父亲也在征召之列。木兰见父亲年迈，弟弟年幼，于是就想代父从军。她不顾父母的劝阻，女扮男装，随大军辗转到边疆作战。她虽然是个女子，但武艺高强，聪明机智，在战场上表现得十分英勇，屡建奇功。经过十年的苦战，沙场捷报频传，木兰率军击退匈奴，高奏凯歌回朝。

因为花木兰军功卓著，皇上在犒赏有功将士的时候，封木兰为兵部尚书。可是，她却再三辞谢，只求早日回家与父母团圆。皇帝无奈，只好答应了她的请求。

木兰回乡的喜讯传来，年迈的父母互相搀扶着来到城外迎接木兰，姐姐高兴地穿上节日的盛装，弟弟杀猪宰羊要为二姐洗尘。木兰走进自己的闺房，脱下战袍，换上了女儿装，倚窗对镜梳理，恢复了容颜俏丽的女儿妆。往日的战友见了，个个惊讶不已，没想到十年来，和他们在战场上一起奋勇杀敌的大英雄竟然是个纤美佳人。正如传说中的那样："雄兔脚扑朔，雌兔眼迷离；双兔傍地走，安能辨我是雄雌？"意思是：提着兔子的耳朵把它悬在半空时，雄兔的脚喜欢乱扑腾，雌兔的两眼老是眯缝着，当它们挨着在地上跑的时候，又怎能分辨得出谁雄谁雌呢？

词解人生

真与假，有时很难分辨，尤其是经过人们的各种装饰与遮掩之后，就更是难上加难了，它需要以高度的智慧去辨别。历史上著名的"空城计"，便是真假虚实之间的一场斗智游戏，诸葛亮明显技高一筹。

生活中处处需要智慧，只要我们用心，对于形势复杂难以判断的事物全面分析、推理，开动脑筋想办法，不被表面现象所迷惑，不被事物的复杂性所吓倒，就能清楚地看到事情的真相。对于所看到的、听到的东西，别轻易就下断言，先想想看它们是否合理，可信度有多高，从各个侧面，多角度了解情况，才不至于成为各种假象的受骗者。

第十六章　不能输在起跑线上

一切尽在掌握之中——运筹帷幄

成语诠释

【来源】（西汉）司马迁《史记·太史公自序》。

【解释】 筹：计谋、谋划；帷幄：古代军中帐幕。在军帐内对战略进行全面计划。比喻具有高超的军事指挥才能。

【成语掌故】

汉高祖刘邦性格豪爽，不太喜欢读书，也不喜欢读书人，但对谋士张良例外。张良是个非常杰出的人才，足智多谋，善于策划，为刘邦统一天下立下了不朽功勋。几次生死关头，都是张良的妙计使刘邦转危为安，反败为胜。

西汉初年，刘邦平定天下登上皇帝宝座后，在都城洛阳的南宫举行盛大的宴会。喝了几轮酒后，他向群臣提出一个问题："我之所以得到天下是因为什么？而项羽之所以失去天下又是因为什么呢？"高起、王陵认为高祖派有才能的人攻占城池与战略要地，总是将攻下的城邑封给将领，给立大功的人加官封爵，与大家共享利益，所以能成大事业。而项羽恰恰相反，妒贤嫉能，有功的人遭陷害，贤良的人被怀疑，打了胜仗不论功行赏，攻克了土地也不给人好处，所以就失去了天下。

汉高祖刘邦听了，笑着说："你们只知其一，不知其二啊。说到在营帐中出谋划策，以决定千里之外的胜负，我不如张良；治理国家，安抚百姓，调运军粮，保证运输线路畅通无阻，我不如萧何；统率百万大军，战必胜、攻必克，我又不如韩信。他们三个都是非常优秀的人才，因我能够起用他们，所以才取得了天下。而项羽手下就只有一个范增，却还不能得到任用，这才是他被我击败的原因啊！"

词解人生

成大事者，必定是站在一个更高的角度上去看待事态的发展，而不会去关心那些无关痛痒的细节，也不会因为那些鸡毛蒜皮的小事而影响自己的判断，这便是"运筹帷幄"的智慧。它是一种对事态全面的掌控，一种洞若观火，也是一种高瞻远瞩。

只有运筹帷幄，我们才能拥有远见卓识，才能从大体上对所从事的领域做到全面掌控。现代社会英雄辈出，倘若把目标直指新时代的佼佼者，那么我们就必须有英雄气概和运筹帷幄的指挥才能。古代，萧何虽不曾奔赴前线，不曾浴血奋战，却被刘邦封为头号功臣，这恰恰体现了运筹帷幄的重要性。不要再隅居于自己那个狭小的天地之中了，唯有站在更高的角度，才能看到事物发展的脉络，才能朝着正确的方向不断前行。

杀鸡给猴看——惩一儆百

成语诠释

【来源】（东汉）班固《汉书·尹翁归传》。

【解释】惩：惩罚；儆：同警，警戒。惩罚一个人，借以警戒许多人，以减少犯错。

【成语掌故】

西汉时期，河东太守田延年巡视霍光的家乡平阳时，召见当地的官吏，想从中选拔一些有才能的人，发现市场吏尹翁归是个难得的人才，便将他调到自己的手下任职。尹翁归执法公正如山，这使得田延年更加器重他。

之后，田延年奏请皇上任命尹翁归为东海太守。尹翁归到任之后，发现东海郡内的管理十分混乱。于是他在所属的每一个县都建立了簿籍档案，搜集各方的资料。他一有时间便拿出来这些资料翻阅，很快便熟悉了当地情况。

当时的东海郡是一个强盗横行的地方，其中有一个叫许仲孙的人经常欺凌百姓，杀害无辜，百姓个个对他恨之入骨，但却拿他没有办法。加上他后台很硬，几任官员都不敢办他，因而一直让他逍遥法外。

尹翁归上任后，定期到各县巡视，收到了很多的告状信，其中大部分都是控诉许仲孙的种种恶行的。尹翁归查清了许仲孙的罪行后，决定采取惩罚一个以警戒众人的办法，首先将这个许仲孙逮捕归案，然后在热闹的集市上宣读他的罪行，将其斩首示众。从此以后，其他的坏人都对尹翁归有了几分忌惮，不敢再胡作非为了，于是东海变得安定起来。

词解人生

作为部队的指挥官，必须做到令行禁止、法令严明，否则，指挥不灵、令出不行，士兵如一盘散沙，怎能打仗？所以，历代名将都特别注意严明军纪，管理部队刚柔相济，关心和爱护士兵，但绝不能有令不从、有禁不止。所以，有时采用“杀鸡儆猴”的方法，抓住个别坏典型从严处理，就可以达到震慑全军将士的效果。

我们的人生也是如此，世界上总有一些聪明人，采取一箭双雕的方法达到目的，杀了一只小鸡，却能把狡猾的猴子震慑住。这种迂回曲折的办事方法，却是一种艺术。这种艺术的关键，就在于如何找到那只触犯法则的“鸡”，如何在众人面前做一场秀，达到威慑所有相关人士的目的。

给对手一个“惊喜”——出奇制胜

成语诠释

【来源】（春秋）孙武《孙子·势篇》。

【解释】出：拿出、采取；奇：奇兵，奇计，不一般的方法或手段；制：制服，得到。使用出人意料的奇兵或奇计战胜敌人。比喻用对方意料不到的方法来获取胜利。

【成语掌故】

田单是齐王田氏宗室的远房亲戚，他一直没能得到上司的赏识，发挥自己的才干。齐愍王时，他曾是齐国首都临淄管理市场的一个默默无闻的小官。正巧此时，燕昭王派乐毅为大将，联合秦、赵、魏、韩等七国的军队一起攻打齐国，半年期间，连续攻下了齐国七十余座城，只剩下莒城和即墨两个城市还未被攻破。敌军进攻即墨城不久，即墨大夫就阵亡了，有人便推举田单做守城的统帅。

田单精通兵法，有智谋，即墨城被乐毅围困了三年，也未被攻破，他知道长此以往对即墨来说绝对是不利的，于是，他派人到燕国去散布消息，说乐毅并非无力破城而是拥兵自重，意在谋反。听了这些谣言，燕惠王立即派骑劫代替了乐毅。

骑劫无能，而且对部下十分凶狠，燕军将士对他非常不满，士气受到了严重的影响。田单见时机已到，便一面派人到处散布流言，说即墨得天神相助，必定可以打赢这一仗；一面把自己的精锐部队隐藏起来，让老弱妇孺去守城。同时他还派人带了许多金银财宝去向骑劫诈降。这样，燕军完全放松了警惕。田单看时机已经成熟，挑选了一千多头牛，给它们披上画着大红大绿、稀奇古怪花样的彩布，牛角上捆上锋利的尖刀，尾巴上系着浸透了油的芦苇。乘着午夜的时候，把牛从早已挖好的城洞中赶出去，点燃牛尾上的芦苇，迫使被烧痛的牛朝燕军阵地猛冲，后面则跟随着五千精兵。燕军被这突如其来的怪兽吓得又跳又叫，到处乱窜。结果有的士兵被踩死，有的士兵被牛角上的尖刀刺死，有的士兵则被活活烧死，侥幸逃出火牛阵的也被跟在后面的精兵杀死了。

燕军大败，骑劫被俘。田单带领士兵们一路乘胜追击，那些被燕国占领地方的将士百姓，也都纷纷起兵配合，杀了燕国的守将，迎接田单。田单的军队所过之处，全部叛燕归齐。不到几个月的工夫，被燕国占领的七十余城就全部被收复了。

词解人生

孙武认为：一个高明的将领，当随情况变化而变换战法，应犹如天地一样变化无穷，江河一样奔流不竭，善出奇兵，打败敌人。两军对阵时，一些将领总能在困境中想出一些计谋来突破敌人的包围取得胜利，他们的奇计既出人意料又能行之有效，并不是脱离实际情况的胡乱作为。好的计谋总是因时因地而定，并不能单纯模仿与生搬硬套。

每一次的“奇”，都是一次主动权之争，无论什么时候，以最快的速度准备就绪，然后出其不意，攻其不备，便能在职场中突显自己的实力，在商场上抢占先机，从而比别人早一步迈上成功之路。

萝卜加大棒——宽猛相济

成语诠释

【来源】（春秋）左丘明《左传·昭公二十年》。

【解释】宽：宽容；猛：严厉，猛烈；济：相辅而行。指政治措施要宽和严互相补充。

【成语掌故】

郑国国王子产执政十多年，表彰“忠俭”，反对“太侈”，改革了田地制度和兵赋制度，公布了刑法条文，限制了贵族的特权，严肃朝廷法纪。郑国在他执政期间，一直处于国力不断上升的状态。

一次，子产生病了，他对太子叔说：“我死了之后，你一定要执政。只有有德的人才能够用宽大的政策使百姓顺服。同时，还要实行严厉的措施。火很猛烈，人们看到它就会害怕，所以很少有人死于火；水很柔弱，人们便会放松警惕，还会去玩弄它，所以死于水的人就很多。故而，想要实行宽大的政策是很不容易取得效果的。”

几个月后，子产便去世了。太子叔执政后，不忍心用严厉的手段去治理国家，便采用了宽大的方法，随之而来的是，郑国的盗贼越来越多，而且还聚集于芦苇塘里。太子叔后悔地说：“我要是早听子产的话，也不至于弄到今天这个地步了。”于是，他下令调兵攻打芦苇塘，盗贼们才稍稍加以收敛。

孔子知道了这件事后，发表评论说：“政宽百姓就怠慢，怠慢之后用严厉来纠正。用宽大调剂严厉，用严厉调剂宽大，政事便会因此而和平了。”

词解人生

《军谶》说：柔的能制服刚的，弱的能制服强的。弱小者容易得到人们的同情和帮助，强大者易受到人们的怨恨和攻击。有时候要用柔，有时候要用刚，有时候要示弱，有时候要用强。应该把这二者结合起来，根据情况的发展变化而恰如其分地运用。

施恩可以让人感激，威严可以让人畏惧。恩德武威同时并用，是古来将帅、君王所重视的统御谋略。但是，放纵是有条件的，在某些时候该放的就放，该收的也一定要收。收放自如，收放结合才能把人牢牢控制住。功臣在历史上所起的作用是巨大的，可功臣若走向反面，他们的影响力和破坏力也是惊人的。对待他们不能降低其待遇，应恩威并施，以示荣宠，但在要害处只收不放，不给其实权，就可防患于未然。这是放纵的首要前提，也是做事的一种手段。

为人也是如此，在自己应该坚守的原则上，绝不可后退半步；但在一些无关紧要的细枝末节上，稍微放松一下，让自己得到暂时的缓解，也是必需的。就像放风筝一样，我们可以放长线，让它飞得高一点，远一点，也可以将手中的线收紧，让它离我们近一点，甚至将它收回来，但至关重要的一点是，线始终在我们手中。

敌未动，我先行——先发制人

成语诠释

【来源】（东汉）班固《汉书·项籍传》。

【解释】发：发动；制：控制。原指在战争中的双方，先行动就可以处于主动地位，控制对方。后来泛指先下手采取主动。

【成语掌故】

陈胜、吴广发动起义后，全国各地纷纷响应，各路英雄豪杰也全都乘势而起，许多的官员却不知该如何是好，会稽郡郡守殷通便是其中之一。

他素来敬重项梁的为人与才干，为了商讨一下当时的政治形势和自己的出路，便派人请来了和侄子项羽一起为躲避仇家而逃到吴中的项梁。项梁到了之后，谈了自己对当时局势的看法，他说：“如今江西一带的百姓都已经聚集在一起，发动起义反对秦朝的暴政，这就是天要亡秦啊！现在这个时候，先起来行动的可以制服别人，后来才行动的就要被别人所制服！”

殷通听了，便接着问：“听说壮士是楚国大将的后代，必定是个能干大事的人。我想起兵响应起义军，希望能由你和桓楚来率领军队，不知桓楚现在在何处？”项梁听了，心想：你现在的身份还是秦朝的官吏，虽然要起义，但将来要是失败了，说不定会把我当替罪羊，那我可就得不偿失了，我可不能做你的部下。于是，他灵机一动，说："桓楚因触犯了秦朝刑律，现在还在四处游荡，关于他的下落，只有我的侄子项羽知道，我去叫我侄子项羽进来问问。"说完，项梁起身出门，偷偷叫项羽准备好宝剑，伺机杀死殷通。

一切准备就绪后，叔侄俩一前一后地进入厅堂。殷通见项羽进来，起身准备和项羽说话。说时迟，那时快，项羽拔出宝剑直直地向殷通刺去，殷通还没反应过来，便已经一命呜呼了。

项羽提着殷通的人头，走到门外，高声宣布起义。百姓们早就对秦朝的官吏痛恨不已了，如今见项羽杀了郡守，纷纷表示愿意跟随他。

词解人生

虽然也有"后来者居上"的说法，但相信更多的人还是觉得"先下手为强，后下手遭殃"更具说服力。

在激烈的竞争中，双方在对抗过程中所追求的目的和所遵循的原则，归根结底无非是控制对手，而不被对手所控制；战胜对手，而不被对手所战胜。掌握战略主动权，要求我不为敌所动，而使敌为我所动。掌握主动，不为敌所动，就不能被动地跟着对方的步子走，而要依据自己的意图，使对方跟着自己的步子走。掌握主动的关键，是在一开始就以"恐吓"压制住对方，从而可以采取主动。这样，处于有利地位的自己就能拥有更多的机会，获得更多的利益。

第十七章 不管风吹雨打，始终坚持梦想

坚持不是固执己见，学会适时改变——投笔从戎

成语诠释

【来源】（南朝·宋）范晔《后汉书·班超传》。

【解释】投：扔掉。戎：军队。放下手中的笔，参加军队。指文人弃文从军，投身疆场，为国立功，施展抱负。

【成语掌故】

班超，字仲升，扶风郡平陵县人，是徐县县令班彪的小儿子。他是东汉时期很有名的将军，也是一位十分杰出的外交家。他从小胸怀大志，不拘小节，但是对父母非常孝顺。汉明帝永平五年，班超因哥哥被聘为校书郎，而和母亲随同一起来到洛阳。

因为他写得一手好字，加上家中比较贫寒，便受官府的雇用，抄写文书，以此谋生。为了将这份工作做好，班超每天天不亮就起床，直到很晚才睡。

有一天，他正在抄写文件的时候，写着写着，觉得这份工作实在无聊，想到自己远大的志向，忍不住站起来，将笔狠狠地掷在地上说："大丈夫即便不能实现自己的理想，也应该像傅介子、张骞那样，为国家的外交作贡献，以取得封侯，怎么可以在这种抄抄写写的小事中浪费生命呢！"周围的人听了这话都笑他，班超回应说："凡夫俗子怎能理解志士仁人的襟怀呢?"

傅介子和张骞都是西汉人，曾经出使西域，替西汉立下无数功劳。自此，班超决定学习傅介子、张骞，为国家作贡献。后来，他当上一名军官，在对匈奴的战争中，取得了胜利。接着，朝廷采取他的建议，派他带着数十人出使西域。在西域的三十多年中，班超总共到过五十多个国家，显示了汉朝的国威。

词解人生

世界上最有价值的人，就是那些怀有梦想，同时也有能力去实现梦想的人。任何事业都是由追求成功的梦想者完成的。每一个人开始自己的梦想前，不妨扪心自问：我是一个追求成功的梦想者吗？梦想者永远是那些奋斗不已，孜孜追求的人。

执着于人生的梦想，是一种勇气和智慧；但埋葬旧的梦想，告别旧的自我，孕育新的梦想，则需要更大的勇气和智慧。尤其是在已经有所成就的时候，这种选择无异于彻底地否定自我，需要极大的勇气。

适时调整方向，不是消极的退缩、信念的摇摆，而是一种积极的突围。不满意在旧的领域里的有限成绩，想突破自己，登上新的高度，这才是真正积极的人生。敢于中途变革的人，才是真正的大智大勇之士。

为国家和民族的命运而毅然作出"投笔从戎"的决定，这是班超为后人所推崇的主要原因。对于生活在和平年代的青少年，把学习搞好就是为国家作最大的贡献了，只有把基础打好了，才能用双手和智慧使我们的祖国变得更加强大。

失败不可怕，不过是从头再来——东山再起

成语诠释

【来源】《晋书·谢安传》。

【解释】再起：再次出来做官。比喻退隐后再度出任要职，也比喻失势后恢复力量或重新得势。

【成语掌故】

谢安是东晋时期陈郡阳夏人，出身士族，年轻时就注意修身养性，喜欢读书习艺，才气隽秀，跟王羲之是好朋友，经常在会稽东山游览山水，吟诗谈文。但他不愿做官，而是在上虞的东山筑庐蛰居，过着闲适的隐居生活。他在当时的士大夫阶层中名望很大，大家都认为他是个有才干的人。有人推举他做官，但他上任一个多月，就不想干了。当时在士大夫中间流传着一句话："谢安不出来做官，叫百姓怎么办？"

直至他的好友、侍中王坦之去东山面请，痛陈社稷危艰，国势衰微，亟须良将谋臣匡扶，谢安才悚忧而起，应召出山。其时，他已经四十多岁了。既然"东山再起"，受命于危难之际，谢安宵衣旰食，不敢懈怠，开始了他中年以后二十年的奋斗。

公元383年，苻坚亲率八十七万大军从长安出发。过了一个月，苻坚主力到达项城，益州的水军也沿江顺流东下，黄河北边来的人马也到了彭城，从东到西一万多里长的战线上，前秦水陆两路进军，向江南逼近。这个消息传到建康，晋孝武帝和京城的文武官员都着了慌，大家都盼望宰相谢安拿主意。谢安审时度势，自己坐镇建康，指挥众人配合作战。因为他指挥得当，晋军以少胜多，最后取得了淝水之战的胜利。

词解人生

“东山再起”这个成语更多地用来比喻受到挫折或失败后不气馁，而是鼓起勇气重新开始。俗话说：“人生不如意事，十之八九。”没有任何一个人的人生会是一帆风顺的，如果你正在遭遇失败，正在经历低谷，不要心存抱怨，因为它正在为你的人生增添别样的色彩。

失败并不可怕，可怕的是因此心灰意冷，怨天尤人。意志的崩溃无助于解脱危难，恰恰相反，它只能让人雪上加霜，方寸大乱，从而使忧患加剧，惹来更多的麻烦。人在不如意之时最好停止抱怨，保持良好的心态，这时若坚持不住，成功就注定与你无缘了。事实上，只要人的意志不倒，不在失败面前止步，就一定可以渡过“山穷水尽”的境地，迎来“柳暗花明”。

刘欢曾在一首名为《从头再来》的歌曲中唱过：“看成败人生豪迈，只不过是从头再来。”面对失意又如何，身处谷底又如何，只要我们还有努力与奋斗的意志，所有的一切都可以重新开始。俗语云：“十八年后又是一条好汉。”对待生命尚且如此，何况人生的挫折呢。

成功就在你选择放弃的下一刻——功败垂成

成语诠释

【来源】（晋代）陈寿《三国志·杨阜传》和《晋书·谢玄传论》。

【解释】功：成功；败：失败；垂：接近，快要；成：成功。事情在将要成功的时候却遭到了失败，含有惋惜的意思。现指事情进行到紧要关头的时候停止了，导致不好的结果。

【成语掌故】

东晋大将桓温死后，谢安总揽了东晋的军政大权。当时，社会十分动荡。北方的前秦迅速崛起，对东晋构成了极为严重的威胁。谢安为了除掉前秦这一心腹大患，便调派他的侄子谢玄率领大军前往征伐。谢玄是位很有军事才能的大将，连续多次大获全胜，这才使局势有所缓和。但东晋的这几次胜利，却惹恼了前秦皇帝苻坚。他不顾大臣们的反对，亲自统率八十七万大军，逼近淝水，欲直取东晋。

东晋得知此消息后，京城上下惊恐不安，皇帝司马曜立即加封谢安为征计大都督。谢安任命谢玄为先锋，统兵八万，扎寨淝水对岸，准备迎敌。谢玄抵达前线后，见前秦军队旌旗招展，连营百数十里，夜间营中灯火灿若繁星，心中顿生一计。他回到营中，立即给前秦统兵的大将苻融写信，信中说：“将军即犯我疆土，而在河边列阵，显然不想速战速决。如真打算决战，请将兵营后移，让我等过河，一决胜负，岂不快哉！”前秦统帅果然中计，命令军队后退。由于前秦兵马太多，后退时秩序立即大乱，谢玄抓住时机，率精锐骑兵强行渡河，杀了前秦军一个措手不及。苻坚在混战中被冷箭射伤，前秦兵马溃不成军，死伤无数。

谢玄率领大军一边追击，一边调集人马，准备一举收复失地。谢玄率大军入彭城，派参军刘袭攻兖州，遣刘牢之镇守鄄城，接着又派晋陵太守渡河收复黎阳。晋军每战必胜，将大片失地迅速收复。

当时，谢玄驻扎彭城，居中指挥。谁料泰山太守叛乱，皇室不愿意再让谢玄立功，下令谢玄就地驻守。谢玄无奈，只好就地停留，眼看千秋大业即将成功，转瞬之间因失去机会而付诸东流。谢玄忧愤交集，深感自己一生立功无数，到最后关键时刻不能奋战杀敌，报效国家，最后抑郁而终。

词解人生

成功总是那么的遥不可及，我们要花费太多的心血和精力，才能在黑暗的路上看到一点希望的曙光，仅是那一点点的曙光便足以让我们欢欣雀跃了。而当我们站在成功的“隔壁”时，我们的喜悦必定是无以言表的。

虽然成功近在眼前，但最终能否尝到胜利的果实，仍然是个未知之数。这个世上有太多的变数，是我们所无法预料的，正如谢玄那般，原本胜利在望，却因为皇室不愿他再立功，而让他之前的努力付诸东流了，让他体会到了胜利“拐角处”的失败。

我们无法预料自己的人生会遇到什么样的变故，但我们唯一可以做的就是，无论何时，都要为成功而一直坚持。有人说过：“不到最后关头，绝不轻言放弃。”实际上，每一个想要放弃的时刻，都会是最后关头，也许成功在你咬牙坚持一下之后，便会出现。

酒香也怕巷子深——明珠暗投

成语诠释

【来源】（西汉）司马迁《史记·鲁仲连邹阳列传》。

【解释】暗：黑暗；投：扔，抛。把闪闪发光的珍珠，扔在黑暗的地方。比喻贵重物品落到了不识货的人手里，得不到赏识或珍爱；也比喻有才能的人得不到重视，找不到发挥才能的机会，或者误入歧途。

【成语掌故】

汉景帝即位后，没有马上册立太子。他的弟弟梁孝王野心勃勃，很想自己有朝一日能继承皇位，为此，常和亲信羊胜、公孙诡两人在暗地里商量，他们秘密收买了朝廷中的权臣，以便了解宫中的情况，密谋如何在必要时发动政变，将汉景帝赶下台。

梁孝王有个门客叫邹阳，他是一个很有才学的人，声名远播。梁孝王想利用他的才名提高自己的声誉，便把他收在了门下。邹阳听说梁孝王与羊胜等人密谋篡夺皇位一事后，多次对梁孝王晓以利害，劝他不要轻举妄动，以免招致祸端。于是，羊胜、公孙诡对他怀恨在心，常在梁孝王面前说他坏话，挑拨离间，最后还怂恿梁孝王将他投入了监狱。

邹阳知道自己被人陷害，便给梁孝王写了一封信。信中引用了许多史实，说明自古以来忠义之士无辜受冤的事不胜枚举，借此向梁孝王表明自己也是无辜受冤的。他在信中写道："我听说世间最罕见的宝物是明月珠和夜光璧。如果在黑暗中把它们放在路上，人们都会按着剑、斜着眼看它，而不敢去拿。这是因为谁也不知道它们突然出现的原因。"这段话所隐含的意思是：如果没有亲近的人帮你说话，即使你提出了很好的意见，也不会得到别人的重视，还有可能惹出祸来。梁孝王自然明白邹阳信中的含义，于是便释放了他。

不久，汉景帝采纳了大臣们的建议立胶东王为太子。梁孝王对此耿耿于怀，于是便与羊胜、公孙诡密谋，派刺客刺杀了提出此项建议的袁盎及其他议事大臣十余人。景帝猜想此事肯定是梁孝王所为，便想办法抓住刺客，盘问之下，果然不出所料。之后，景帝便接二连三派使者去责问梁孝王，并要他交出主谋抵罪。梁孝王被逼得没有办法，只好迫令羊胜、公孙诡自杀，但景帝的意思是要追查到底。最后，梁孝王只好向邹阳求救，邹阳进京活动一番，请景帝宠爱的王美人求情，这件事才不了了之。

词解人生

"千里马常有，而伯乐不常有"，这是一句千百年来被人们奉为经典的话语，它说明了一个普遍存在的道理，即有才之人不一定会得到赏识和重用。

现代社会中，如何处理好自己与老板的关系可能决定着一个人的前途，毕竟每个人都不是拥有至高无上权力的"帝王"，所以，总会有些人在决定着自己的命运。将自己的才能发挥到极致需要一个前提，就是首先要获得上级的信任。这种信任是至关重要的，有了它，才能有机会参与到一些能展现自己才华的事件当中去。

但面对"伯乐"不常有的事实，我们也必须有自己的对策，当没有人发现我们身上的闪光点时，我们唯一的方法便是"自我推销"，让自己的才能在众人面前熠熠生辉，这样才不至于像被丢弃在路边的"明珠"一样被埋没。

第十八章　再强大的势力也不能无视普通人的志气

立志只要一秒钟，实现却要一辈子——中流击楫

成语诠释

【来源】《晋书·祖逖传》。

【解释】中流：河流的中央；击：敲打；楫：船桨。渡河时在河流的中央拍打船桨。比喻收复失地，报效国家的激昂意气。

【成语掌故】

祖逖原本出身于西晋末年的北方大族，后来家道中落。在当时的乱世之中，祖逖带了几百乡亲来到淮河流域一带。在逃难的过程中，祖逖主动把自己的车马让给老弱有病的人，把自己的粮食、衣服也分给大家。乡亲们都十分敬重他。

不久，逃难的人群来到了泗口（今江苏靖江北）。这时，祖逖手下已经聚集了一批壮士。他们都是背井离乡的人。大家眼看着自己的家园被外族侵占，都心中愤恨，见祖逖是一个胸怀大志的人，就推选祖逖做了首领，希望祖逖带领他们早日打回家乡去。

当时，司马睿还没有即位做皇帝，祖逖曾劝说他领兵收复失地，司马睿当时并没有收复中原的打算，但听祖逖说得慷慨激昂，也不好推辞，就勉强答应了祖逖的请求，并派他做豫州（今河南东部和安徽北部）刺史，拨给他一千个人吃的粮食和三千匹布，但不给他战衣和兵器，还让他自己想办法集结士兵。

祖逖带着随同他一起来的几百乡亲，组成一支队伍，横渡长江。船到江心的时候，祖逖拿着船桨，在船舷边拍打，向大家发誓说："我祖逖如果不能扫平占领中原的敌人，绝不再过这条大江。"他激昂的声调和豪壮的气概，使随行的壮士个个感动，人人激奋。

到了淮阴，祖逖停了下来，一面制造兵器，一面招兵买马，等到聚集了两千多人马后，才向北进发。当时，长江以北的不少豪强地主，趁中原大乱的机会，占据堡坞，互相争夺。祖逖说服他们停止内乱，随他一起北伐，祖逖的威望越来越高。

祖逖的军队一路上得到人民的支持，迅速收复了许多失地。后来，祖逖收复了黄河以南的全部领土，许多敌军也陆续向祖逖投降。晋元帝即位

后，觉得祖逖功劳太大，于是封他为镇西将军以节制其权力。

词解人生

誓言，原本应该是可以让人安心的承诺，但突然有一天，我们却发现，它已经变得没有那么令人信服了。在爱情中，誓言变得如此的苍白无力；在政治上，誓言变成了一种利益的工具……我们已经在渐渐地对誓言失去信心。

但祖逖却让我们看到了誓言的真正力量，当他以桨拍舷，许下自己的宏愿时，不仅仅是一时之气，我们听到了一个震撼天地的声音，他说："我要我的家，我要它还像以前一样的宁静祥和！"无论是对国，还是对家，他都是坚决的。他的坚决，不是一场口头秀，那是他发自内心的呐喊，也是他心底最深的渴求。所以，他以自己的微薄之力实现了自己的誓言，实现了对自己、对众人的承诺。他也让我们领悟到了誓言的真谛，它不应该只是一种决心，而更应该是一种实际的行动与作为。

当你想要许下誓言的时候，请先想想你真的愿意去做吗？你真的有能力去做吗？我们每个人都有义务，去维护誓言的可信度。

机会总是留给有准备的人——大器晚成

成语诠释

【来源】《老子》四十二章。

【解释】 大器：大才。大才需要经过长期的磨炼方能成就。能担当重任的人物要经过长期的锻炼，所以成就较晚。

【成语掌故】

东汉末年，袁绍的身边有一位门客，名叫崔琰，他从小喜习武艺，23岁才开始读书求学。但因其刻苦努力，进步十分明显。当时袁绍的军队军纪很差，每攻陷一个地方，都会掘开坟墓盗取陪葬的财物，因此所到之处，百姓都十分痛恨他们。崔琰见此情形，便劝说袁绍不要这样做，袁绍认为他说得对，就接受了他的建议，从此以后严惩盗墓的行为，并封他为骑都尉。

官渡之战中，袁绍败于曹操，崔琰被俘。于是，他开始跟随曹操，为曹操出了不少主意。在他作尚书时，曹操想立曹植为太子，崔琰反对，他对曹操说："自古以来的规矩是立长子，怎么能立曹植呢？"曹植是崔琰的侄女婿，尽管是亲属他也不偏袒，曹操十分佩服他的公正。

崔琰还善于发现人才。他有个堂弟叫崔林，性格内向，很少说话，年轻时既无成就也无名望，亲戚朋友都看不起他，可是崔琰却很器重他。崔琰常对人说："人的发达有迟有早，我只不过是早做了几年官，怎么比得上崔林呢。才能大的人需要长时间才能成器，以崔林的见识和才干，将来必成大器。”

崔琰的眼光果然没错，因为崔林一直刻苦读书，而且时刻关注政局的变化，后来，在崔琰的推荐下，崔林当上了翼州主簿、御史中丞。到了魏文帝时期，他官至司空，被封为安阳侯。

词解人生

“怀才不遇”是一件让人感到可惜与遗憾的事情，有些人在同一个岗位上做了一辈子，没有任何改变，想当初他也是一个才华横溢之人，但一直碌碌无为，这不能不说是人生的一大憾事。此类的例子还有很多，在开始的一段时间里，或许是真心想要成就一番事业的，但经过几年的时间之后，自觉无望，便放弃了这一理想，等到机遇来临的时候，对他们而言，已经毫无意义了。

俗话说：“是金子总是会发光的。”不要轻易地放弃自己的追求与理想，坚持下去，或许现在面前是一片黑暗，但谁又能保证这不是黎明前的黑暗呢！历史上大器晚成而干出一番事业的名人有很多。只要坚持不懈，成功，只不过是时间问题。

坚持才能胜利——南山可移

成语诠释

【来源】《旧唐书·李元纮传》。

【解释】南山：终南山。南山或许可以移动，但是作出的判决绝不更改。比喻绝对不能改变的决定。

【成语掌故】

太平公主是唐高宗和武则天的小女儿，自小便娇生惯养，养成了专横跋扈、唯我独尊的脾气。一次，太平公主带了大批随从，前呼后拥地来到雍州的一座寺院。进完香后，由住持引路，在寺院里游览。

来到寺院的厨房，她看到一盘结实平整的大石磨，磨边还刻着精美的花纹，便回头对住持说：“这石磨挺不错的，我家里刚好就缺这么一盘石磨，不如我把它带回去，就当是你们寺院孝敬我的礼物好了！”说完，也不等住持表态，就吩咐随从们把石磨搬走。住持早已听闻这位公主的“威名”，哪敢得罪，只好赔着笑脸说：“这石磨能被公主看中，实乃本寺的福气。不过本寺一百来个和尚，全靠这盘石磨磨米磨面，没有它就麻烦了。况且它还是本寺几百年来传下来的，请公主高抬贵手，把它留下来吧！”太平公主也不理会住持，自顾自地让随从将石磨搬走了。

住持无奈，只得到雍州衙门去找官府评理。当时，管理雍州的地方官叫李元纮，他是个不畏权势的官员，办理案子十分公正。他听了住持的诉说，便派下属去调查，证实这盘石磨确实是寺院的财产，便毫不犹豫地将石磨判还给了寺院。

虽然判决已下，但要执行却不是件容易的事。太平公主向来目中无人，谁敢闯进她的府里，把石磨搬来还给寺院呢？消息很快便传到了李元纮的上司窦怀贞的耳朵里。窦怀贞是个胆小怕事的人，他听说此事后，怕得罪了太平公主，万一皇上怪罪下来，可就麻烦了。于是他厉声责备李元纮说："你怎么这样糊涂，竟然把石磨判还给寺院！太平公主是好惹的吗？你不要命，我还想多活几年呢！"听完了窦怀贞的话，李元纮拿过毛笔，在判决书上写下了八个醒目的大字：南山可移，判不可摇。写罢扬长而去，窦怀贞气得说不出话来。

词解人生

"富贵不能淫，贫贱不能移，威武不能屈"，这种让人钦佩不已的坚定信念，我们也可以拥有。当我们胸怀远大的理想，并决心一定要实现它时，总会有一团炽热的火焰在我们的心中燃烧不止，它会让我们有勇气去面对一个个的难关，让我们在一次次的危险面前无所畏惧。李元纮便是这样的一个人，在他的心中，有一个"秉公执法"的信念，所以，他能做一个不畏权势的官员，公正地处理百姓的案件。即使对象是专横跋扈的太平公主，他也可以做出公正的判决，潇洒地写下"南山可移，判不可摇"这大快人心的八个字。

如果他身处在当今的社会中，或许会成为许多人的偶像，因为他的正直，因为他的无畏。其实，我们也可以，只是生活过于平凡的我们可能已经忘却了，或者根本未曾体会过那种为理想奋不顾身的坚定与无畏。但只要有理想，能坚持下去，我们一样可以作出令人敬佩的成绩。

死是另一种"生"——视死如归

成语诠释

【来源】（先秦）管仲《管子·小匡》。

【解释】 归：回家。把死看得像回家一样平常。形容为了正义事业，不怕牺牲生命。

【成语掌故】

春秋时期，列国并峙，相互之间征战不休，社会动荡。

齐国当时的君主是齐桓公，他打算任命鲍叔牙为宰相，鲍叔牙婉言谢绝了，把管仲推荐给了齐桓公。齐桓公向管仲询问改革政治、复兴国家的方略大计，管仲回答说：“要使国家富强，社稷安定，必须先得到民心。国家还要开发山林，发展渔业，以增加财源。发展商业，从中收税。这样财力增加了，军队的开支也就解决了。”齐桓公听了管仲的一番话，心中的难题迎刃而解了，于是，他封管仲为宰相，主持政事。

管仲为相后，积极地向齐桓公推荐人才。他对齐桓公说：“开辟土地，扩大城镇，发展生产，尽地之利，我不如宁越，请派他做主管经济的大官；升降适度，矢令恰当，进退得体，礼仪娴熟，我不如隰朋，请派他做主管外交的大官；早入晚出，不惜个人生命，不计较个人得失，冒犯进谏，我不如东郭牙，请派他做主管监察的大官；行军整肃，战斗英勇，战鼓一响，使全军顽强挺进，把死看成回家一样，我不如王子城父，请派他做管理军队的大官；断案英明，不杀不该杀的人，不冤枉无罪之人，我不如弦章，请派他做主管司法的大官。您假若只想治国强兵有这五个人就足够了；如果您想成为诸侯的霸主，那么，还有我管仲在这里就行了。”

齐桓公听后非常高兴，按照管仲的意见，分派了五个人官职。在管仲的辅佐下，齐国逐渐强大了起来。

词解人生

“人生自古谁无死，留取丹心照汗青”，这一直是中国历史上爱国主义的绝响。文天祥用他的一片丹心照耀着中国历史。一边是屠刀，一边是高官厚禄；一边是生离死别，妻女为奴，一边是亲人团聚，富贵荣华。文天祥从容地走向了刑场，引颈就戮，撼人心魄，气壮山河。

追求与信仰应该是人生的第一位，无论面对的是什么样的压力，我们都不能违背自己的心，放弃自己的原则。在黑暗的社会环境中，布鲁诺能坚持自己的信念，至死不渝。在真理与信念面前，牺牲是值得的，如鲁迅“我以我血荐轩辕”般的视死如归，便是对信仰最好的践行。

第十九章　漫漫人生路，难免磕磕碰碰

认错从来不嫌太迟——亡羊补牢

成语诠释

【来源】（西汉）刘向《战国策·楚策四》。

【解释】 亡：丢失；牢：关牲口的圈。羊逃跑了再去修补羊圈，还不算晚。比喻出了问题以后想办法补救，可以防止继续遭受损失。

【成语掌故】

战国末期，楚国已由强盛走向衰败。楚襄王即位以后，整日寻欢作乐，不理朝政，还任用奸臣子兰为令尹。子兰把持朝政后，朝纲败坏，百姓生活在水深火热之中。老臣庄辛看到楚国如此境况，痛心疾首，寝食难安。有一天，他闯进深宫劝谏楚襄王。他对楚襄王说："大王，令尹子兰专权妄为，排斥异己，迫害贤臣，长此以往，楚国危矣！"

此时，楚襄王正玩得开心，看到庄辛闯进来斥责自己，顿时大发雷霆，高声骂道："你真是个老糊涂，楚国现在平安无事，你怎么说出这种不吉利的话来，还不快给我滚出去！"庄辛回到家中，想想自己闯宫进谏，却遭到昏君的一顿辱骂，深感痛心。一气之下，便带着全家迁到赵国去了。

庄辛走后不久，秦国派大将白起率强兵直逼楚国。秦军来势汹汹，杀得楚军兵逃将散，都城郢很快便陷落了。楚襄王仓皇出逃，直到阳城才暂时脱离了险境。此时，楚襄王冷静下来，想起庄辛闯宫时劝谏的忠言，追悔莫及。于是，他立即派人去赵国接庄辛回来。

楚襄王见到庄辛马上说："当初我听不进您的金玉良言，使国家败落到如此地步，令人痛心。事已至此，我该怎么办呢，还请您为我指点一二！"

庄辛见楚襄王确有悔改之意，便给他讲了一个故事：从前，有个人养了一群羊。一天清晨，他发现少了一只羊，仔细查看，原来是羊圈破了个洞，夜里狼钻进来，叼走了一只羊。邻居都劝他赶紧修补羊圈，但那个人不听劝告，说："羊已经丢了，何必再修羊圈呢？"第二天，他发现又少了一只羊。他后悔没有听从邻居的劝诫，于是赶快把羊圈修好。以后，羊再也没有被狼叼走。讲完故事后，庄辛又分析了当时的形势，认为楚国都城虽然被攻陷，但楚王只要振作起来，楚国是不会灭亡的。楚襄王听后，便依庄辛所说励精图治，果然克服了危机，重振国威。

词解人生

当一件事情已经做错，如果继续执迷不悟，一错再错，只能是自取灭亡。孔子曾经说过："过而能改，善莫大焉。"面对已经犯下的错误，最应该做的是及时改正，并对发生错误的根源进行及时的补救。

无论是学习还是工作，我们的经验总是有限的，所以犯错在所难免，关键在于当我们发现自己的错误时，应该以什么样的态度去面对。是可以任由其继续发展下去，"破罐子破摔"，还是及时地弥补过失，吸取失败的教训，让它成为自己未来道路上的"警钟"呢。很明显地，后者对我们的人生来说，是更积极的，也是更有意义的。犯下错误不要紧，只要你用心地去弥补、去改正，永远都不会晚。就从现在开始吧！

犯错最大的价值就是让人拥有勇气认错——负荆请罪

成语诠释

【来源】（西汉）司马迁《史记·廉颇蔺相如列传》。

【解释】负：背着；荆：落叶丛生灌木，高四五尺，茎坚硬，可作杖。背着荆杖，表示服罪，向当事人请罪。形容主动认错道歉，自请责罚。

【成语掌故】

战国时期，赵国有一文一武两个得力的大臣。武将叫廉颇，他英勇善战，多次领兵战胜齐、魏等国，以战功卓著闻名于诸侯。文臣叫蔺相如，他有勇有谋，面对强悍的秦王能够临危不惧。他两次出使秦国，第一次使国宝"和氏璧"得以完璧归赵，第二次是陪同赵王去赴秦王的"渑池之会"，两次都给赵国争回了不少面子，秦王也因此而不敢再小看赵国了。于是，赵王先封他为大夫，后封他为上卿，地位在大将廉颇之上。

廉颇对蔺相如很不服气。他想：蔺相如有什么能耐，无非是会耍几下嘴皮子，我廉颇才是真正的功臣呢！他对手下的人说："我要是见到了蔺相如，一定要让他尝尝我的厉害，看他能把我怎么样！"

这话传到了蔺相如的耳朵里，他干脆装病不去上朝，避免与廉颇发生冲突。他还吩咐手下的人，叫他们以后碰着廉颇的手下，千万要让着点儿，不要和他们争吵。可是冤家路窄，一次，蔺相如出门办事，正碰见廉颇远远地从对面过来，蔺相如就叫马车夫把车子赶到小巷子里，让廉颇的车马先过去。

蔺相如的手下气坏了，纷纷责怪蔺相如胆小，害怕廉颇。蔺相如笑一笑，说："廉颇和秦王哪个厉害呢？"手下说："当然是秦王厉害了。"蔺相如接着说："我连秦王都不怕，还会怕廉颇吗？要知道，秦国现在不敢来打赵国，就是因为我们国内文官武将一条心。我们两人好比是两只老虎，两只老虎要是打起架来，难免有一只要受伤，这就给秦国制造了进攻赵国的好机会。你们想想，国家的事要紧，还是私人的面子要紧？所以，我宁可忍让一点儿。"

这话传到了廉颇耳朵里，他感到非常惭愧。一日，他裸着上身，背着荆条，跑到蔺相如的家里去请罪。蔺相如连忙把廉颇扶起。从此，两人成了最要好的知心朋友，一文一武，共同保卫赵国。

词解人生

廉颇不仅是一员猛将，还是一个勇于面对错误、承认错误和改正错误的勇士。古语有云："人谁无过？过而能改，善莫大焉。"知错能改，这是我们从小便接受的教育，但因为面子的问题，很多时候，即使明知自己犯了错，还是很难主动去认错，更何况是像廉颇一样，背着荆条，亲自到蔺相如的家里去道歉。一味地回避自己所犯的错，是需要花费很大精力的，与其这样，不如直接为自己的错"埋单"，并将它看作一次深刻的教训。人总是在一次次的磕磕碰碰中长大的，错误就像一个小水坑，许多人都是被水溅湿过，才知道以后要小心地避开。所以，前进的路上不要害怕犯错，只要在犯错之后，坦诚地接受批评并注意改正，之后前进的道路便会越来越顺畅。

小本领派上大用场——鸡鸣狗盗

成语诠释

【来源】（西汉）司马迁《史记·孟尝君列传》。

【解释】鸣：叫；盗：偷东西。鸡叫狗偷都不是高雅的事情，比喻微不足道的本领，也指偷偷摸摸的行为。

【成语掌故】

战国时候，齐国的孟尝君喜欢招纳各种人做门客，号称宾客三千，有才能的让他们各尽其能，没有才能的也为他们提供食宿。

有一次，孟尝君率众出使秦国。秦昭王将他留下，想让他当相国。孟尝君不敢得罪秦昭王，只好留下来。不久，大臣们劝秦王说，孟尝君出身王族，而且在齐国有封地，必定不会真心为秦国办事。秦昭王觉得有理，便把孟尝君和他的手下人软禁起来，只等找个借口杀掉他们。

秦昭王有个最宠爱的妃子，他对这个妃子言听计从。孟尝君派人去求她帮助，妃子答应只要用那件天下无双的狐白裘做报酬，就帮孟尝君。但是那件狐白裘在刚到秦国时，就已经献给了秦昭王。这时，有个门客说：“我去把狐白裘找来！”说完就走了。

原来这个门客善于钻狗洞偷东西。他知道昭王特别喜爱那件狐裘，将它藏在宫中的精品贮藏室里。他借着月光，轻易地钻进贮藏室把狐白裘偷了出来。妃子见到狐白裘，便设法说服秦昭王放弃了杀孟尝君的念头，并准备过两天为他饯行，送他回齐国。

孟尝君怕夜长梦多，立即率手下连夜向东快奔。到了函谷关正是半夜，按秦国法规，函谷关每天鸡叫时才开门。大家正犯愁时，孟尝君的另一个门客学起了鸡叫，附近的鸡也纷纷跟着叫了起来，接着，城关外的雄鸡都打鸣了。守关的士兵以为天亮了，立即起来打开关门，放他们出去。孟尝君靠着鸡鸣狗盗之士逃出了秦国，等到秦王反应过来时，已经来不及了。

词解人生

正如职业不分贵贱一样，只要能派上用场，本领也没有什么高低之分。做衣服的人，可以使平凡无奇的人因为他的衣服而变得光彩照人；擦皮鞋的人，可以使疲惫的行人因为他的手艺而变得足下生风；清洁工人，可以使凌乱的街道因为他的努力而变得干净整洁……因此，不要再妄自菲薄，无论你拥有的是多么不起眼的本领，都可以找到用武之地。

解决问题的最好方法是预防——曲突徙薪

成语诠释

【来源】（东汉）班固《汉书·霍光传》。

【解释】 曲：弯；突：烟囱；徙：迁移，移动；薪：柴草。把烟囱改建成弯的，把灶旁的柴草搬走。比喻事先采取措施，才能防止灾祸。

【成语掌故】

霍光，字子孟，骠骑将军霍去病的异母兄弟，他是西汉中期的权臣，汉武帝临终时，霍光接受遗诏辅佐汉昭帝。汉昭帝死后，霍光迎立昌邑王刘贺为帝，不久又迎立汉宣帝。霍光执政二十多年，辅佐汉昭帝、汉宣帝两代帝王，有功于汉朝，受封为博陆侯。

茂陵的徐生看霍氏家族生活过度奢侈，曾经多次上书汉宣帝，请求不要过分放纵霍家，对于他们奢侈成性的生活应该及时加以制止，以免造成后患，但都没有引起朝廷的重视。霍光死后，果然有人告发霍光的后代阴谋叛乱，汉宣帝下令镇压，举报、镇压的相关人员个个都给予了奖赏，而茂陵徐生却没有受到任何奖赏。因此，有人给汉宣帝讲了一个故事：

从前，有一个客人去拜访他的朋友。客人看到主人家的烟囱是直筒的，在周围还堆满了干燥的柴草，便对主人说："要把烟囱改成弯曲的，并把干燥的柴草搬到别处去，离开烟囱越远越好。否则的话，将要引起火灾。"主人听了不置可否，心想：这么多年来，一直都没有什么事，又何必多此一举呢。

过了不久，这家果然失火了。邻居们纷纷赶来救火，大家共同努力，终于把大火扑灭了。主人于是杀牛摆酒，感谢救火的邻居们。凡是救火时被烧伤的都被安置到上座，其余的则依次而坐。主人举杯敬酒，感谢邻居们的帮助，却始终没有提到那个建议改建烟囱、搬走柴草的客人。

于是，有一个人对主人说："以前假如听从客人的劝说，就不会发生火灾，也不用杀牛摆酒了。现在感谢前来救火的邻居，却忘掉了那位劝您防患于未然的客人。"主人听后才明白过来，赶紧命人请来了那位客人。

汉宣帝听完了这个故事，深有感触，于是就赏赐给茂陵徐生绢帛十匹，并任命他为郎官。

词解人生

习惯是一个可怕的东西，如果你习惯于安逸的生活，便会失去改变的勇气；如果你习惯于接受别人的照顾，便会失去自理的能力……当一切都已经变成习惯，人生也就变得平淡如水。并非所有的习惯都会将你引向幸福，有些习惯本身是具有危险性的。一味地按照习惯去考虑问题，不仅不能使危险远离自己，反而会使它一步步地逼近，直到爆发。所以，我们要有勇气，果断地重拳出击，及时地将危险消弭于无形。

第二十章 自己是永远欺骗不了自己的

随意炫耀是无知的表现——班门弄斧

成语诠释

【来源】（唐代）柳宗元《王氏伯仲唱和诗序》。

【解释】班：鲁班，古代著名的木匠。在鲁班门前舞弄斧子。比喻在行家面前卖弄本领，不自量力。

【成语掌故】

相传，唐代大诗人李白晚年在采石江边的船上对月畅饮，喝得酩酊大醉，见水中月光皎洁便探身去捉，不料却因此而失足掉入江中，溺水而亡。于是采石便因李白之死而出现了许多的名胜，有李白墓、谪仙楼、捉月亭等，引来了无数的游人。多少的文人墨客经过此处，必定会停留片刻，在李白的墓上题写诗文，以抒发内心的感受，但他们无非都是些附庸风雅之士。

明代诗人梅之涣特别写了一首名为《题李白墓》的诗，来讽刺这些文人，诗中写道："采石江边一堆土，李白之名高千古；来来往往一首诗，鲁班门前弄大斧。"梅之涣借此诗讽刺那些文人为"鲁班门前弄大斧"，不自量力，简直是太贴切了。

鲁班是春秋末期战国初期鲁国人，他出身于世代工匠的家庭，本身也是一个善于制作精巧器具的能手，人们叫他"巧人"，民间历来把他尊奉为木匠的祖师爷。谁敢在鲁班门前炫耀使用斧子的技术，也就是说，想在大行家面前显示自己的本领，就会被人讥笑为不自量力，就叫作"鲁班门前弄大斧"，简称"班门弄斧"。此成语通常用来比喻本领不大，却喜欢在专家面前卖弄。

词解人生

"一瓶不响，半瓶晃荡"便说的是那些班门弄斧之人，人不仅要懂得谦虚，更重要的是，还要有自知之明，挑战权威固然算得上是一种勇气，但还需要有打破权威的实际能力才行。

古往今来，无数的伟人在自己的领域中，为人类做出了巨大的贡献，他们的功绩不可磨灭。在这个个性张扬的时代，面对这些前辈，我们可以勇敢地提出一句“做自己的偶像”，将其作为自己一生追求的目标，但要切记不可妄自尊大。

表面的强大不过是掩饰内心的虚弱——黔驴技穷

成语诠释

【来源】（唐代）柳宗元《三戒·黔之驴》。

【解释】黔：地名，今天的贵州省；技：技能，本领；穷：尽，用完。贵州的驴子用尽了所有的本事。比喻有限的一点本领也已经用完了，讽刺一些虚有其表，外强中干，无德无才的人。

【成语掌故】

相传，古时候贵州一带没有毛驴。有一个好事之人从外地买了一头毛驴，用船运到了贵州。贵州多为崎岖山地，此人一时也想不出毛驴能派上什么用场，所以就把它放在山脚下。贵州山中有老虎出没，老虎从来没见过毛驴，一天，它发现了这头毛驴，还以为这庞然大物是神，一定有什么特殊的本领，所以不敢贸然靠近它。

老虎远远地躲在树林里，偷偷地观察毛驴的一举一动。过了一段时间，老虎放轻脚步小心翼翼地朝毛驴的方向挪动了几步，想弄清楚这个怪物究竟是什么东西。它一点一点地靠近毛驴，可还没等老虎看清，毛驴突然大叫起来，声音大得响彻了山谷，回音不绝。毛驴的叫声着实把老虎吓了一大跳，以为它要来吃自己了，吓得急忙逃得远远的。

又过了几天，老虎仍不死心，又转来转去慢慢地靠近毛驴，反复地观察毛驴，再也没有发现这只驴子有什么特殊的动静，也没发现它有什么特别的本领，好像它只会偶尔响亮地叫上几声罢了。

再后来，日子久了，老虎对毛驴的叫声也习惯了，觉得它也没有什么了不起的，渐渐地就敢靠近毛驴了。于是，老虎向毛驴靠得更近些，在它面前转来转去，结果还是相安无事。后来，老虎靠毛驴更近了，甚至碰撞毛驴的身子，故意冒犯它，毛驴也只是一味躲闪。

有一次，老虎试着用爪子抓了毛驴一下，毛驴终于被惹怒了，就用蹄子猛踢了老虎一脚。老虎一点也不觉得疼，于是便很高兴地想：“原来这个怪物不过如此，只有这么一点本事啊！并不可怕嘛！”于是，老虎便大吼一声，猛扑上去，张开血盆大口，咬断了毛驴的喉咙，美美地饱餐了一顿。

词解人生

毛驴与老虎相比，很明显，毛驴注定要成为老虎的食物，但在它们初遇的时候，老虎却被毛驴的外形及声音吓到了。世界上有很多东西貌似强大，样子很可怕，其实只不过是“银样镴枪头”而已。那些咋咋呼呼的人，往往并非是真正的强者，他们因为内心极度的不安全感，而被迫要采用这样的方式，试图掩盖自己的弱点。这样的做法虽然可以在短时间内起到一定的作用，但真相总会被揭穿的。

外强中干，是一种最不可靠的本领，与其虚张声势去吓唬别人，不如真正地做一个强者，当遇到对手的时候，就不至于要用卑劣的手段去获取侥幸的胜利了。其实，没有什么值得我们胆怯的，因为只要努力，你也可以成为一个拥有强大力量的人。

无谓的牺牲缺乏理性——螳臂当车

成语诠释

【来源】（战国）庄周《庄子·人间世》。

【解释】臂：螳螂的前腿；当：阻挡。螳螂举起前腿企图阻挡车子前进。比喻不正确估计自己的力量，去做办不到的事情，必然招致失败。

【成语掌故】

一天，庄子乘着马车到友人家办事。马车在笔直的大道上奔驰着，庄子坐在车上想着自己的心事。

突然间，他发现前面不远处，有一只虫子在道路中央蠕动。庄子怕车轮碾压了虫子，叫车夫停住马车，让虫子先过去。可是，马车停住后，好长时间也没有启动。庄子问车夫怎么回事，车夫回答说：“一只螳螂挡在车轮前，尚不肯离开。”

庄子一听这话，觉得很奇怪，于是下车看个究竟。庄子来到车轮前一看，只见一只大螳螂正奋力地举起两条前腿，想要阻挡车轮的前进。一只虫子要比车轮小很多，螳螂虽然在昆虫中算是比较厉害的，但它的身体仍然很小，它不知道自己的力量根本阻挡不了车子前行，结果只能是被车轮辗得粉身碎骨。

庄子想到这里，不由得感慨道：“可怜的螳螂，你以为你举起前腿就可以挡住前进的车轮吗？螳臂是挡不住车子前进的。”

词解人生

“螳臂当车”已经成了我们心目中的一个笑话，小小的螳螂显然不可能挡住前进的车子，如果一直坚持，最后必定会落得个粉身碎骨的下场。如今这已经成了不识时务的代名词，成了自不量力的生动表达。

蒙住双眼也蒙不住心——掩耳盗铃

成语诠释

【来源】（战国）吕不韦《吕氏春秋·自知》。

【解释】掩：遮盖；盗：偷。偷铃铛怕别人听见而捂住自己的耳朵。比喻自己欺骗自己，明明掩盖不住的事情偏要想法子掩盖。

【成语掌故】

从前，有一个人不但很愚蠢，还爱占小便宜。凡是他喜欢的东西，总是想尽办法要弄到手，甚至是去偷也在所不惜。

有一次，他看见邻居门口新挂的铃铛十分惹人喜爱，这只铃铛做得不但精致，声音也很响亮，在很远的地方便能听见。于是，他动心了，边走边想：怎么样才能弄到手呢？最后他决定等到没人的时候，把它偷走。

他知道，只要用手去碰，这个铃铛就会“丁零丁零”地响起来。铃铛一响，就会被人发现，那可就得不到铃铛了。该怎么办呢？他冥思苦想，始终也想不出一个好办法来，他的一个朋友帮他出主意说：“只要把耳朵掩起来，不就听不到铃声了吗？”听了这个主意，他大受启发，他想：只要把自己的耳朵掩住，就听不见铃声了。于是，他自作聪明地用这个方法去偷铃铛。

一天晚上，他借着月光，蹑手蹑脚地来到邻居家门前。他伸手去摘铃铛，但是，铃铛挂得太高了，怎么也够不着，他只好扫兴地回去了。

第二天晚上，他带着凳子，又蹑手蹑脚地来到邻居家门口。他踩着凳子，一手掩住自己的耳朵，一手摘铃铛。谁知他刚碰到铃铛，铃铛就响了。铃声惊醒了睡梦中的人们，众人纷纷披着衣服出来，想看个究竟。邻居走上前，当场抓住了偷铃铛的人。这个人看着大家奇怪地问：“我都把耳朵掩上了，你们怎么还听得见啊？”

词解人生

铃声是客观存在的，不因为你堵住耳朵就消失；世界上的万物也都是客观存在的，不因为你闭上了眼睛就不复存在或者有所改变。对客观存在的现实不正视、不研究，采取闭目塞听的态度，这是自欺欺人，终究会自食苦果。

俗话说：“没有不透风的墙。”当你想要做什么事情的时候，不要只是从自己的立场出发，想想别人对你的举动会有什么样的反应。已经决定的事情，至少要不损害别人的利益，才能被人接受。别再做那个“掩耳盗铃”的愚人了，也别再相信所谓的“天知地知，你知我知”了，那些全都是自欺欺人，因为你只蒙得住自己的一双眼睛。唯有站得正，行得端，你才能成为一个不被人诟病的大写的“人”。

成语荟萃

◎ **爱人以德**

【解释】爱人：爱护别人；德：德行。按照道德标准去爱护人。泛指对人不偏私偏爱，不姑息迁就。

◎ **温柔敦厚**

【解释】温柔：温和柔顺；敦厚：厚道。原指态度温和、朴实厚道，后也泛指待人温和宽厚。

◎ **豁达大度**

【解释】豁达：胸襟开阔；大度：气量大。形容人宽宏开通，能容人。

◎ **岂弟君子**

【解释】和乐平易而厚道的人。

◎ **宽大为怀**

【解释】对人抱着宽大的胸怀。

◎ **乐善好施**

【解释】喜欢做善事，乐于拿财物接济有困难的人。

◎ **一视同仁**

【解释】原指圣人对百姓一样看待，同施仁爱。后多表示对人同样看待，不分厚薄。

◎ **尖酸刻薄**

【解释】说话带刺，待人冷酷。

◎ **敬而远之**

【解释】表面上表示尊敬，实际上不愿接近。也用作不愿接近某人的讽刺话。

◎ **六亲不认**

【解释】形容不重天伦，不通人情，对亲属都不顾。有时也指对谁都不讲情面。

◎ **水清无鱼**

【解释】水太清，鱼就无法存身。比喻过分计较人的小缺点，就不能团结人。

◎ **以邻为壑**

【解释】把邻国当作大水坑，把本国的洪水排泄到那里去。比喻只图自己一方的利益，把困难或祸害转嫁给别人。

◎ **倚老卖老**

【解释】卖：卖弄。仗着岁数大，摆老资格。

◎ **避世离俗**

【解释】指逃避浊世，超脱凡俗。

◎ **安身立命**

【解释】安身：在某处居住和生活；立命：精神有所寄托。指生活有着落，精神有所寄托。

◎ **谨小慎微**

【解释】谨、慎：小心，慎重；小、微：细小。过分小心谨慎，缩手缩脚，不敢放手去做。

◎ **修心养性**

【解释】修心：使心灵纯洁；养性：使本性不受损害。通过自我反省体察，使身心达到完美的境界。

◎ **不求闻达**

【解释】闻：有名望；达：显达。不追求名誉和地位。

◎ **超凡出世**

【解释】超越凡俗，离开尘世。

◎ **宠辱不惊**

【解释】宠：宠爱。受宠受辱都不在乎。指不因个人得失而动心。

◎ **淡泊明志**

【解释】指不追求名利，志趣高洁。

◎**独善其身**

【解释】独：唯独；善：维护。原意是做不上官就修养好自身。现指只顾自己，不管别人。

◎**放荡不羁**

【解释】羁：约束。放纵任性，不加检点，不受约束。

◎**身外之物**

【解释】指财物等身体以外的东西，表示无足轻重的意思。

◎**遁世离群**

【解释】避开现实，远离众人。

◎**韬光养晦**

【解释】指隐藏才能，不使外露。

◎**玩世不恭**

【解释】玩世：以消极、玩弄的态度对待生活；不恭：不严肃。因对现实不满而采取的一种不严肃、不认真的生活态度。

◎**潇然物外**

【解释】物外：自身以外的一切。形容极为超脱，不为俗情杂务所烦扰。

◎**遗世独立**

【解释】遗世：遗弃世间之事。脱离社会独立生活，不跟任何人往来。

◎**与世无争**

【解释】不跟社会上的人发生争执。这是一种消极的回避矛盾的处世态度。

◎**薰莸同器**

【解释】薰：香草，比喻善类；莸：臭草，比喻恶物。香草和臭草放在一起。比喻善恶同处，恶者掩善。

◎**随遇而安**

【解释】随：顺从；遇：遭遇。指能顺应环境，在任何境遇中都能满足。

◎**灭绝人性**

【解释】完全丧失人所具有的理性。形容极端残忍，像野兽一样。

◎**作恶多端**

【解释】做了许多坏事。指罪恶累累。

◎**飞扬跋扈**

【解释】飞扬：放纵；跋扈：蛮横。原指意态狂豪，不受约束。现多形容骄横放肆，目中无人。

◎**刚愎自用**

【解释】愎：任性；刚愎：强硬固执；自用：自以为是。十分固执自信，不考虑别人的意见。

◎**旁若无人**

【解释】身旁好像没有人。形容态度傲慢，不把别人放在眼里。

◎**有恃无恐**

【解释】恃：倚仗，依靠；恐：害怕。因为有所依仗而毫不害怕，或毫无顾忌。

◎**独断专行**

【解释】行事专断，不考虑别人的意见。形容作风不民主。

◎**自以为是**

【解释】是：对。总以为自己是对的。形容主观，不虚心。

◎**说一不二**

【解释】说怎么样就怎么样。形容说话算数，也形容专横，独断专行。

◎**固执己见**

【解释】顽固地坚持自己的意见，不肯改变。

◎**桀骜不驯**

【解释】桀：凶暴；骜：马不驯良，比喻傲慢。性情暴烈不驯顺。

◎**冥顽不灵**

【解释】冥顽：愚钝无知；不灵：不聪明。形容愚昧昏庸又顽固不化。

◎ **居功自傲**

【解释】居功：自恃有功。自以为有功劳而骄傲自大。

◎ **恃才傲物**

【解释】恃：依靠、凭借；物：人，公众。仗着自己有才能，看不起人。

◎ **畏首畏尾**

【解释】畏：怕，惧。前也怕，后也怕。比喻做事胆子小，顾虑多。

◎ **裹足不前**

【解释】裹：缠。停步不前，好像脚被缠住了一样。

◎ **优柔寡断**

【解释】优柔：犹豫不决；寡：少。指做事犹豫，缺乏决断。

第四篇

小赢靠术，大赢靠德

第二十一章　力往一处使，众人一条心

学会合作则无往而不胜——众志成城

成语诠释

【来源】《国语·周语下》。

【解释】城：坚固的城池。只要万众一心，就会像坚固的城墙一样不可摧毁。比喻团结一致，力量无比强大，事情就可以成功。

【成语掌故】

东周的第十二代天子周景王姬贵在位期间，昏庸无道。他在位的二十一年和二十三年，做了两件不得民心的事情：一件是铸大钱，一件是铸大钟。

他废除了市面上流通的小钱，想重新铸造一种大钱，以此来收缴民间的小钱，搜刮百姓的财产。大夫单穆进谏说："铸大钱不利于流通，必定会对百姓造成伤害。一旦损害了百姓的利益，国家就没有办法治理了。"周景王对于单穆的劝诫根本听不进去，大钱铸好后，从百姓那里搜刮了大量的财富。

同时，他又让人到处搜集好铜，想要铸造两组编钟，然后上下悬挂在一起配合着演奏。单穆又劝周景王说："铸钱已经是劳民伤财了，如果再铸造编钟的话，对国家的损害会更加严重。而且铸造编钟，既听不到悦耳的声音，又加重了百姓的负担，必定会使百姓离心，使国家陷于危险之中。"司乐大夫伶州鸠也劝阻说："编钟的声律强调和谐，政治就像音乐，如果百姓怨恨，那就没有和谐了。"但是周景王仍然一意孤行。

一年后，两组编钟铸成了，一组是无射，一组是大神。那些奉迎拍马之人，都称赞编钟的声音非常动听。州鸠却直言不讳地对周景王说："臣听来编钟的声音一点都不动听，一点也不和谐。我认为无论什么事情，只要是百姓赞成和拥护的，才叫和谐，才能取得成功；如果是百姓反对的，那怎么会和谐呢，只会失败。有句话说得好：众人团结一心，国家就会成为坚固的城堡；众口一词地诋毁，足以把金子熔化。还请大王三思啊！"

周景王依然我行我素，第二年便死于心疾，他的周王朝也随即爆发了长达五年之久的内乱。

词解人生

“众人拾柴火焰高”“团结就是力量”，这是我们经常会听到的话语，它们所表现出的智慧也是我们深有体会的。古代历史上，百姓对于残暴的统治忍无可忍时，联合起来发动起义，可以推翻一个王朝；近代历史上，团结一致的中国人，最终将手持先进武器的日本侵略者从中国的领土上赶了出去；在当代社会中，汶川的大地震牵动了所有中国人的心，大家有钱的出钱，有力的出力，共同帮助四川人民重建家园……所以，只要拥有同一个信念，众志成城，没有什么事情是我们做不到的。

失去朋友，自身难保——唇亡齿寒

成语诠释

【来源】（春秋）左丘明《左传·僖公五年》。

【解释】唇：嘴唇；亡：失去；齿：牙齿；寒：寒冷。嘴唇没有了，牙齿就会感到寒冷。比喻关系密切，利害相关。

【成语掌故】

春秋时期，诸侯征战不断，晋国是当时一个较为强大的国家，晋献公想要扩充自己的实力和地盘，就找借口说邻近的虢国经常侵犯晋国的边境，要派兵灭了虢国。可是在晋国和虢国之间隔着一个虞国，讨伐虢国必须经过虞地。“怎样才能顺利通过虞国呢？”晋献公问手下的大臣。大夫荀息说：“虞国国君是个目光短浅的人，只要我们送他价值连城的美玉和宝马，他一定会借道让我们通过的。”荀息看晋献公有点不舍得，就接着说：“虞虢两国是唇齿相依的近邻，虢国灭了，虞国也就如同囊中之物，我们给虞国的东西不过是暂时存放在他们那里罢了。”晋献公听了，觉得很有道理，便决定按荀息说的做。虞国国君见到晋国送来的奇珍异宝，不禁心花怒放，就立即答应了晋国借道之事。虞国大夫宫之奇听说后，阻止道：“虞国和虢国是唇齿相依的近邻，相互依存，万一虢国灭了，虞国也就难保了。俗话说‘唇亡齿寒’，借道给晋国万万使不得啊。”虞国国君说：“晋国这样的大国，特意送美玉宝马来，要和咱们交好，难道这点小忙咱们都不帮吗？”宫之奇见国君不听自己的意见，知道虞国离灭亡的日子不远了，便带着家人离开了虞国。没多久，果然晋国消灭了虢国，随后又灭了虞国。

词解人生

人与人之间的联系无处不在，有时危难来临，让我们不得不承认古人所说的

"城门失火，殃及池鱼"，以及"唇齿之邦，唇亡则齿寒"。我们永远无法忽视那些与我们息息相关的人、事、物，它们与我们"一损俱损，一荣俱荣"。我们身处复杂的社会环境之中，就从个人的角度而言，永远都是绝对的弱者，所以，要想谋求自身的安全与生存，首先就必须要找到与自己息息相关的势力，与之结合起来，共同对抗强者，才能实现自保，否则，必将成为"受冻的牙齿"和"被殃及的池鱼"。

在别人的喜怒哀乐中找自己的影子——同病相怜

成语诠释

【来源】（汉代）赵晔《吴越春秋·阖闾内传》。

【解释】怜：怜悯，同情。比喻因有同样的遭遇或痛苦而互相同情。

【成语掌故】

伍子胥，名员，字子胥，春秋末期吴国的大夫、军事家、谋略家。他博览群书，通晓富国强兵之术，是个不可多得的人才。他出身忠义之家，父亲伍奢、哥哥伍尚忠君爱国，深受太子建的敬重和信任。

和伍奢一起辅佐太子建的费无极是个玩弄权术的卑鄙小人。太子建深知费无极的为人，因而只信赖伍奢，对费无极十分反感。费无极对此一直耿耿于怀，他不仅妒忌伍奢，而且还仇恨太子建，于是便时不时地在楚平王面前造谣，说太子建和伍奢父子暗中勾结，企图谋反，如不早日把他们除掉，必定后患无穷。

昏庸无道的楚平王，听了费无极的话信以为真，立即派人去杀太子建和伍奢父子，伍奢和伍尚遇难，伍子胥和太子建逃到国外。后来，伍子胥辗转来到了吴国，吴王见他是个人才，便加以重用。身在吴国的伍子胥时刻不忘兴兵伐楚，为父兄报仇。

几年之后，楚国又发生了一起陷害忠良的事件。大臣郤宛有个亲戚叫伯嚭，从小在郤府中长大，郤宛对他恩重如山。郤宛一家出事那天，伯嚭正好在外面，才免于一死。他一听说郤府全家被杀，便连夜逃到吴国投奔伍子胥。伍子胥十分同情伯嚭的遭遇，便将他推荐给吴王，伯嚭也受到了吴王的重用。

有人问伍子胥："伯嚭刚刚来到这里，他的为人我们都不是很清楚，你为什么会如此信任他呢？"伍子胥说："同病相怜，同忧相救。伯嚭和我有同样的遭遇和不幸，我怎能不倾心相待呢？"

词解人生

白居易在《琵琶行》中的一句"同是天涯沦落人，相逢何必曾相识"，让人们深深体会到了一种悲伤的情感。每个人都有属于自己的人生，在世的几十年里，产生过太多太多的情感与思想，尤其是对于自己的惨痛经历，总是希望可以有人了解自己，而不只是说一些无关痛痒的安慰的话。某一天，在一个毫无预兆的情况下，出现了这样一个人，他能明白自己心中所想，了解自己痛在何处，只因为他与自己有着相同的经历，这一点点的相同便足以将两个人的距离拉近，使两个人成为同病相怜的朋友，成为互相倾诉的对象。

将自己和亲友绑在一起——休戚相关

成语诠释

【来源】（宋代）陈亮《送陈给事去国启》。

【解释】休：喜悦；戚：悲哀。忧喜、福祸彼此相关联。形容关系密切，利害相关。

【成语掌故】

春秋时期，晋国的晋淖公周子，又叫姬周，年轻的时候，因族人晋厉公的排挤，不能留在国内，只能流落在国外，客居于周地洛阳，在周朝世卿襄公手下做事。当时周王的大夫单襄公很器重他，就把他请到自己家里，像对待贵宾一样地招待他。

周子虽然年纪轻轻，却表现得十分老成持重。他站立的时候稳稳当当，毫无轻浮的举动；看书的时候全神贯注，目不斜视；听人讲话的时候恭恭敬敬，很有礼貌；自己说话时，总是忘不了忠孝仁义；待人接物时，总是十分友善、和睦。他人虽然身在周地，但听说祖国晋国有什么灾难，就忧心忡忡，万分牵挂；听说晋国有什么喜庆的事情，就非常高兴，欢喜雀跃。

所有这些，单襄公都看在眼里，记在心里。他知道周子这样的人，将来必定大有前途，不仅可以回到晋国，而且一定可以做个好国君。因此，单襄公对周子格外关心、爱护。不久，晋国发生内乱，原来一直害怕失去权力而排挤王室公子的晋厉公被杀，晋国大夫就派人到洛阳来，把周子接了回去，让他做了晋国的国君。

词解人生

休戚相关，意味着将自己与心中所挂念的人或事联结在一起。周子将自己的悲喜与晋国的兴衰紧密地联系在了一起，晋国的灾难会使他忧心忡忡，晋国的乐事会让他欢喜雀跃，这样的关心与惦念，使人的心中始终保有一种柔情。在这个世界上，与自己相关的事物太多，其中的一些是你并不在意的，但其中的一些却是你的“软肋”。父母的身体是否健康，一定是你所关心的；朋友的生活是否幸福，一定是你所关心的；自己的前途是否一片光明，一定是你所关心的……这些与你休戚相关的人或事，会让你或喜或悲，也会让你为之而付出努力。因为关心，所以，始终在一起。

第二十二章　美感产生在适度的前提下

空有其表惹人厌——华而不实

成语诠释

【来源】（春秋）左丘明《左传·文公五年》和《晏子春秋·外篇·不合经术者》。

【解释】华：通“花”，开花；实：结果。花开得好看，但不结果实。比喻外表好看，内容空虚。也指表面上很有学问，实际腹中空空的人。

【成语掌故】

春秋时，晋国大夫阳处父出使到魏国去，回来路过宁邑，住在一家客店里。店主姓嬴，看见阳处父相貌堂堂，举止不凡，十分钦佩，悄悄对妻子说：“我早想投奔一位品德高尚的人，可是多少年来，随时留心，都没找到一个合意的。今天我看阳处父这个人不错，我决心跟他去了。”

店主得到阳处父的同意，离别了妻子，便跟着他上路了。一路上，阳处父同店主东拉西扯，不知谈些什么。店主一边走，一边听。刚刚走出宁邑县境，店主改变了主意，辞别了阳处父，折回家里。店主的妻子见丈夫突然回来，心中诧异，问道：“你好不容易遇到这么个人，怎么不随他去呢？你不是决心很大吗？家里的事你尽管放心好了。”店主回答说：“我看到他长得一表人才，以为他可以信赖，谁知听了他的言论却感到非常讨厌。我怕跟他一去，没有得到教育，反倒遭受祸害，所以就改变了主意。”

事情果然不出店主所料，这阳处父是晋襄公的老师，在晋国很有地位。晋襄公在位时，狐偃家族和赵衰家族势均力敌，斗争不断。狐射姑与赵盾继承了家业后，都想掌握朝中大权，但因狐射姑立过战功，而成为中军统帅，赵盾心有不甘，于是他请阳处父游说晋襄公。晋襄公听了阳处父的话，改命赵盾为中军统帅。狐射姑为此怀恨在心，找来刺客，趁阳处父外出打猎时，将他刺死了。

词解人生

商场中，一个花枝招展的美女，给人以感观上的愉悦，可是当她开口说话时，却发现原来只是拥有一副美丽的“皮囊”而已；会议上，一个高谈阔论的专家，被人推为学贯中西之人，可是进入深层的讨论后，却发现原来只是一个夸夸其谈的“吹牛大王”……美丽的外表、博学的外衣，总是会让我们产生一种美好的错觉，但他们的“华而不实”却总是如同狐狸的尾巴一样，怎么藏都藏不住。无论遇到的是什么样的人、事、物，都不要轻易地作出结论，对于“华而不实”的认识，总是需要一个过程的。

别再把居民区中的花园搞得如同世外桃源一般，可靠的房屋质量才能对得起大家一生的积蓄；别再把自己打扮得花枝招展如同蝴蝶一般，美丽的心灵与深厚的内涵才是最动人的……让“华而不实”远离我们的生活，让我们的所见所感更真实，更有效。

打破常规才是创新——不拘一格

成语诠释

【来源】（清代）龚自珍《己亥杂诗》。

【解释】拘：限制；格：规格，方式。不局限于一种规格或一个格局。比喻不拘泥于一种方式的做法。

【成语掌故】

龚自珍是清代著名的思想家和文学家，字尔玉，又字瑟人；更名易简，字伯定；又更名巩祚，号定盦，又号羽琌山民，出身于官宦世家。他自幼就喜欢读书，尤其喜欢诗文。他写的诗想象力丰富，语言瑰丽多姿，具有浪漫主义风格。

龚自珍从青年时起，就深刻地意识到封建国家的严重危机，具有一种特殊的敏感性。二十几岁时，他中了举人，后来又中了进士，在朝为官多年。他面对腐败的清政府，主张改革，提倡禁烟。但当时的清政府过于黑暗，他的主张得不到重视，加上他不满官场中的种种恶习，48 岁时，他毅然辞官归隐。

一天，他路过镇江时，看到当地人在祭拜天神，这时，有人认出了龚自珍，众人纷纷上前，想请龚自珍为天神写一篇祭文。龚自珍看着当时的场景，回想自己的前半生，不由得感慨万千。他提起笔，一挥而就，写下了著名的《己亥杂诗》：“九州生气恃风雷，万马齐喑究可哀。我劝天公重抖擞，不拘一格降人才。”诗的意思是说：只有风雪激荡般的巨大力量才能使中国大地发出勃勃生气，然而朝野臣民噤口不语终究是一种悲哀。我奉劝天帝能重新振作精神，不要拘守一定规格降下更多的人才。

词解人生

经验是成功的总结，学习别人的成功经验，是聪明人的明智选择。这样可以少走许多弯路，快速取得一定的成绩。然而，经验也是一种规范，一种惯性，往往指引着你按照这种模式直线前进，能有所进步，有所收获，但是，鲜能有大的成就。那些在某个领域里掌握着相关知识的权威人士，也会受到条条框框的限制，一旦你的探索突破了他理解的范围，权威很可能就成了你前行的绊脚石，成了扼杀你创新思想的杀手。因此，我们应该相信权威的经验，却又不能过分地迷信权威，不能被权威的框架所束缚，应该有一种突破常规的勇气，以一种创新意识推动自身进步。创新就是突破常规；创新就是破除迷信，挑战权威；创新就是要有天马行空般的想象力；创新就是要有不断探索的激情；创新就是别出心裁，独辟蹊径；创新就是不拘一格。

忽视细节为自己减分——不修边幅

成语诠释

【来源】（南朝·宋）范晔《后汉书·马援传》。

【解释】边幅：布帛的边缘，比喻人的衣着、仪表。原形容随随便便，不拘小节。现形容不注意衣着或容貌的整洁。

【成语掌故】

西汉末年，王莽自立为帝，改国号为新，马援被推荐担任新朝的新城大尹，马援的哥哥马员当时任增山连率。后来，王莽兵败，兄弟二人都离职避居凉州。马援在凉州，自称西州大将军的隗嚣很器重他，封他为绥德将军，和他共同谋划称雄天下的大计。

东汉光武帝定都洛阳时，天下还没有实现大一统，四川的公孙述仍然十分活跃。马援与公孙述是同乡，自小便十分要好，为了拉拢公孙述，马援亲自前往四川，去见公孙述。马援本以为，老朋友见面，公孙述会像往常一样与他握手言欢，亲密无间，畅叙别情。没料到，公孙述接待他的态度十分严肃，很郑重地按外交礼节接待他，在文武百官面前，把马援安排在贵宾的位置上，又正式任命他为大将军，并封他为侯爵。马援觉得别扭极了，公孙述的这一系列举动，无非是想在他面前摆弄天子的架势，于是，他婉言谢绝了公孙述的好意。事后，他对朋友说：“公孙述不过是井底的青蛙罢了。如今各路英雄都在竭力地招揽人才，他不能废寝忘食，礼敬天下的英雄，反而如同木偶般刻意装扮，必定成不了大事的。”于是，他决定前往洛阳，去见光武帝刘秀。

刘秀听说马援来见，连衣着都没来得及收拾一下，即刻请他进来，对马援毫无半点戒备。马援见刘秀如此，便对刘秀说："现在各路英雄都想一统天下，我如此前来拜见，您对我竟无半点戒备，就不怕我是别人派来的刺客吗？"刘秀笑着说："你不是什么刺客，而是说客吧！"马援见刘秀已知他的来意，便也不再隐瞒，而是开诚布公地说出自己的想法，两人越聊越投机。后来，马援干脆投靠了刘秀。

词解人生

"不修边幅"原本表现的是一种不拘小节的气度，但在现代社会中，它已经成为了一种致命伤。

"人靠衣装，佛靠金装"，考究的服饰为你的形象增光添彩。虽然不能说形象决定成败，但成功与形象之间一定是相互促进的关系：你越成功，你的形象就越有影响力；你的形象越魅力十足，你也就越容易走向成功。

在这个世界上，只有一件东西能够给予一个人真正而持久的力量，那就是魅力。魅力最直观的表现就是你的外在形象。如果你想成为一个具有重大影响力的人，先做一个有魅力的人吧，用心为自己设计一个最佳的形象。

西方有句俗语："你就是你所穿的！"这也是人类无法改变的天性。你的形象在无声地帮助你交流、沟通，传递你的信息，告诉人们你的社会地位、个性、职业、收入、教养、品位、发展前途，等等。

有谁记得你曾来过——得过且过

成语诠释

【来源】（元代）无名氏《小孙屠》第四出。

【解释】只要能够过得去，就这样过下去。形容胸无大志，也形容工作马马虎虎，敷衍了事。

【成语掌故】

传说五台山上有一种小鸟，叫寒号鸟。它长着四只脚，两只光秃秃的肉翅膀，不会像一般的鸟那样飞行。

每当夏天来临的时候，寒号鸟全身长满了绚丽的羽毛，样子十分美丽。这时，寒号鸟就觉得自己是天底下最漂亮的鸟了，连凤凰也不能同自己相比。它整天抖着羽毛，到处走来走去，洋洋得意地唱着："凤凰不如我！凤凰不如我！"

秋天来了，鸟儿们都各自忙开了，有的结伴飞到南方，准备在那里度过冬天；有的留下来，整天忙碌着积存食物、修理窝巢，做好过冬的准备工作。只有寒号鸟，既没有飞到南方去的本领，又不愿辛勤劳动，仍然整日东游西荡的，还在一个劲地炫耀自己身上漂亮的羽毛，满不在乎地跳着唱着。

冬天终于还是来了，天气寒冷极了，鸟儿们都回到自己温暖的窝巢里。寒号鸟身上漂亮的羽毛都脱落光了，晚上它只能躲在石缝里，哆嗦地叫着："好冷啊，好冷啊，等到天亮了就造个窝！"可是天亮之后，温暖的阳光一照，寒号鸟又忘记了夜晚的寒冷，它又会自我安慰地唱着："得过且过！得过且过！太阳下面暖和！太阳下面暖和！"寒号鸟就这样一天天地混着，一直没给自己造个窝。最后，它冻死在岩石缝里了。

词解人生

在日益激烈的社会竞争中，有这样一些人，他们对自己的工作总是不能尽职尽责，看到身边的同事个个积极上进、努力工作，他们却始终"我行我素，超然物外"，只等着每个月在固定的时候，拿固定的工资；还有一些人，尽管他们很聪明、有能力，却只做与薪水相等的工作，其余的一概以"装傻"来推脱，实在推不了的，就草草完事。他们如同寒号鸟一般，过着得过且过的日子，其实他们都知道"天下没有免费的午餐"，也知道以这样的态度工作，会让他们在裁员名单上位居前列，但在遇到难以处理的问题时，他们总是会想方设法地绕过去，或者推给同事。这样的人，如同挑水的三个和尚一样，总是想着我不做别人会去做的，推来推去到最后结果可想而知。

第二十三章　要了解一个人，看他的朋友

小人之间也有“友谊”——狼狈为奸

成语诠释

【来源】（清代）吴趼人《二十年目睹之怪现状》。

【解释】狼狈：两种动物。狼和狈常常合伙做坏事。比喻两个或几个人聚在一起，互相勾结干坏事。

【成语掌故】

据说狼和狈是一类动物，它们不仅长得十分相似，连性情也十分相近。它们之间唯一的不同就是，狼的前腿长，后腿短；狈则相反，前腿短，后腿长。狈每次出去都必须依靠狼，把它的前腿搭在狼的后腿上才能行动，否则就会寸步难行。

有一次，狼和狈走到一个人家的羊圈外面，虽然里面有许多只羊，但是羊圈既高又坚固，它们既跳不进去，又无法撞破，一时之间，不知该如何是好。它们在羊圈外想啊想，终于想到了一个办法。

狈先蹲下来，让狼爬到它的身上，然后用两只前脚抓住羊圈的竹篱，两条长长的后腿慢慢地直立起来。等狈站直以后，狼再将两只后脚站在狈的脖子上，前脚抓住竹篱，一点一点地站直，然后把两条长长的前腿伸进竹篱中，猛地一伸手，便把羊抓走了。

词解人生

狼与狈，都是坏人的代名词，他们因为目标一致而走到了一起，因为性情一致而相互依靠，他们的举动始终是为人所不齿的。心术不正之人，在采取行动、实施计划的时候，很少会是孤单一人，他们总是需要一些伙伴，或者是帮手。于是，在一些案件当中，除了主犯之外，总是或多或少地会有从犯的参与，他们这样的联合，只会给社会带来更大的灾难。如果你的身边有这样的奸佞之人，你不仅要小心他的举动，还要多一个心眼儿，看清楚他身边是不是还有与他“臭味相投”的人。

趣味一致路相同——沆瀣一气

成语诠释

【来源】（宋代）钱易《南部新书·戊集》。

【解释】 沆瀣：夜间的水汽，代指唐时的崔沆、崔瀣。气味相投的人联合在一起。后表示臭味相投的人勾结在一起。

【成语掌故】

唐朝时期，科举制度已经相对完善了，读书人想要做官，都必须通过科举考试。唐僖宗当政期间，在京城长安举行了一次考试，各地已经取得一定资格的读书人，都来到长安应考。在众多的考生中，有个叫崔瀣的很有才华，考下来自己感觉也不错，就等着发榜了。

担任此次考试的主考官叫崔沆，他出身贫寒，但读书十分刻苦，经过十年寒窗苦读后，终于金榜题名，开始了他的仕途生涯。他为人正直，为官清廉，做事一丝不苟，得到了皇上的信任和重用，被指派去担任主考官。他批阅到崔瀣的卷子，越看越觉得好，文章不仅条理清晰、结构严谨，而且还很有新意，于是就把他录取了。发榜那天，崔瀣见自己榜上有名，非常高兴。

按照当时的习俗，考试及第的人，都算是主考官的门生，大家都尊称主考官为恩师。发榜后，门生要去拜访恩师，崔瀣自然也不例外。崔沆作为座主，见到崔瀣这位与自己同姓的门生，显得格外高兴。更巧的是，“沆”、“瀣”二字合起来是一个词，表示夜间的水汽、雾露。于是，爱凑热闹的人就把二字合在一起编成一句话：“座主门生，沆瀣一气。”意思是：他们师生两人像是夜间的水汽、雾露连在一起。

词解人生

每个人身上都会有一种自己所独有的特性，即我们平常所说的气质，或清新飘逸，或神秘高贵，或成熟内敛，或幽默风趣……这样的特性会伴随人的一生，同时也是别人无法模仿的。有人曾说：“朋友是第二个自我。”之所以会有这样的说法，主要的原因就在于《周易》中所讲的“同声相应，同气相求”，特性相类似的人，总是会相互吸引，如同他们之间有一种看不见的磁场一般，即使是曾经毫无关联的人，也能因为某一种特性而成为密友。崔沆与崔瀣便一个典型的例子。如果想要了解一个人的品行，看看他交往的是一些什么样的朋友，便可以有一个基本的印象了。

气味相投便为知己——物以类聚

成语诠释

【来源】《周易·系辞上》。

【解释】类：同类。同类的东西聚在一起。比喻坏人彼此臭味相投，勾结在一起。

【成语掌故】

春秋战国时，齐宣王号召天下贤士来帮助他治理齐国。当时，齐国国内有一个叫淳于髡的学者，他博学多才，能言善辩，是齐国的大夫，有责任向齐宣王推荐人才。他在一天内就给齐宣王推荐了七个有才能的人。齐宣王在与每个贤者沟通过后，发现果然个个本领高强。他觉得非常奇怪，就问淳于髡说："我听说人才是很难得到的，能在方圆千里的范围内找到一位贤人，那么天下的贤人就多得可以肩并肩地排成行站在你面前；在古今上下近百代的范围内能出现一个圣人，那么世上的圣人就多得可以脚跟挨着脚跟地向你走来。先生您在一天之内，就给我推荐了七个贤士，照此下去，贤士不是多得连齐国都容纳不下了吗？"

淳于髡听了，笑笑说："大王，您要知道，同类的鸟，它们总是栖息、聚集在一起；同类的野兽，它们也总是行走、生活在一起。要找柴胡和桔梗这类药材，如果到低洼潮湿的地方去找，一辈子也不会找到一株，但是如果到山的北面去寻，那就多得可以用车装运了。这是因为万物都是同类相聚的。我淳于髡可算是个贤士吧，我的朋友个个都是德行高尚、才智非凡的人，所以您叫我推荐贤士，就像是到河里打水、用打火石打火一样容易。我周围的贤士多得很，岂止七个人！今后，我还要继续向大王推荐呢！"

词解人生

英国丘尔契曾说过："世界上没有比交友不慎危害更深的东西了，因为它种下的是疯狂，收获的是死亡。"中国古人则云："审其好恶，则长短可知也；观其交游，则其贤与不肖可察也。"交益友，可以获得一笔超出想象的财富；交损友，会为人生带来巨大的灾难。

人与人之间能成为朋友，总是因其情绪、兴趣、爱好、性格可以相互融合。物以类聚，谨慎地选择朋友，别让那些有可能成为损友的人进入你的生活，让那些有可能成为益友的人带给你明媚的"阳光"。

第二十四章　做有道德底线的人

“爱护”自己说出去的话——一诺千金

成语诠释

【来源】（西汉）司马迁《史记·季布栾布列传》和（唐代）李白《叙旧赠江阳宰陆调》诗。

【解释】诺：许诺。许下的一个诺言有千金的价值。比喻说话算数，极有信用。

【成语掌故】

秦朝末年，在楚地有一个叫季布的人，性情耿直，为人侠义好助，只要是他答应过的事情，无论有多大困难，他都会设法办到，因此广受大家的赞扬。楚汉相争时，季布是项羽的部下，曾几次献策，使刘邦的军队吃了败仗。项羽兵败后，季布孤身一人杀出重围，开始了他亡命天涯的生活。而当了皇帝的刘邦一想起这事，就气恨不已，于是下令通缉季布。

那些仰慕季布的人，都在暗中帮助他。不久，季布化装后，到山东一户姓朱的人家当佣工。朱家明知他是季布，仍收留了他。后来，朱家去找汝阴侯夏侯婴说情。在夏侯婴的劝说下，刘邦不仅撤销了对季布的通缉，还封他做了郎中，不久又改做河东太守。

季布有一个同乡曹邱生，听说季布做了大官，就马上去见季布。但季布对他有些误会，所以知道他要来，就虎着脸，准备发落几句，让他下不了台。谁知曹邱生一进厅堂，不管季布的脸色多么阴沉，话语多么难听，只是对着季布又是打躬，又是作揖，要与季布拉家常叙旧，并说：“你我都是楚地人，既是同乡，便应该珍视乡情才对。我听说楚地流传着这样一句话：‘得黄金千两，不如得季布一诺。’您是怎么能够有这样的好名声传扬在梁、楚两地的呢？皆因你是我的同乡，我才到处宣扬你啊。你为什么不愿见到我，与我结为朋友呢？”季布听了曹邱生的这番话，对于他的误解顿时消除了，两人从此成为至交。

词解人生

一句“得黄金千两，不如得季布一诺”，让我们看到了诚信的价值。“言必信，行必果”“一言既出，驷马难追”，这些流传了千百年的古语，都生动地表达了中华民族诚实守信的品质。在中国几千年的文明史中，人们不但为诚实守信的美德大唱赞歌，而且努力地身体力行。

诚信对一个人、一个企业都是无形的财富，是一笔巨大的无形资产。一个人、一个企业坚持走正直诚实的道路，就必定能实现良好的愿景。如果你以诚待人，在工作中树立起诚信的品牌，相信你一定会得到越来越多的支持和帮助，你的工作和事业也能开创出一个崭新的局面。反之，你将被众人所隔离，成为一株在角落里生长的小草。

诚实守信、信守诺言是为人处世的一种美德，更是为人处世之本。诚实的人能忠实于事物的本来面目，不歪曲，不篡改事实，同时也不隐瞒自己的真实想法，光明磊落，言语真切，为人实在。诚实的人反对投机取巧，趋炎附势，见风使舵，争功推过，弄虚作假，口是心非。诚实守信首先是一种社会公德，是做人的基本要求。

如果一个人言而无信，失去了别人对自己的信任，就如同失去了比黄金还宝贵的东西。信用如此重要，故长期以来一直为人们所重视。

话不能乱说——道听途说

成语诠释

【来源】（春秋）孔子《论语·阳货》。

【解释】 道：道路。路上听来的话，又在路上传播。泛指没有根据的传闻。

【成语掌故】

战国时期，齐国有一个人名叫艾子，是个学识渊博的学者，门下还有不少的学生。艾子有一个邻居，是个爱说空话的人，叫毛空，整日游手好闲、不学无术。在毛空看来，艾子简直就是个书呆子，他认为自己知道的东西比艾子知道的要多很多，他总想找个机会证明这一点。

一天，毛空在路上听别人闲聊，觉得很有趣，他马上想到了艾子，心想艾子一定没听说过这样的事情，便急急忙忙地来到艾子面前炫耀，说：“有一户人家的一只鸭子一次下了一百个蛋。”“这不可能！”艾子说。毛空又说：“是两只鸭子一次下了一百个蛋。”艾子说：“这也不可能。”毛空又说：“大概是三只鸭子吧。”艾子还是不信。毛空一次又一次地增加鸭子的数目，一直说到十只。艾子还是不信地说：“你把鸭蛋的数目减少一些不行吗？”毛空说：“那不行！宁增不减。”

毛空见艾子不相信这个，想了想又对艾子说：“上个月，天上掉下一块肉，有十丈宽、十丈长。”艾子听了说：“哪有这事，不可能的。”毛空又说：“那大概有二十丈长吧。”艾子忍不住问：“世上哪有十丈长、十丈宽的肉？还是从天上掉下来的。掉到什么地方？你见过吗？你刚才说的鸭子又是哪一家的？”毛空说：“我是从街上听来的，一听说就来告诉你了。”

后来，艾子告诫他的学生，千万不要像毛空那样道听途说。

词解人生

有人群的地方就有谣言；有相信谣言的，就有散播谣言的。所以，与其说谣言是由人捏造出来的，不如说是由人“信”出来的。信谣言的坏处是，原本要好的一对反目成仇，原来并没有什么关系的人恶语相向。而不信谣言的好处就是耳根清净、心情舒畅。

对于那些“小道消息”，我们应该抱着一种听则听矣、听过即忘的态度，绝不能将这种可信度极低的消息传递到另一个人的耳朵里。不要议论别人的短处，不要夸耀自己的长处，更不要把自己完全不了解的事情，当作自我炫耀的资本。把好嘴巴的“关”，否则只会成为别人的笑柄。

谣言终结于你我——三人成虎

成语诠释

【来源】（西汉）刘向《战国策·魏策二》。

【解释】三个人谎报市集里有老虎，听者就信以为真。比喻说的人多了，谣言也会被人信以为真。

【成语掌故】

战国时代，国与国之间攻伐不断，为了使各国遵守信约，国与国之间通常都要将太子交给对方作为人质。

魏国的太子要被送往赵国去当人质，魏王派大臣庞恭随行。庞恭担心自己长年不在国内，会有人陷害自己，于是临行前对魏王说：“现在假如有一个人说市集上有只老虎，大王相信吗？”魏王道：“不相信。”

庞恭说：“如果有第二个人说市集上出现了老虎，而且正在伤人，大王相信吗？”魏王道：“这样的话，我就有些将信将疑了。”

庞恭又说：“如果有第三个人说市集上出现了老虎，大王相信吗？”魏王道：“那我应该就会相信了。”

庞恭说：“市集上不会有老虎，这是很明显的，可是经过三个人的谣传，就好像真的有老虎了。现在赵国的国都邯郸距魏国的国都大梁之间的距离，比市集离大王远多了，在背后议论我的人也一定不止三个，希望大王听到关于我的传言的时候，一定要明察才好，这样我才能放心地陪太子去赵国。”魏王听了庞恭的话，知道了他的担心，安慰他说：“你放心去吧，这一切我都知道。”于是，庞恭告别了魏王，陪着太子到赵国的都城邯郸去了。

果然不出所料，他们刚到邯郸不久，便有诬陷庞恭的谣言传到了魏王的耳朵里。等到庞恭陪同太子回到魏国的时候，他已经失去了魏王的信任，此后再也没有见到过魏王。

词解人生

小人的一大特色便是喜欢搬弄是非，兴风作浪。如果为了一些莫名其妙的谣言而影响自己和朋友的关系，不是太不值得了吗？所以，我们要做生活中的智者。

智者首先要做的就是不要介入谣言的圈子。你所在的圈子很有限，任何的闲言碎语迟早会传到对方那里。其次，如果你真的得知了别人的秘密，千万不能对其他人讲，要明白，保守了一个秘密，你就少了一次受伤害的可能，多了一次受别人赏识的机会。再次，如果自己被谣言的利刃刺中，一定要保持冷静，具体事情区别对待。与工作有关的谣言，可以在一定的场合里当众予以澄清；与个人有关的，最好不予理睬，因为你无法解释清楚。不予理睬是最好的办法，泰然处之，光明磊落，任何谣言都会不攻自破。

不负责任的话降低个人形象——信口雌黄

成语诠释

【来源】（晋代）孙盛《晋阳秋》。

【解释】信：任凭，听任；雌黄：即鸡冠石，黄色矿物，用于涂抹错字的颜料，后指任意修改。言论不当，随口更改。比喻不顾事实，随口乱说。

【成语掌故】

王衍，字夷甫，出身于琅玡王氏世家，西晋时期有名的清谈家。他自幼口齿伶俐，曾在文学名家山涛家做客，以其清秀的仪表、文雅的谈吐，赢得四座的赞赏。王衍走的时候，山涛目送他走出很远，感慨地对别人说："不知道是哪位老妇人，竟然生出了这样俊美的儿子！然而误尽天下老百姓的，未必就不是这个人啊！"

王衍喜欢老庄学说，每天谈的多半是老庄玄理。他讲的时候，总是身穿宽松的衣服，手执拂尘，满口都是玄妙虚空的怪话。每当遇到义理讲得不恰当的时候，他就随口更改，毫不在乎。于是，人们便说他是"口中雌黄"。

不仅如此，他做事也是经常随意更改。他先把女儿嫁给太子为妃，后来太子遭人陷害的时候，写信向王衍求助。王衍不但不替太子辩白，反而因为怕受牵连，而上书请求离婚。后来太子沉冤昭雪，王衍因此事而被禁锢终生。

词解人生

提起谣言，每个人都会情不自禁地打个寒战，的确，谣言的传播速度惊人。不经意间，你可能突然陷入流言飞语中。你愤怒、无助、孤独，但甚至可能连对手都找不到。尽管有人说“没有流言能真正中伤你，只看你自己怎样对待”，也有人说“清者自清，浊者自浊”，还有人说“走自己的路，让别人说去吧”，但无论哪一种，都无法使你摆脱已经陷入的困境。对于既成的事实，我们无力改变，但却可以阻止事情的继续发展。避免信口雌黄，便可让即将流失的仁德重新回归，也可使别人免于陷入流言的包围之中。

第二十五章　可怜之人必有可恨之处

反复无常不是明智之举——朝三暮四

成语诠释

【来源】（战国）庄周《庄子·齐物论》。

【解释】原指使用骗术欺骗人。后比喻经常变卦，反复无常。

【成语掌故】

战国时期，宋国有个老人家，虽然家境贫寒，但因为十分喜欢而养了一大群猕猴，人称“狙（即猴子）公”。他专门喂养猕猴以供赏玩观察。相处的时间长了，这种富有灵性的灵长动物能从狙公的表情、话音和行为举止中领会他的意图，狙公从猕猴的一举一动也能看出它们的喜怒哀乐。

狙公养的猕猴太多，每天要消耗许多的瓜、菜和粮食，加上猕猴非常贪吃，时间一长，他便有些力不从心。有一天，狙公发觉家里的存粮难以维持到新粮入库的时候，才意识到有必要限制猕猴的食量。

猕猴就像一群顽童，如果不提供良好的待遇，想让它们安分守己是办不到的。它们会经常闹一些恶作剧。为了不让它们肆意捣乱，狙公只好想办法去安抚它们。

一天，狙公指着院中高大茂密的栎树对猕猴们说：“从明天开始，给你们吃橡栗，每天早上吃三粒，晚上吃四粒，这样行吗?”猕猴只弄懂了狙公前面说的一个“三”，一个个立起身子，对着狙公叫喊发怒，它们嫌狙公给的橡栗太少。

狙公见猕猴不肯驯服，就换了一个说法，说：“好吧，那就早晨给你们吃四颗栗子，晚上吃三颗，这样总行了吧?”猕猴们只弄懂了狙公前面的“四”，觉得量比刚才说的多，便高兴地点头答应了，还纷纷趴在地上给主人磕头表示感谢。事实上，橡栗的数量并没有变，只是把前后的顺序调换了一下而已，结果脑筋转不过弯的猕猴便上当了。

词解人生

俗话说“人心不足蛇吞象”，但真正可以做到知足的又有几人？我们希望自己可以兼具天使的面孔和魔鬼的身材，希望自己可以兼具理智的头脑和浪漫的情怀，希望自己可以才色兼收……我们总是希望自己的人生是完美无缺的，但那毕竟只是一个梦，所以，我们不得不做出抉择。面对选择，有些人总是让人感觉手足无措，他们一时想要这样，一时又想要那样，总是觉得自己的选择太差，总是觉得一定还有更好的，所以，他们改了一次又一次，像小孩子的脸一样，变了又变，永远没有一个最终的结果。他们的决定时时变化，所以，他们的人生便因反复无常而浪费了太多的光阴。

“狼真的来了”的时候，已经没人相信你——出尔反尔

成语诠释

【来源】（战国）孟轲《孟子·梁惠王下》。

【解释】尔：你；反：通“返”，回。你怎样做，就会得到怎样的后果。现形容人的言行反复无常，前后自相矛盾。

【成语掌故】

战国时，诸侯争霸，战争不断，再加上天灾人祸，老百姓苦不堪言。邹国和鲁国都是当时的小国，国力相差无几。有一年，两国交战，邹穆公以为这次的战争必定是一场苦战，双方很难分出胜负。

不料，战争刚开始不久，邹国就损失惨重，士兵们四处逃散，完全不顾自己将军的死活，邹国很快便被鲁国打败了。邹穆公十分气恼，认为邹国的老百姓不支持自己，就去向孟子请教如何处罚这些百姓。

邹穆公说：“此次与鲁国交战，本来实力都差不多，而且邹国还有获胜的可能，即使是败，也不应该败得如此之快。在这次战争中，我的将领死了三十三个，士兵们却安然无恙，他们看到自己国家的将领被杀，却坐视不救，实在可恶！如果杀掉这些士兵，他们人又太多，杀也杀不完，而且杀了他们的话，谁来保卫邹国；要是不杀，这些士兵又太可恨了。您说，该怎么办才好呢？”

孟子听完后，说道：“饥荒年头，您的百姓是怎样过的啊？也许大王不记得吧。年迈体弱的饿死在荒山沟里，壮年人逃往四方的，都快上千人了，然而您的粮仓里粮食满满的，库房里财物足足的，不但不开仓赈济灾民，您的那些官吏还依然过着花天酒地、淫秽腐臭的生活，这不是在残害老百姓吗？遭殃的老百姓至少也有好几千吧？您抱怨老百姓见死不救，那么您的官吏们救过他们吗？官员们没有一个向您报告，这就是对上怠慢国君，对下残害百姓啊。曾子说过：‘戒之戒之！出乎尔者，反乎尔者也。’您怎样对待别人，别人也就怎样回报您。老百姓这样回报您，您又能责怪谁呢？如果国君关心老百姓，老百姓自然会拥护国君，自然会心甘情愿地为国君出力，甚至不惜牺牲他们的生命。”邹穆公听了孟子的话，翻然醒悟，从此

开始施行仁政。

词解人生

可靠，是一种踏实的感觉，每个人都希望自己可以给别人留下可靠的印象，也都希望自己在别人的心目中是一个值得信赖的人。中华民族自古就有“守信义、重诺言”的传统美德，守信观念源远流长。“一言九鼎”“君子一言，驷马难追”便是这种观念的朴素表达。偏偏就有那么一些人，他们是毫无可信度可言的，他们一时说要功成名就，一时说要归隐田园，这样的人没有人会愿意与之共处。得不到别人的信任，做任何事情都会大打折扣，想要成功也就会难上加难。信誉便是道德的“通行证”，充分利用它的优势，拒绝出尔反尔。

当你还没落魄时，就该知道没有几个真朋友——门可罗雀

成语诠释

【来源】（西汉）司马迁《史记·汲郑列传论》。

【解释】罗：设网捕捉；雀：雀鸟。大门之前可以张起网来捕麻雀。形容失势时，门庭冷落，宾客稀少。

【成语掌故】

汉武帝时期，有两位非常正直的大臣，他们是汲黯和郑庄。汲黯，字长孺，濮阳人，景帝时曾任“太子洗马”，武帝时曾做过“东海太守”，后来又任“主爵都尉”。他为人耿直，办事公道，地方官员便将他一级一级地推荐到上面。

汉武帝初年，匈奴常常来袭，于是汉武帝决定调集重兵打击匈奴。许多大臣明知当时汉朝的国力还不足以与匈奴对抗，但又不敢明言。这时，汲黯说出了自己的想法，他说：“臣曾听说高祖率三十万大军被匈奴围困于平城，连樊哙都难以突围。现在，陛下勇略不如高祖，将军不如樊哙，这一仗万万不能打啊！”汉武帝听了他的话，心里很不是滋味，便逐渐开始冷落他。

郑庄，陈人，景帝时曾经担任“太子舍人”，武帝时担任“大农令”。他一旦遇到有识之士，便会向汉武帝推荐。后来，郑庄的一个下属贪污，他因此被牵连撤职。

他们两人都曾位列九卿，声名显赫，权势高，威望重，上他们家拜访的人络绎不绝，出出进进，十分热闹，谁都以能与他们结交为荣。但到后来，他们丢了官，失去了权势，就再也没人去拜访他们了。

司马迁曾为他们两人合写了一篇传记，在传记中他发出了这样的感慨：“像汲黯、郑庄这样的贤人，在朝为官时宾客很多，一旦失势，竟然没有一

个人来探望，门外冷落得可以设网捕鸟了，真是太可悲了！”

词解人生

常言道“人一走，茶就凉”，它所要表达的意思，与“门可罗雀”一样，都反映了世态炎凉。有人初登高位，开始捧起那个茶杯时，确实还有点不习惯，觉得自己没有这么大的能耐，要想办成一件事也没有那么容易。久而久之，就习惯了、上瘾了，每天都要喝上几口，才能够血脉通畅、心旷神怡。遗憾的是，天下没有不散的筵席，总有一天要离开那个茶座，放下那个茶杯，而人一走，茶就凉了。实际上还不仅如此，人一走，茶就没了，连杯子都收掉了，洗净过后，被别人捧在手里。身处高位时门庭若市，总会有一种朋友遍天下的感觉，而一旦退下来了，便立即变成门可罗雀了，到此时才发现，原来所谓的朋友，不过都是利益的追随者而已。

失去骨气的心灵是卑微的心灵——奴颜婢膝

成语诠释

【来源】（唐代）陆龟蒙《江湖散人歌》。

【解释】奴：奴才；颜：面孔；婢：女仆；膝：膝盖，借指下跪。像奴才一样的谄媚脸孔，像女仆般讨好下跪的膝盖。形容奴才相十足，无耻地谄媚，奉承他人的样子。

【成语掌故】

宋靖康二年（公元1127年），金兵南下，如入无人之境，迅速攻破了汴梁（今河南开封），并俘虏了徽宗和钦宗二帝，史称“靖康之耻”。事变后，钦宗赵桓的弟弟赵构，在一帮大臣的帮助下，到应天府（今河南商丘）当起了皇帝，建立了南宋王朝。此后，又迁都临安（今浙江杭州），苟延残喘，对金人提出的无理要求全部答应。到了宋理宗时，因为任用奸臣贾似道为相，而使得朝政更加混乱。

贾似道，字师宪，因其姐姐被选入宫中做了贵妃，依靠裙带关系才得以入朝为官。贾似道此人极善奉迎之事，很快就做了地方大官。之后，升任参知政事、知枢密院事，逐渐掌握了朝中大权。开庆元年（公元1259年），鄂州被蒙古人围困。贾似道领兵增援，还没开战，他就私下向蒙古人称臣纳贡。得到了实惠的蒙古人，很快就退了兵。贾似道却谎报此战“大捷”，理宗不明究竟，还升他做了右丞相。之后，他用计除掉异己势力，独揽了整个朝政大权。理宗死后，度宗即位，贾似道被加封为太师，朝中一切政事都在他的私宅中商议。襄阳被围四年，他只是一味地向蒙古乞怜。朝中的大臣们大多是他的心腹，只有一个叫陈仲微的人敢站出来揭露他的罪行。陈仲微，字致广，之前便曾因得罪贾似道而被罢官。他复官后，依然上书指斥时政，说："君道相业，两有所亏！"批评国君和宰相的昏庸，还说宋徽宗和宋高宗的时候，也是如此，君是昏君，相是奸相，那些佞臣们起初竭力奉承皇帝，享受荣华，到头来却又投降敌人，向敌人"称臣"。陈仲微要求宋度宗和贾似道等人以徽宗、高宗时的旧事为鉴，切勿把国家大事继续耽误下去。陈仲微在写给度宗的谏书中，就曾用"俯首吐心，奴颜婢膝"来形容那些奸佞权臣。

词解人生

俗话说："男儿膝下有黄金。"从这一句千百年来流传的话语中，我们便可窥得历代人们心中的一种观念——骨气是做人的"脊梁"。

身为凡人的我们，心中或多或少总会有一些英雄情结，我们崇拜那些顶天立地之人，我们期望自己有一天也可以成为一个济世救国的豪杰，所以，我们喜欢金庸的武侠小说，喜欢《射雕英雄传》中的郭靖，虽然他有点笨，但他有一个别人永远无法触碰的底线——国家不容侵犯；我们喜欢《天龙八部》中的萧峰，虽然他悲壮孤独，但他是一个愿意为国家放弃生命的英雄……

我们之所以崇拜他们，是因为他们都有挺直的"脊梁"，他们不会为了利益而放弃自己的原则，他们不会为了功成名就而牺牲自己的尊严。但在这个世上，总是会有那么一些人，他们像软骨动物一样，随意地依附别人，他们没有可以挺立的"脊梁"，没有值得称道的骨气，所以，他们的人生是可悲的。但愿，这个世上这样的人会越来越少。

损害别人获利不是真正的赢家——损人利己

成语诠释

【来源】《旧唐书·陆象先传》和（元代）无名氏《陈州粜米》。

【解释】 损害别人，使自己得到好处。

【成语掌故】

唐朝时期，有个叫陆象先的官吏，武则天当政时，他的父亲陆元方曾任过宰相。唐玄宗时，陆象先任益州大都督府长吏兼剑南道按察使。他主张宽仁为政，反对滥用酷刑。

一次，司马韦抱真劝他说："你应当适当地使用刑罚，给自己树立威严，否则，你的部下办事就会怠惰，无所畏惧。"

陆象先说："当官的处理政事，依靠宽仁就可以管理得好，又何必通过严酷的刑罚来给自己树立威望呢？干那种损害别人、使自己得益的事，绝不是仁义、宽恕之道!”

词解人生

俗话说：害人之心不可有。但是在很多情况下，人们为了追求利益的最大化，而去损害别人的利益，使本来互惠互利的合作变成你死我活的博弈，虽然自己获利了，但对别人来说，无疑是一种巨大的伤害。人是社会化的动物，我们生活在社会这个大环境之中，必须顾及其他人的感受，将自己的心胸放开一点，不要一味计较自己的利益得失，不能心中只有自己，那些只爱自己的人，是永远得不到别人的友谊的；那些靠损害别人利益来实现自己目的的人，他们的利益也是无法长久的。在利益面前，为什么不选择一种共赢的方式，皆大欢喜不是很好吗?

爱心不应泛滥——养虎遗患

成语诠释

【来源】（西汉）司马迁《史记·项羽本纪》。

【解释】遗：留下；患：祸患。留着老虎不除掉，就会给自己留下祸患。比喻纵容坏人坏事，留下后患。

【成语掌故】

秦朝末年，楚汉相争，刘邦与项羽为了争夺天下，多次交兵。刘邦有韩信、张良、萧何等人的辅佐，打了很多的胜仗；项羽虽然也有范增等人辅佐，但他的刚愎自用让他逐渐地失去了人心。

在楚汉相争的最后阶段，楚军被汉军杀得落花流水，连西进的路也被刘邦死死地挡住了。无奈之下，项羽向刘邦提出罢兵修和，提出以鸿沟为界，两分天下，鸿沟以西属汉王刘邦管辖，以东归楚王项羽管辖。刘邦对于项羽的这个建议也表示赞同，他认为自从开始讨伐秦朝以来，已经有好多年的时间了，部下一直跟着他东征西讨，没有一个可以好好休整的机会，如今项羽提出这样的建议，不妨利用这个时候养精蓄锐。于是，他便答应了项羽的要求，与项羽签订了和约。

和约签订后，楚王项羽引兵东归，只留部分人马驻守，而汉王刘邦则准备西撤，但谋士张良却表示反对，他对刘邦说：“大王，如今天下大半都已在我们的手中，各路的诸侯也大都愿意归顺我们，我们正是如日中天之势；而楚军此时战斗力极弱，缺乏军粮，而且有一些百姓也开始对他们产生了不满，他们正在走下坡路。所以，此时正是我们彻底消灭楚军的最好时机。楚军已经东归，如果现在不乘胜出击消灭楚军的话，就等于是养虎遗患，将来就后悔莫及了!”

刘邦听了张良的话，觉得非常有道理，确实应该乘胜追击、永绝后患，于是他立即取消了撤退的决定，一面派大兵追击项羽，一面命令韩信、彭越率军与大兵会合，共灭楚军。在垓下，项羽的军队被汉军围得水泄不通。夜间，军营四面皆唱楚歌，项羽见大势已去，心灰意冷，遂率数十人杀出重围，逃至乌江边，因自觉“无颜见江东父老”，最后自刎身亡。消灭了项羽之后不久，刘邦称帝，建立了西汉王朝。事后，他曾对张良说：“当时多亏先生的提醒，我差点就成了养虎遗患的蠢人。”

词解人生

东郭先生的故事人所共知，他把自己的“爱”施与恶狼，结果险遭厄运。在世人之中，不乏“东郭先生”式的人物。他们一味对敌人实行妇人之仁，却反遭恶人的荼毒。当情势对你有利时，可能你的敌人的处境会很可怜，会招致你的同情，但这时你要清楚，你的同情不仅可能会使你丧失了到手的大好时机，甚至可能会使你遭到敌人的反扑。不要将嗜血成性的“老虎”养在自己的身边，可能它势力微弱的时候，会表现出一副可怜相，但江山易改，本性难移，等到它的势力足够强大的时候，必定会张开血盆大口，将你吞入腹中。别再做如东郭先生般糊涂的人了，清醒一点，爱是要给予那些值得给予的人的。

第二十六章　角度决定认知

计划赶不上变化快——郑人买履

成语诠释

【来源】（战国·韩）韩非《韩非子·外储说左上》。

【解释】履：鞋子。郑国人买鞋子只相信自己测量的尺寸，而不自己试穿大小。讽刺不懂变通、不尊重客观实际的人。

【成语掌故】

古时候，郑国有一个人想买一双鞋子，他先在家里量好了自己脚的尺寸，用一根绳子记录下来，他随手将绳子放在座位上，就出门了。

他来到集市上卖鞋的店铺里，左挑右选，终于看好了一双鞋，正准备买的时候，忽然发现自己量尺寸的绳子放在家里忘带了，就说忘了带尺寸，要回家拿来再买，说完就往回走。

他匆匆忙忙地赶回家，拿了放在座位上的绳子后，又匆匆忙忙地赶回集市。来回花了将近两个小时的时间，等他返回集市的时候，太阳都要下山了，大多数店铺已经关门了。他来到卖鞋子的店铺前，看到已经关门了，再看看自己脚上鞋子的大洞，十分沮丧。

旁边的人问他："你给自己买鞋，为什么不直接试试大小，非要按量好的尺寸呢？"他说："我宁可相信我量的尺寸合适，脚却不一定准确。"

词解人生

《易经》中曾提到过："穷则变，变则通，通则久。"做事必须要有一定的灵活性，突破定式思维，才能让一切变得更容易、更简单。

林肯也曾说过："我从来不为自己确定永远适用的政策。我只是在每一具体时刻争取做最合乎情况的事情。"任何事物都不是绝对的。我们已经习惯的规则也并非适用于各种场合、各种环境，反而这种种规矩、法则长期沿袭下来，就会扎根在人的头脑中，成为一种陈腐的观念，阻碍人们的进步。

无论是解决生活中的问题，还是提升自我，善于用变通的思维和方法都是有助于一个人取得成功的。变通决定出路，学会变通，就能在种种困境、麻烦面前游刃有余。固守陈规，就无法创造更高的价值，就只能守在原地，永远无法突破。从那个已经约定俗成的

“框架”中跳出来，别让那个已经量好的“尺码”，成为前进路上最大的绊脚石。

对不同的人采用不同的策略——对牛弹琴

成语诠释

【来源】（汉代）牟融《理惑论》。

【解释】讥笑听话的人不懂对方说的是什么。比喻对蠢人谈论高深的道理，白费口舌。也用以讥笑说话的人不看对象。

【成语掌故】

春秋时期，鲁国有一个叫公明仪的音乐家，他能作曲也能演奏，七弦琴弹得优美动听，很多人都喜欢听他弹琴，对他敬重有加。

遇上好天气，公明仪喜欢带着琴到郊外去弹奏。一天，他来到郊外，迎着徐徐的春风，看着轻垂的杨柳，见一头黄牛正在草地上低头吃草。公明仪一时兴起，便摆开架势，给这头牛弹起了最高雅的乐曲——“清角之操”。一曲终了，老黄牛仍然低头一个劲地吃草，对公明仪的弹奏无动于衷。

公明仪心想：是不是这支曲子太高雅了，或许应该换个简单点的曲调。于是，他便换了个相对简单的曲子，老黄牛仍然毫无反应，只是吃草。

公明仪很不甘心，便拿出自己的看家本领，弹奏自己最拿手的曲子。这回老黄牛也只是甩了甩尾巴，赶走牛虻，继续低头吃草。最后，老黄牛吃饱了，便优哉游哉地离开了。

公明仪见老黄牛始终无动于衷，便很失望。身边的人安慰他说：“你不要生气了！不是你弹的曲子有问题，而是这头牛实在听不懂这种高雅的音乐。”最后，公明仪也只好抱着自己的琴回去了。

词解人生

俗话说：“秀才遇到兵，有理说不清。”在做事情之前，我们必须先搞清楚对象。针对不同的对象采取不同的方式、方法，才不至于白费力气。

正如世上没有完全相同的两片树叶一样，世上也没有完全相同的两个人，即使是双胞胎，也会有很大的差别，尤其是在性格特征上，每个人都有自己独特的人格魅力，也会有别人所不知的个性弱点。当我们想要获得别人的认同时，必须充分地了解对象的特点，然后才能恰如其分地表达自己。对于“吃软不吃硬”的人，我们应好言相劝；对于不明事理的人，我们也不必纠结。所以，必须弄清楚对象，才不至于像公明仪那样“对牛弹琴”。

一种视角背后总有阴影——盲人摸象

成语诠释

【来源】（宋代）释道原《景德传灯录·洪进禅师》。

【解释】 盲人抚摸大象的身躯。比喻只通过片面的了解就下定论，看问题以偏概全。

【成语掌故】

从前，有五个盲人很想知道大象长什么样子，于是他们相约来到王宫，希望国王可以满足他们的要求。善良的国王听了，欣然应允，并命令手下牵来一头大象。

于是，几个盲人高高兴兴地各自朝大象走了过去，大象实在太大了，他们有的摸到了大象的牙齿，有的摸到了大象的耳朵，有的摸到了大象的腿，有的摸到了大象的身子，还有的摸到了大象的尾巴。过了好一会儿，国王看他们都摸得差不多了，便让他们每个人说说大象的样子。

第一个盲人摸着大象的牙齿说："大象就像一个又大又粗又光滑的大萝卜。"第二个盲人摸着大象的耳朵说："哪里，大象又宽又大又扁，明明就像一把大蒲扇嘛!"第三个盲人摸着大象的腿说："你们俩说得都不对，它明明又圆又高，像根大柱子。"第四个盲人摸着大象的身子说："大象又厚又大，就像一堵墙。"第五个盲人摸着大象的尾巴说："你们说得都不对，大象根本没有那么大，它只不过是一根草绳。"

盲人们吵吵嚷嚷，争论不休，都说自己摸到的才是大象真正的样子。国王见了哈哈大笑，他们每个人都只摸到了大象的一部分，却误以为摸到了大象的全部。

词解人生

"角度决定视野"，你眼中看到什么是由你所在的角度决定的，那只千百年来被人嘲笑的井底之蛙之所以会成为人们的笑柄，就是因为它待在一个只能看到一块天的地方。每个人都有看问题的角度，但这只能反映出事物的一个方面，如果固执己见，往往以偏概全，妄加揣测。学习上，不能正确地分析问题的主旨；交往中，常常怀疑别人对你的态度；做事时，因理解偏颇将好事做成坏事的也大有人在。虽然他们不是盲人，但却和故事中的盲人无异，他们站在自己的立场上，将自己看到的不断地扩大化，甚至将其当作事情的全貌，这无疑将成为另一个"盲人摸象"的笑话。不要在还不了解的时候，就对事物妄下断论，多听听别人的看法，多从不同的角度去分析，你会发现自己之前曾是多么的狭隘。

成语荟萃

◎ **八面玲珑**

【解释】玲珑：精巧细致，指人灵活、敏捷。本指窗户明亮轩敞，后用来形容人处世圆滑，待人接物面面俱到。

◎ **委曲求全**

【解释】委曲：曲意迁就。勉强迁就，以求保全。也指为了顾全大局而让步。

◎ **仰人鼻息**

【解释】仰：依赖；息：呼吸时进出的气。依赖别人的呼吸来生活。比喻依赖别人，不能自主。

◎ **宾至如归**

【解释】宾：客人；至：到；归：回到家中。客人到这里就像回到自己家里一样。形容招待客人热情周到。

◎ **倒屣相迎**

【解释】屣：鞋。古人在家中脱鞋席地而坐，为忙着迎客，将鞋穿倒。形容热情欢迎宾客。

◎ **先来后到**

【解释】按照来到的先后确定次序。

◎ **虚左以待**

【解释】虚：空着；左：古时以左为尊；待：等待。空着尊位恭候别人。

◎ **一面之交**

【解释】同别人只见过一面的交情。意谓交情不深。

◎ **杜门谢客**

【解释】杜门：闭门不出；谢客：谢绝宾客。指不与人往来。

◎ **不吝赐教**

【解释】吝：吝惜；赐：赏赐；教：教导，教诲。不吝惜自己的意见，给人以指导。请人指教的客气话。

◎ **不足挂齿**

【解释】不足：不值得；挂齿：放在嘴上讲。表示不值得一提。

◎ **后会有期**

【解释】期：时间。以后有见面的时候（用在分别时安慰对方）。

◎ **蓬荜生辉**

【解释】使寒门增添光辉（多用作宾客来到家里，或赠送可以张挂的字画等物的客套话）。

◎ **三生有幸**

【解释】三生：佛家指前生、今生、来生；幸：幸运。三世都很幸运。比喻非常幸运。

◎ **打躬作揖**

【解释】躬：弯下身子；揖：两手合抱致敬。弯身抱拳行礼。表示恭敬顺从或恳求的样子。

◎ **强人所难**

【解释】勉强人家去做他不能做或不愿做的事情。

◎ **反唇相讥**

【解释】反唇：回嘴、顶嘴。受到指责不服气，反过来讥讽对方。

◎ **非亲非故**

【解释】故：老友。不是亲属，也不是熟人。表示彼此没有什么关系。

◉ **素昧平生**

【解释】昧：不了解；平生：平素、往常。彼此一向不了解。指与某人从来不认识。

◉ **少安毋躁**

【解释】暂且耐心等待一下，不要急躁。

◉ **卑躬屈膝**

【解释】卑躬：低头弯腰；屈膝：下跪。形容没有骨气，低声下气地讨好奉承。

◉ **崇洋媚外**

【解释】洋：西洋，指西方国家；媚：谄媚。崇拜西方的一切，谄媚外国人。指丧失民族自尊心，一味奉承巴结外国人。

◉ **低三下四**

【解释】形容态度卑贱低下。也指工作性质卑贱低下。

◉ **俯首帖耳**

【解释】像狗见了主人那样低着头，耷拉着耳朵。形容卑屈驯服的样子。

◉ **摇尾乞怜**

【解释】狗摇着尾巴向主人乞求爱怜。比喻装出一副可怜相向人讨好。

◉ **百依百顺**

【解释】依、顺：顺从。什么都依从。形容一切都顺从别人。

◉ **谄词令色**

【解释】说奉承人家的话，扮作讨好人家的表情。

◉ **揣合逢迎**

【解释】揣：揣测；逢迎：迎合。揣摩迎合，讨好别人，以谋求私利。

◉ **阿谀奉承**

【解释】阿谀：用言语恭维别人；奉承：恭维，讨好。曲从拍马，迎合别人，竭力向人讨好。

◉ **哗众取宠**

【解释】以浮夸的言论迎合群众，骗取群众的信赖和支持。

◉ **见风使舵**

【解释】看风向转动舵柄。比喻看势头或看别人的眼色行事。

◉ **溜须拍马**

【解释】拍马：拍马屁。比喻讨好奉承。

◉ **投其所好**

【解释】投：迎合；其：代词，他，他的；好：爱好。迎合别人的喜好。

◉ **唯唯诺诺**

【解释】诺诺：答应的声音。形容自己没有主意，一味附和，恭顺听从的样子。

◉ **言听计从**

【解释】听：听从。什么话都听从，什么主意都采纳。形容对某人十分信任。

◉ **鹦鹉学舌**

【解释】鹦鹉学人说话。比喻人家怎么说，他也跟着怎么说。

◉ **随声附和**

【解释】和：声音相应。自己没有主见，别人怎么说，就跟着怎么说。

◉ **先意承志**

【解释】指孝子不等父母开口就能顺父母的心意去做。后指揣摩人意，谄媚逢迎。

◉ **承欢献媚**

【解释】承欢：迎合别人欢心；献媚：表现自己的媚态。迎合、讨好他人而做出使其欢心的举动。

◉ **妄自菲薄**

【解释】妄：胡乱的；菲薄：小看，轻视。过分看轻自己。形容自卑。

◉ **点头哈腰**

【解释】比喻虚假的恭敬或过分的客气。

第五篇

走自己的路，心智成熟的旅途

第二十七章　你怎样对别人，别人就怎样对你

与人为善，总会有惊喜—— 一饭千金

成语诠释

【来源】（西汉）司马迁《史记·淮阴侯列传》。

【解释】 千金：千两黄金。受了别人一顿饭的恩惠，要用千两黄金来回报。比喻受恩厚报。

【成语掌故】

韩信，汉初一位叱咤风云的统帅，他本是淮阴人，出身贫寒，自幼父母双亡，而且性格放纵，不拘礼节。他家里没有什么财产，既不可能被推荐做官，又不会经商、种地，一直过着穷困潦倒的生活，常常是有了上顿没下顿，只得依靠别人救济度日，这里混一顿，那里蹭一餐，许多人都很讨厌他。

为了生活，韩信只好到淮阴城的河边去钓鱼。那里经常有许多老妇人在冲洗丝绵，其中一个老太太见他饥肠辘辘的样子，就把自己的饭分给他吃，一连十几天都是这样。韩信非常感动，便对老太太说："总有一天我一定会好好报答您的。"老太太听了很生气，大声斥责韩信说："堂堂七尺男儿，你连自己都养活不了，我是可怜你，才给你饭吃，哪里还希望你的报答啊！"韩信听了很是惭愧，立志要闯出一番事业来。

在当时改朝换代的大潮中，韩信看到了自己的希望，他每天专心研究兵法、练习武艺，只等着机会的到来。他辗转投奔到了刘邦的汉军中，做一个负责押运粮草的小官。之后，认识了刘邦的谋士萧何，韩信由一名运粮官变成了一名将军。

在此后的几年时间里，韩信帮助刘邦平定三秦之地，取得了对楚作战的胜利；连续灭魏、徇赵、胁燕、平定齐国；最后，逼项羽退到垓下，自刎而死。此战之后，刘邦封韩信为楚王。韩信回到楚国后，召见当年分给他饭吃的那位老太太，赏赐她黄金一千两，以报答当日之恩。

词解人生

受人的恩惠，切莫忘记。当你的人生处在最艰难的时刻，一点小小的帮助，也

是非常难能可贵的，因为你所得到的，不只是帮助，更多的是一点光、一丝希望，它可以为你在无尽的黑暗中，照亮前途；它可以为你在人生的绝境中，提供一线生机。所以，在我们有能力时，应该重重地报答施惠的人才对。即便如此，我们也始终无法给予那些曾经为我们的人生带来光亮的人以同样的回报。

正所谓："滴水之恩，当涌泉相报。"无论你处在什么样的情境之下，永远不要忘记那些曾经帮助过你的人，这样你所拥有的就不仅是一双援手，还有一种世间独有的温暖，还有一颗纯粹、感恩的心。

我们应该明白：真心诚意地助人的人，是永远不会期待报答的；有钱人对穷人的救济，那是一种捐助，即使穷人真有一天得志了去报答他，也不能称之为"一饭千金"；最难能可贵的是在自己也十分困难的情形下，出于友爱、同情而去帮助别人，这样的帮助，在别人看来，确是"一饭"值"千金"的。

爱一个人就爱他的全部——爱屋及乌

成语诠释

【来源】《尚书大传·大战》。

【解释】喜爱那所房屋，连房屋上的乌鸦也一并喜爱。比喻因为喜欢一个人，连带着喜欢与他有关系的人或物。

【成语掌故】

殷商末代的商纣王是个穷奢极欲、残暴无道的昏君。西伯侯姬昌，即后来的周文王，因为反对纣王曾被囚禁，想了很多办法才得以出狱。当时，周的都城在岐山，周文王回到岐山后，下决心要推翻商朝的统治。他积极练兵备战，又兼并了邻近的几个诸侯小国，势力逐渐强大起来。接着，又将都城东迁至丰邑，准备向东进军。可是，迁都不久，周文王去世了。

周文王的儿子姬发继位，即周武王。武王有军师姜尚等人的辅佐，还得到了其他几个诸侯的拥护，于是正式出兵讨伐纣王。因为商纣王已失尽人心，军队也多不愿为他送命，于是逃的逃、降的降、起义的起义，都城朝歌很快就被攻克，商朝就此灭亡。

纣王死后，武王心中并不安定，感到天下没有安定。他召见众人，问道："进了殷都，对旧王朝的士众应该如何处置呢？"姜太公说："我听说过这样的话：如果喜爱那个人，就连同他屋上的乌鸦也喜爱；如果不喜欢那个人，就连他家的墙壁篱笆也厌恶。就是说，杀尽全部敌对分子，一个也不留下。大王你看怎么样？"武王摇头，召公上前说："我听说过：有罪的，要杀；无罪的，让他们留下残余力量。大王你看怎么样？"武王再摇头，周公上前说道："我看应当让各人都回到自己家里，各自耕种自己的田地。"武王听了非常高兴，心中豁然开朗，觉得用这种办法治理国家，天下可以从此安定了。

词解人生

爱到底需不需要理由我们无法下定论，但是我们可以肯定的是，当你爱上一个人的时候，必定是爱他的全部的，包括他的缺点，包括他的亲人，包括他的生活习惯，甚至还包括他“屋上的乌鸦”，唯有包容的爱，才能持久。

我们需要别人做我们的“水”，不要忘记自己也是他人的“水”——如鱼得水

成语诠释

【来源】（晋代）陈寿《三国志·蜀志·诸葛亮传》。

【解释】好像鱼得到水一样。比喻得到跟自己十分投合的人或对自己很合适的环境。

【成语掌故】

东汉末年，天下大乱，群雄争霸。起初刘备的力量相对比较弱小，所以一直处于颠沛流离的状态。但因为他是皇亲，所以无论到何处，都会受到礼遇和尊敬。

他为实现自己统一天下的宏愿，多方搜罗人才。当他听说诸葛亮的贤名之后，特意拜访隐居在隆中卧龙冈的诸葛亮，请他出山。他连去了两次都未能见着，第三次去，才见到了诸葛亮。刘备说明来意，畅谈了自己的宏图大志，诸葛亮提出了夺取荆州、益州，与西南少数民族和好，东联孙权、北伐曹操的战略方针，预言天下必将成为蜀、魏、吴三足鼎立的局面。刘备听后，豁然开朗，请诸葛亮出山辅佐他完成兴复汉室的大业，并拜诸葛亮为军师。

诸葛亮竭力地辅佐刘备，而刘备对诸葛亮极尽信任和重用，于是引起了关羽、张飞的不悦，秉性耿直的张飞更是满腹牢骚。刘备知道了他们的想法之后，耐心地向他们做了解释。刘备形象地把自己比做鱼，把诸葛亮比做水，反复说明诸葛亮的才识与胆略，说明他对自己完成天下大业的重要性。刘备说：“我刘备有了诸葛孔明，就好像鱼儿得到了水一样，希望大家不要再有其他的想法了。”关羽、张飞听刘备话已至此，便也不再对诸葛亮有不满的言行了。此后，刘备在诸葛亮的辅佐下，军事上节节胜利，势力不断扩大，最终与曹魏、东吴成了三足鼎立之势。

词解人生

鱼说："你看不见我眼中的泪，因为我在水中。"水说："我能感觉得到你的泪，因为你在我心中。"这是一段在网上流传很广的话，鱼与水的关系是如此密切，一句"因为你在我心中"便已说明了一切。

鱼总是离不开水的，只有在水中，它们才能自由地玩耍嬉戏，它们才能尽情地展现自己的美。人也一样，有才能的人，唯有在遇到真正懂得赏识他的人之后，才能大展拳脚，将自己的才干发挥到极致，所以会有如鱼得水一说。

想获得真心？先掏出自己的心——推心置腹

成语诠释

【来源】（南朝·宋）范晔《后汉书·光武帝纪》。

【解释】推：掏出；置：安放。把赤诚的心交给人家。比喻为人真诚，能够以心相交。

【成语掌故】

西汉末年，王室衰微，王莽篡政，建立了新朝。但因其统治时期政令的下达全凭个人的兴致而定，所以常有朝令夕改的事情发生。由于他统治的无能，引起了天下大乱，各地农民纷纷起义。其中势力最大的一支起义军叫绿林军，他们拥立汉室的刘玄为天子，刘秀任偏将军。

王莽多次派兵攻打刘玄，但每次都以失败告终。后来，绿林军攻占了长安，杀死了王莽。刘秀在攻打邯郸的过程中，杀掉了自称天子的王郎。在这些战斗中，刘秀屡立战功，被刘玄封为"萧王"。

公元24年秋，刘秀率兵攻打另一支起义军铜马军于鄡，双方相持一个多月后，铜马军因粮草缺乏被迫撤退。刘秀乘胜追击，铜马军将领被俘，全军投降。刘秀把投降的队伍一一改编，还封给那些投降的将领以官职。但降者并不很放心，担心刘秀并非真心想要招揽他们。

刘秀获悉这一情况后，采用安抚之计，下令所有投降的人都回到自己原来的部队中去，刘秀本人则轻骑巡行各部，无丝毫戒备之意，以显示自己对投降者的信任。这样一来，降者才相信刘秀的诚意，三三两两地在一起低语："萧王推赤心置人腹中，安得不报死乎！"意思是：萧王很诚恳，将自己赤诚的心交给人家，我们怎么能不为他卖命呢！

词解人生

有些人在与人交往之前，首先会考虑将要交往的这个人是否能为自己带来利益，就如同我们在电视剧中所看到的，那些为了钱而嫁给富豪的人，情感对她们来说已经变成了一种奢侈品，是在利益满足之后才能考虑的问题。

在这个基础之上，现代人面临着一种情感的荒芜，尤其是友情的荒芜，人们渴望最真的情感，自己却不肯付出；想要付出，又害怕被伤害。这其中的种种矛盾，使人们停滞不前，在情感的道路上，始终在原地踏步。朋友，是一个让人感觉温暖的词汇，可以称得上朋友的人，都是值得自己真心相待的，既然如此，又何须遮遮掩掩？不妨推心置腹，坦诚相见。渐渐地，你会发现自己的心不再荒芜，绿洲出现了。

温暖来自于真正的情谊——雪中送炭

成语诠释

【来源】（宋代）范成大《大雪送炭与芥隐》诗。

【解释】炭：木炭。在寒冷的下雪天给人送去木炭，以供取暖。比喻在别人极其困难和危急的时候，给予物质上或精神上的帮助。

【成语掌故】

宋太宗即位后，因其深知创业的艰难，故生活非常俭朴，甚至禁止在皇宫之中使用金银做装饰品。他也很能够体会百姓的甘苦，处处为百姓、为社稷着想。

一年冬天，天气格外冷，鹅毛大雪下起来没完没了。宋太宗在屋子里披着狐狸皮外套，仍然觉得浑身发冷，宫外更是天寒地冻。太宗命人端来取暖的火盆，奉上温热的美酒。他烤着火，品尝着美酒，忽然看到院中树上的枯枝随着寒风，被吹落到了地上。他心中不禁一动，暗想：这么寒冷的天气，汴梁城中的百姓，有许多缺柴少米的，他们的日子要怎么过呢？

想到这里，他马上下令召府尹进宫，他对府尹说："如今天寒地冻，城中那些缺衣少食的百姓如何受得了啊。你马上带些衣食和木炭去城中走走看看，帮助那些无法过冬的人们，以解他们的燃眉之急。"

府尹领旨，带领衙役，备好衣食和木炭，给有困难的人家都留下足够的东西。受到救助的百姓感激万分，于是，便留下了"雪中送炭"的佳话。

词解人生

俗话说："锦上添花易，雪中送炭难。"人们总是乐于好上加好，做那个锦上添花的人，这样既显示了自己的善良，又不会有任何的危险。雪中送炭则不同，在向一个正处于困境，甚至是绝境中的人伸出援手时，人们总会先想想：他会不会是得罪了什么权贵，所以才落得今天的下场，又或者我今天帮了他，到底有多大的“投资回报率”。如此一来，雪中送炭的善意便减退，甚至消失了。

每个人都有可能在生命中的某个时刻遭受挫折，如果平时你所做的只是锦上添花，那么当你落魄的时候，就不要指望别人会对你伸出援手。锦上添花是可有可无的，雪中送炭却如救命稻草，在你有能力的时候，以一颗体恤的心去帮助那些处于困境中的人，这才是最大的善意。

第二十八章　欺骗不了自己，更不能欺骗他人

制度在于执行——约法三章

成语诠释

【来源】（西汉）司马迁《史记·高祖本纪》。

【解释】 约：商议确定；法：法律。章：条目。共同议定三条法律。泛指订立简单的条款，用以共同遵守。

【成语掌故】

公元前206年，刘邦率领大军攻入关中，到达离秦都咸阳只有几十里路的灞上。当时，秦二世胡亥已经自杀，他的侄儿子婴在仅当了46天的秦王后，向刘邦投降。众人都认为应该杀了子婴，但刘邦却认为这样做会不得民心，所以没有同意。

刘邦进咸阳后，本想住在豪华的王宫里，但他的心腹樊哙和张良告诫他别这样做。他们说，虽然已经攻下了关中，但是秦朝的许多严刑苛法还困扰着百姓，必须对此做出一个妥善的安排，才能安抚人心。

于是，刘邦接受他们的意见，下令封闭王宫，并留下少数士兵保护王宫和藏有大量财宝的库房，随即还军灞上。他还把关中各县父老、豪杰召集起来，郑重地向他们宣布道："秦朝的严刑苛法，把众位害苦了。人们稍稍对秦朝的法律加以议论，便要杀掉全家，就连在集市上遇到亲友闲谈几句，都会招来杀身之祸。我已经和各诸侯商议过了，决定彻底废除秦朝的律法。现在我和众位约定，不论是谁，都只要遵守三条法律。这三条是：杀人者要处死，伤人者要抵罪，盗窃者也要判罪！"父老、豪杰们都表示拥护约法三章。接着，刘邦又派出大批人员，到各县各乡去宣传约法三章。百姓们听了，都热烈拥护，纷纷取了牛羊酒食来慰劳刘邦的军队。由于约法三章的坚决执行，刘邦在民心的争夺上，打了一场漂亮仗，为他最后取得天下，建立了西汉王朝奠定了基础。

词解人生

规章制度，是自古以来便已经存在的东西，中国古代的律法不过是为保护少部分人的利益而设的，而现代社会的法律则成了保护全民利益的工具。无论是古代还是现代，规章制度都必须要落到实处，才不至于成为一纸空文。

想推行一项制度，最有效的办法就是制度的制定者要首先作出表率，这样下面的人就自然而然顺从了。如果一开始没有人引导，人们很容易无所适从。作为领导者，本身就是众人关注的中心，领导者的一言一行，必然会引起其他人的仿效，所以，领导者善的行为会引导他人行善，恶的行为会引导他人作恶。要想净化风气，领导者首先要从自身做起，就如刘邦与咸阳城中的百姓约法三章一样，只有将规章制度的内容落到实处，才能达到制定它的初衷。

人生不仅仅有“小我”，还有“大我”——大公无私

成语诠释

【来源】（清代）龚自珍《论私》。

【解释】公：公众；私：私心。完全为人民群众的利益着想，毫无自私自利之心。指办事公平正直，不徇私情，不偏袒任何一方。

【成语掌故】

祁黄羊是春秋时期晋国的大夫，他是晋国非常重要的谋臣，当时晋国的重大事务，晋平公都要听过他的意见之后，才做最终的决定。

有一次，晋平公问祁黄羊：“南阳县缺个县长，你看派谁去当比较合适呢？”祁黄羊毫不迟疑地回答说：“叫解狐去最合适了，他有胆有识，一定能够胜任！”晋平公惊奇地问：“你对解狐不是没有什么好感吗？你为什么还要推荐他呢！”祁黄羊说：“你只问我什么人能够胜任，谁最合适，并没有问我与解狐相处得是否和睦啊！”于是，晋平公就派解狐到南阳县去上任了。解狐到任后，办了不少好事，大家都称颂他。

过了一些日子，晋平公又问祁黄羊：“现在朝廷里缺少一个法官，你看谁能胜任这个职位？”祁黄羊说：“祁午清正廉洁，执法严明，一定能够胜任。”晋平公又奇怪地问道：“祁午不是你的儿子吗？你怎么推荐自己的儿子，不怕别人讲闲话吗？”祁黄羊说：“你只问我谁可以胜任，所以我推荐了他，并没问我祁午是不是我的儿子呀！”晋平公就派了祁午去做法官。祁午当上法官后，同样也很受人们的欢迎与爱戴。

孔子听到这两件事，十分欣赏祁黄羊，说：“祁黄羊推荐人，完全是拿才能做标准，不因为他是自己的仇人，心存偏见，便不推荐他；也不因为

他是自己的儿子，怕人议论，便不推荐。像祁黄羊这样的人，才够得上是‘大公无私’啊！”

词解人生

“大公”就是完全为人民的利益着想，“无私”就是毫无自私自利之心，摒弃个人主义。大公无私是一种道德境界，唯有将国家利益置于最崇高地位的人，才能达到这种境界。“鞠躬尽瘁，死而后已”，是诸葛亮大公无私的真实写照；“先天下之忧而忧，后天下之乐而乐”，是范仲淹大公无私的心底最强音。胸怀天下，所以，他们的天地最为宽广。

坚持并不排斥调整方向——改弦易辙

成语诠释

【来源】（宋代）王楙《野客丛书·张杜皆有后》。

【解释】 弦：琴弦；辙：车子行进的轨迹。琴换弦，车改道。比喻改变原来的方向、计划、办法等。

【成语掌故】

西汉时期，有两个大臣，一个叫张汤，一个叫杜周，他们都主张用残酷的刑罚来治理百姓。他们各有一个儿子，也都是朝中的大臣，但却能宽厚待人，与他们父亲的表现形成了鲜明的对比。

张汤经人推荐，担任侍御史。他在执法的时候过于严酷，而且他喜欢投武帝所好，以皇帝的意志为准，不惜破坏既有法律条文。武帝想严办的案件，他交给严厉的下属官员去审理；武帝想宽容的案件，他就让执法较宽的属下去办。因为深得武帝的喜爱，张汤获得了与另一位大臣一起制定法律条令的差事。后来，张汤因与下属谋杀了他的一个仇人，事情败露，武帝命他自裁。

他的儿子张安世，为人忠厚，主张谨慎用刑，不但得到了武帝的重用，而且也得到了昭帝、宣帝的重用。武帝时，被任命为尚书令，迁光禄大夫。昭帝即位后，又拜右将军，后封富平侯。昭帝死后，他与大将军霍光谋立宣帝有功，拜为大司马。张安世一生忠于朝廷，他的子孙也因此而获益，直到东汉时期还在朝廷中担任要职。

杜周本是张汤的一名下属，后来升任廷尉，仿效张汤的办案方法，株连处死了不少人。他善于见风使舵，皇帝要惩办的就罗织罪名，横加陷害；皇帝不想惩办的就喊冤叫屈，赶快释放。杜周在任廷尉期间，每年办案一千多件，一件大案往往逮捕的人犯达数百名之多。虽然行径与张汤无异，但他的下场却比张汤好得多，起码他是寿终正寝的。他的儿子杜延年，为人非常宽厚，名声很好。

宋代的学者王楙在他的一部著作中指出：就拿杜周来说吧，他与张汤一样，以酷恶著名，但能寿终正寝也算是幸运的了。他们的子孙由于像乐器换弦、车子改道一样，不再使用严刑峻法，而是宽厚待人，才掩盖了他们父亲的罪行。

词解人生

人生总是有许多的选择，但与刚满一岁的小孩“抓周”不同，面对不同的人生之路，我们只能选择一种。对孩子来说，他们手中会抓满新奇的玩具；对于我们来说，人生路上，我们没有多余的时间和精力去尝试每一种人生，所以必须做出选择。

我们的选择直接决定着我们人生的方向、发展的前途与将来所能取得的成就，所以这个举足轻重的决定必须正确可行。如果在前进的路上，我们发现自己的选择有问题，或者有偏差，那么就必须在最短的时间内做出及时的调整，像琴换弦、车改道一样，将自己的人生很快地导入正轨，才能在未来回首的那一刻，不至于悔恨交加。

找到自己的位置便找到幸福——各得其所

成语诠释

【来源】《周易·系辞下》。

【解释】各人都得到自己所需要的东西。后指每个人或事物都得到恰当的位置或安排。

【成语掌故】

汉武帝的妹妹隆虑公主的儿子昭平君，倚仗权势，经常为非作歹。隆虑公主担心自己死后昭平君会犯下死罪，便在病重时对武帝说：“陛下，我愿以一千斤黄金和一千万钱，为昭平君预赎死罪。”这种事没有先例，但汉武帝见她病生得很重，为了安慰她，也就点头应允了。

隆虑公主死后，昭平君自以为母亲已经为自己用千金预赎了死罪，便更加骄横无理。一次，他竟然酒后杀了夷安公主的傅母，被捕入狱。按照汉朝的律法，杀人便应该偿命，朝中大臣一时之间不知该如何决定，便让汉武帝自己裁决。

武帝非常难过，叹息道：“我妹妹很晚才生这个儿子，死前把他托付给了我，现在要判他死罪，我实在不忍心呀！”左右的大臣们都说：“公主早已替他赎了死罪，陛下就赦免他一次吧！”汉武帝摇摇头说：“法令是先帝制定的，必须遵守。如果因为妹妹的缘故而破坏法令，岂不失信于民？”最后，汉武帝还是下诏处死了昭平君。

毕竟昭平君是自己的外甥，处死之后，汉武帝的心里也很难过，就连朝中的大臣们也都受汉武帝的影响而悲伤起来。太中大夫东方朔却向汉武帝祝酒说：“赏功不避仇敌，罚罪不考虑骨肉，这两点陛下都做到了。四海之内的百姓就会各如其所愿。”汉武帝虽然知道他说的话很有道理，但因为时机不当，听着十分刺耳，便拂袖离开了。后来气消了，汉武帝不仅没有责怪东方朔，还赐给他帛布百匹。

词解人生

在对的时候遇到对的人，是一种幸福；在对的位置做对的事，同样也是一种幸福。迷惘成了现代人的通病，因为这个世界有太多的纷纷扰扰，我们不知道自己的方向在哪里，不知道自己的目标是什么，不知道自己的追求是什么，不知道自己的位置在哪里，所以，我们只能横冲直撞，直到把自己撞得头破血流。幸运的人，在经历了一番磨难之后，终于修成正果；不幸的人，即使受再多的伤，仍然在到处游荡。及早地为自己设定一个目标，你便找到了属于自己的位置；为这个目标而努力，你便在正确的位置上，做出了对的事情，这样的人生便是幸福的。

真正的学问是“深入浅出”——平易近人

成语诠释

【来源】（西汉）司马迁《史记·鲁周公世家》。

【解释】平易：原指道路平坦，比喻态度和蔼可亲。指态度谦逊温和，没有架子，使人容易接近。也指文字浅显，容易理解。

【成语掌故】

周公，名姬旦，是西周初年著名的政治家，因其封地在宗周而得名。周公曾辅佐周武王灭商，武王去世后，成王即位，周公仍然在朝摄政辅佐成王，而让自己的儿子伯禽代替自己到封地鲁国去。

伯禽受封到鲁国，三年后才入朝向周公汇报政务，周公问：“为什么来得这么晚？”伯禽说：“我变革礼俗，费力不小。比如服丧，必得服满三年方得去除。”而受封到齐地的太公望（即姜子牙），却在五个月后便向周公汇报了施政的情况，周公问：“为什么来得这么快？”太公说：“我大大简化了君臣礼仪，一切依从通俗简易。”周公听完，感慨地说：“鲁国将来必定会北面臣服于齐国，政令如果不简易平和，人民就不愿意接近；政令平易，贴近民众的生活，人民才能归附。”

词解人生

一般人很难看懂的《相对论》是物理学上的奇迹，具有极高的专业性，但这并不代表所有的科学理论都是人们看不懂的，我们更愿意欣赏那些我们能力范围之内可以接受的事物。有一句话叫做“实践是检验真理的唯一标准”，既然是要经过检验的，那就必须是为人所能接受的。中国自古以来流传下来的一些俗语和谚语，便是以最通俗的方式阐述了人生的道理，丰富生动、浅显易懂。别再故弄玄虚，也别再引用一些生僻的经典，让真理回归到我们的身边，因为它一直都很“亲民”。

第二十九章　见一片落叶，秋天还会远吗？

大禹治水靠的是疏导，不是堵截——因势利导

成语诠释

【来源】（西汉）司马迁《史记·孙子吴起列传》。

【解释】因：循着；势：趋势；利导：引导。顺着事情发展的趋势，加以引导。比喻做事情要顺着好的发展趋势进行引导和推动。

【成语掌故】

孙膑，战国时期齐国人，他是孙武的后世子孙，是中国古代卓越的军事家和兵法家。他自幼聪慧好学，深得鬼谷子的真传，因此招致魏国将军庞涓嫉妒，也因此成为“刑残之人”。幸而，他的才能并没有因此被埋没，而是令他在后来的桂陵和马陵之战中扬名天下。

公元前341年，魏国联合赵国进攻韩国，韩国向齐国求救，齐王派田忌为大将，孙膑为军师，前去解救韩国。行军中，孙膑用围魏救赵之计逼迫庞涓从韩国撤兵。当庞涓匆忙地往回赶的时候，齐军已经进入了魏国境内。孙膑对田忌说：“魏国的军队一向以凶悍勇猛著称，我们的军队在他们的眼中根本不值得一提。善于用兵的人，总是可以因其势而利导之，也就是说，可以顺着对方思想发展的趋势，加以引导，引诱他们中计。”

于是，孙膑下令全军逐日减灶，以此来制造齐军溃败逃跑的假象，引诱庞涓只率少数精锐部队前来追击。骄傲的魏军果然中计，庞涓以为齐军胆小，已经逃亡过半，便产生了轻敌的思想，只带着他的精锐骑兵，加速追赶。

孙膑料定庞涓会经过马陵，便先在那里埋伏，并在路旁的大树上刻下了“庞涓死于此树之下”几个字，命令埋伏的士兵看到火光就一起放箭。这天夜里，庞涓赶到马陵，见树上似乎有字，便命人点起火把察看。齐军见到火光，万箭齐发，魏军死伤无数，庞涓也身受重伤，见已无路可逃，只得拔剑自杀。

词解人生

真正的智者，总是能在事情发生之前，便清楚地预料到对手的每一步动作，如

同弈者一般，知道接下来自己的对手将在何处落子。有了这样的“预知”，便能在对手有所行动之前，预先想好相应的对策与措施，甚至还可以在对手到来之前，预先挖一个“坑”让他跳。而要做到这样的“预知”，需要有敏锐的观察力，需要一双从细微之处便能看到事物本质的慧眼。

从细微处就能看出显著特点，目睹了开始便能预测到结果。这是领导者洞察事物的重要基本功。看到事物的苗头，就要能预知事物未来发展的趋势。明代传世智书《经世奇谋》中说：事情虽然还未显露出来，但它的细微迹象已露出，愚昧无知的人对它熟视无睹。明代另一传世智书《智囊》也说：圣人没有必死之地，贤人没有必败的结局。圣贤之人，当彼处昏暗时能在此处躲避，当机遇到来时能自觉加以运用。由先贤先哲的这两段遗训可知，领导者是否具备见微知著的能力，将直接影响到他的吉凶祸福，甚至直接影响到整个领导工作的成败得失。因此，是否善于见微知著防患未然，是领导者才华和水平的重要体现。

不实施诡诈，但要认清诡诈——兵不厌诈

成语诠释

【来源】（战国）韩非《韩非子·难一》。

【解释】厌：嫌恶；诈：欺骗。作战时尽可能地用假象迷惑敌人以取得胜利。比喻在战争中要善于用计迷惑对方，也就是说，对敌人不能太讲诚信，要使敌人防不胜防。

【成语掌故】

汉安帝在位期间，羌族部落经常侵扰汉朝的边境。有一次竟然把汉朝的武都郡包围了起来，汉安帝忙任命虞诩率军抵抗羌军。虞诩率人连夜赶往武都郡，部队到达陈仓、崤谷一带时，被大批羌军阻挡。虞诩见此情形，忙下令部队停止前行，然后大造声势，说朝廷派的大军随后就到，到时就对羌军前后夹击。羌军不知是计，便兵分四路抢掠粮草。虞诩见羌军分散开来，就抓住时机，突破羌军的防线，继续向武都郡进发。

虞诩命令军队全速前进，每天行军一百多里，命令各队士兵第一天挖两个灶坑，并且以后逐日增加一倍。将领不解其意，问他说：“孙膑领兵作战，每天减灶以迷惑敌军；兵法说每日行军三十里，可确保安全。我们每日加灶，一天行百里，都不合先人的规矩啊！”

虞诩回答说：“用兵打仗要根据不同的形势，采取不同的策略。羌军人多势众，士气高昂，我们不能与之硬拼。如果我们行动缓慢，必会被羌军赶上。兵不厌诈，制造假象才能迷惑敌人，当年孙膑减灶，是为了佯装弱小；如今我们加灶，是为了佯装强大。”

羌军见汉军每日加灶，以为汉军的兵力正在不断增加，就不敢继续紧

追其后，虞诩的军队才能安全地进入武都郡。虞诩又以其卓越的军事才能，指挥作战，大败羌军，使动荡的武都郡最终安定了下来。

词解人生

用兵打仗之法是一种诡诈之术。能打，却装作不能打；要打，却装作不想打；明明要向近处进攻，却装作要打远处；即将进攻远处，却装作要攻近处；敌人贪利，就用利引诱他；敌人混乱，就乘机攻打他；敌人力量雄厚，就要注意防备他；敌人兵势强盛，就暂时避其锋芒；敌人暴躁易怒，就要挑逗他的怒气；敌人胆怯，就设法使之骄横；敌人休整得好，就设法使之疲劳；敌人内部团结，就设法离间他们。要从敌人没有防备处发起进攻，在敌人意料不到时采取行动。所有这些，都是军事指挥的奥妙，也是诡诈的艺术。

固然，诚信是我们想要追求的最美好的人际关系状态，但它如同共产主义社会一样，距离我们还有相当的距离，所以，我们无法避免地会遭遇诡诈。讨厌诡诈而诚信行事，是君子的本色；但不识诡诈陷入别人的奸谋中，是要付出代价的，更严重的还有可能会对自己的生存产生威胁。生活在现实世界中的我们，不应该总是沉浸在诚信的“乌托邦”中，认清现实，以一种冷眼旁观的态度看待世间的诡诈，自己固然不能成为实施诡诈的始作俑者，但最起码也要保证自己不沦为诡诈的牺牲品。

普通人下棋看三步，聪明人下棋看全盘——神机妙算

成语诠释

【来源】（南朝·宋）范晔《后汉书·王涣传》。

【解释】 神、妙：形容高明；机、算：指计谋。灵巧机变的谋划和神妙的计谋。形容计谋十分高明，善于估计复杂的形势变化，决定策略。

【成语掌故】

三国时期，三足鼎立的局面维持了很长一段时间，各方势力都想将其他的两方势力消灭，自己便可以独霸天下，这其中就以独占北方的曹操最为迫切。公元208年，曹操率二十万大军南下，企图一举消灭孙权和刘备的势力。刘备得知此事后，便派诸葛亮去东吴联合孙权，共同对付曹操。

周瑜是东吴的大都督，他虽然聪慧过人，但心胸过于狭窄，一直以来他都十分嫉妒诸葛亮的才能，总想借机把他除掉。诸葛亮对此了然于胸，但考虑到应以大局为重，也只得与周瑜一起共事。

一次，因水战需要大量的弓箭，周瑜便刁难诸葛亮，要他在十天之内造出十万支箭。谁知诸葛亮却将限期缩短为三天，并立下军令状，到时若交不出十万支箭，甘愿受罚。周瑜料定诸葛亮完成不了这个任务，到时就

可以不费吹灰之力把他除掉。同时，周瑜为了确保万无一失，还暗中吩咐造箭军匠故意拖延时间。但是，诸葛亮却丝毫不担心，反而一副胸有成竹的样子。他只是向东吴大将鲁肃借了二十只快船，每只船上配置三十名士兵，扎放一百多个草人，船上用青布做帐幕。

两天过去了，诸葛亮一点儿动静都没有。到了第三天凌晨，江面上突然起了大雾，诸葛亮趁着大雾，下令将草船驶近曹军水寨。他和鲁肃在船中饮酒，船上的士兵则擂鼓呐喊，作出一副要攻打曹军的样子。曹操忽然听到江面上鼓声大作，以为敌军前来偷袭，慌忙命令曹军不要出击，用箭射向对方。霎时间，曹军一万多弓箭手一齐朝江中射箭，不多时快船上的每个草人身上便都插满了箭。大雾散去后，诸葛亮下令回营。这时，二十只快船上的箭，数量远远超过了十万支。他又让各船士兵齐声高喊“谢丞相赠箭”。等曹操明白过来的时候，诸葛亮的船早已驶出很远了，想追也追不上了。诸葛亮如约交出了十万支箭，周瑜的如意算盘落空了，当他得知诸葛亮用草船借箭时，不禁感慨道：“诸葛亮神机妙算，看来我真是比不上他啊!”

词解人生

诸葛亮神机妙算，名扬天下，仅从草船借箭一事上便可以看得出来。他明知周瑜故意刁难，但还是答应下来，显然他早已知道三天后必会起大雾；他只请鲁肃做了一点点的安排，便已“万事俱备，只欠东风”；他以二十只快船，便从曹操那里借来了十万多支箭，显然他对于可以达到的箭的数量已经了然于胸了……诸葛亮能将每一个环节都算得极其精准，以最小的付出获得最大的利益，这无疑是我们现代人所追求的。诸葛亮如同一个弈者，在开局落子之时，便已经对整个局势了如指掌了，他的先见之明，是对现代人最好的教育。

第三十章　开头错半步，结果天差地别

竹篮子如何能打水——缘木求鱼

成语诠释

【来源】（战国）孟轲《孟子·梁惠王上》。

【解释】缘：攀援。沿着树干爬上去捉鱼。比喻方向或办法不对头，劳而无功。

【成语掌故】

孟子是中国古代儒学的集大成者，他继承和发展了孔子的学说，使儒家学说更系统、理论化，而且还具有相应的现实意义。

一次，他到齐国去宣传自己的政治主张。齐宣王早就听说了孟子的大名，而且他有称霸诸侯的野心，所以听说孟子要来，便寄予了很大的期望，希望孟子可以为自己的称霸大业出谋划策。

孟子一来到齐王宫中，齐宣王就迫不及待地要向孟子请教，孟子首先从“王道”说起，齐宣王听了一个开头，便打断了孟子的话，他说：“这对我有什么好处呢？你有什么可以帮助实现我最大心愿的办法吗？”

孟子说：“大王的心愿，让我来猜猜看。肥美甘甜的食物不够口腹享受、轻软温暖的衣服不够身体穿着、艳丽的色彩不够眼睛观赏、美妙的音乐不够耳朵聆听、左右的侍从不够使唤，这些大王的臣下都足以供给，所以，大王的心愿一定不是这些。那么，大王的最大心愿，就是想扩张疆土，使秦国、楚国来朝拜，君临中原、安抚四周的民族。用我们儒家的话来说，大王所想的，即用武力去征服人心，这就好比是爬上树去捉鱼一样，根本不可能达到目的。”齐宣王听了很不以为然，孟子接着说：“恐怕会比大王所想的还要严重，上树捉鱼，虽然捉不到鱼，但不会有后患。而如果一旦用兵的话，必将后患无穷。”

词解人生

世人都知道，在水中可以捉到鱼，在海里可以采到珠，如果有人爬到树上去找鱼，走到山里去采珠，那一定是荒谬而不可行的。“知其不可为而为之”，在我们生活中，经常可以见到。比如在恋爱中因为性格不合而分手，从此就自暴自弃，视一切异性为不可交之人。他以为这样做心里会好受些，其实是加大了自己的心理压力；

如果孩子在绘画方面很有天赋，可是家长却觉得当今音乐热门，就努力让孩子学音乐，孩子的兴趣并不在此，想学好就很难；一个工厂效益大幅滑坡，企业领导首先应该从根本上找原因，或提高产品质量，或加强企业管理等，而不是克扣工人工资、要求工人加班加点去弥补亏损……这些全部都是缘木求鱼的做法。我们与其浪费太多的时间，去树上寻找“鱼”，去做一些毫无结果的事情，为什么不从正确的方法入手，使自己的人生事半功倍呢？

盲目模仿，适得其反——东施效颦

成语诠释

【来源】（战国）庄周《庄子·天运》。

【解释】效：仿效；颦：皱眉。比喻胡乱模仿，效果极坏。

【成语掌故】

春秋时期，越国有一位美女叫西施，无论举手投足，还是音容笑貌，都十分惹人喜爱。西施略施淡妆，衣着朴素，但却仍然美若天仙，无论走到哪里，都有很多人向她行“注目礼”，都为她的美貌而折服。

但天妒红颜，如此美貌的西施却患有心口疼的毛病。一天，她的病又犯了，只见她手捂胸口，双眉皱起，流露出一种娇媚柔弱的美。从乡间走过的人，无不睁大眼睛注视着她。

乡下有一个丑女子，名叫东施，她动作粗俗，说话大声大气，却一天到晚做着当美女的梦。今天穿这样的衣服，明天梳那样的发式，费尽心机却没有一个人说她漂亮。

这一天，她看到西施捂着胸口、皱着双眉，竟博得这么多人的青睐。回去以后，她也学着西施的样子，手捂胸口，紧皱眉头，岂料这让她更加难看了。富人们看见丑女的怪模样，马上紧紧地关上大门；穷人们看见丑女的怪模样，马上带着妻子和孩子远远地躲开了。人们对于这个怪模怪样，模仿西施心口疼的丑女人，简直像见了瘟神一般，避之唯恐不及。

东施看到西施皱眉的样子很美，却不知道其中的缘由，只是一味地去模仿，反倒落得一个被人嘲笑的下场。

词解人生

每个人都有自己独有的长处与特点，真正的智者应懂得扬长避短，将自己的优势发挥到极致，切忌生搬硬套，盲目地模仿别人。

东施原本相貌丑陋，动作粗俗，但如果她能保持她的坦率，说不定可以成为一个像全智贤一样的“野蛮女友”；如果她能保持每天开心快乐，说不定她会成为一个受人欢迎的“开心果”。但她却选择了一个最愚蠢的方式——学西施皱眉，所以，她失去了真实、失去了快乐，成了一个别人避之唯恐不及的丑女。

生活在现代社会的我们，身边美女如云，我们也期待自己可以成为万众瞩目的那一个。但你就是你，永远都是这个世界上独一无二的，千万不要为了模仿别人而丢掉了自己。

如果没有能力，要懂得适时放手——狗尾续貂

成语诠释

【来源】《晋书·赵王伦传》。

【解释】续：续接；貂：一种皮毛珍贵的动物，古代皇帝的侍从用貂尾装饰帽子，由于封官太多，以致貂尾不足，只好用狗尾代替。比喻拿不好的东西补接在好的东西后面，前后两部分非常不相称。

【成语掌故】

晋武帝司马炎死后，儿子司马衷继位，他对朝政一窍不通，大权落到贾南风手里，贾南风生性凶狠狡诈，引起了许多人的不满。赵王司马伦采纳了手下谋士孙秀的建议，以贾南风谋害太子为借口，带兵冲入宫廷，杀死了贾南风，自封为相国。后来，他又借掌管宫中禁军之机，发动政变，废掉了晋惠帝，自己当了皇帝。

司马伦为了笼络朝臣，扩大自己的势力范围，大封文武百官，包括孙秀、张林等帮助他篡位有功的人。他的亲戚朋友，甚至许多仆人都跟着他飞黄腾达了。当时规定，王侯大臣都戴用貂尾装饰的帽子，由于司马伦大肆封官，一时貂尾不够用，所以只好用颜色和形状与貂尾相似的狗尾来代替。每次上朝的时候，殿上的大臣挤得满满的。

由于当时的官员太多，百姓议论纷纷，编了两句民谣：“貂不足，狗尾续。”用来讽刺朝廷，意思是：朝中的官员太多了，貂尾不够，只好用狗尾来代替。司马伦的政权很快就被推翻了。

词解人生

美好的东西总是可以让人心情愉悦，但同时，人们更愿意它长久地美好下去，正如故事中的官吏一样，他们希望自己位极人臣，但他们却忽略了代表身份的东西，反倒成了让他们出丑的“元凶”。这样的事情在我们的现实生活中也很常见。当一部好的影视作品出现在大众面前的时候，我们为之惊叹，商家为之惊喜，于是他们乘胜追击，有了第二部、第三部，但这些后续的作品往往会让我们失望，使我们最初的美好感受都有些被破坏了的感觉，这便是“狗尾续貂”所带来的事与愿违。

在你开始做事之前，请认真地思考一下，你是否真的有把握将美好延续下去，因为有了之前的开门红，接下来的必定要更好，才不至于让人失望。有时，放弃“续貂”也是一种维持美好的明智之举。

何必为外在的世界改变自己——削足适履

成语诠释

【来源】（西汉）刘安《淮南子·说林训》。

【解释】履：鞋。把脚削小，以符合鞋子的大小。原比喻骨肉相残。现形容不合理地迁就凑合或不顾具体条件地生搬硬套，又形容委屈自己去迁就不合理的事情。

【成语掌故】

春秋时期，楚共王去世后，他的儿子即位，是为楚灵王，他当时从父亲手中接过的是一个非常强大的国家，为了维持楚国的强势地位，楚灵王四处征讨，与诸侯国之间战争不断。

一次，楚灵王亲自率领战车千乘，雄兵十万，征伐蔡国。大获全胜后，他封自己的弟弟弃疾为蔡公，让他全权处理蔡国的军政要务，自己则率领大军继续前行，去征讨下一个国家。

弃疾心术不正，而且野心勃勃，他不甘心只是做一个小小蔡国的首领，更不甘心屈居于灵王之下。于是，他乘灵王不在国内的时候，引兵回到楚国，杀死了灵王的两个儿子，拥立另一个哥哥的儿子子午为国君。

楚灵王听说国内发生了政变，知道儿子被杀，悲痛欲绝。身边的一个随从说：“你之前杀了那么多人的儿子，现在是老天爷在惩罚你，所以才会让你的儿子死于非命。”灵王听了，无言以对，想到自己已经生无可恋，便自缢了。

国内的弃疾知道灵王已死，便用朝吴的奸计，逼迫子午退位，自己做了国君，史称楚平王。

无独有偶，同一时期，晋国也发生了类似的事情。

昏庸无道的晋献公宠爱骊姬，对她言听计从，不仅封她为夫人，而且打算立她的儿子奚齐为太子。但奚齐一天没有当上太子，骊姬就一天不放心，于是，她便在背后打起了太子申生的主意。

一天，骊姬设计要太子申生去祭奠他已去世的母亲，仪式结束后，晋献公准备吃祭肉时，骊姬阻止说：“为了安全起见，还是小心为好。”于是，她拿起一块祭肉扔给狗吃，很快，吃了祭肉的狗死了。于是，骊姬号啕大哭，说太子有意要谋害献公夺取王位，还乘机向献公进谗言，说另外两位世子重耳和夷吾的坏话。晋献公对骊姬的话深信不疑，便将太子申生赐死，同时，又派兵捉拿重耳和夷吾。幸亏有人及时通报，重耳和夷吾才免于一死，但也被迫流落在外。几十年后，重耳才得以返回晋国。

父子、兄弟骨肉相残，就像是把脚削去一块，以适应鞋子的大小一样，实在愚蠢至极。

词解人生

上天所赐予我们的，无论是手足兄弟，还是身体发肤，都已经是最好的礼物了。所以，古人才会有“身体发肤，受之父母，不敢毁伤，孝之始也”这样的话，身体发肤尚且如此，何况是一奶同胞的兄弟。

古人云：“清水出芙蓉，天然去雕饰。”自然的东西才是最纯粹、最美好的，我们为什么要亲手去制造悲剧，亲手“将有价值的东西毁灭给人看”？不要为了一个莫名其妙的东西去破坏这个世界原本拥有的纯粹，否则，你会自食其果。

第三十一章　前虑不定，后有大患

磨刀不误砍柴工——厉兵秣马

成语诠释

【来源】（春秋）左丘明《左传·僖公三十三年》。

【解释】 厉：同“砺”，磨；兵：兵器；秣：喂养。磨好兵器，喂饱战马，指准备战斗。形容紧张的战备，也泛指事前做好各项准备工作。

【成语掌故】

春秋时期，郑国曾对晋文公无礼，并且在与晋国结盟的情况下又与楚国结盟，所以，晋文公重耳与秦穆公任好联合攻打郑国。后来秦穆公被郑国的烛之武说服，不再攻打郑国，而是与郑国结盟，并留下将领杞子等三人驻守郑国。

两年后，杞子派人向秦穆公报告，说：“如今真是天赐良机啊！郑国都城北门的钥匙现在由我们掌管，如果你现在派兵来袭，一定可以一举攻下郑国的都城。”秦穆公收到消息后，征求一位老臣蹇叔的意见，蹇叔表示极力反对，他劝秦穆公千万不要做这种背信弃义的事，而且如果秦军出兵，必会遭到晋国军队的截击，有可能会全军覆没。但秦穆公认为机不可失，根本听不进去蹇叔的劝阻，立即派孟明视、西乞术、白乙丙三名将帅领兵出征，讨伐郑国，蹇叔的儿子也在远征的队伍之中。送别时，蹇叔抱住儿子失声痛哭，说：“你们此去凶多吉少，晋军一定会在崤这个地方截击你们，看来我得准备去崤替你收尸了。”

长途跋涉之后，秦军到了离郑国不远的滑国，正巧郑国的商人弦高途经滑国，得知秦军准备偷袭自己的国家后，他一边假称自己是郑穆公的派来接待秦军的使者。他对秦军说：“我们国君知道你们要来，特地要我送一批牲口来犒劳你们。”另一边，弦高暗中派人把秦军进犯的消息火速报告了郑穆公。

郑穆公接到密报，马上派人去杞子等人的住地察看，见他们已经打包好了行李，磨好了兵器，喂饱了战马，准备作秦军的内应。于是，郑穆公派皇武子跟杞子说：“很抱歉，没有能够好好地款待你们，现在贵国的军队来了，你们可以回去自己的国家了。”杞子等人见事已败露，便匆匆地逃走了。

孟明视得到消息，知道已经无法偷袭了，怏怏地说：“如今内应已经没有了，讨伐郑国也没有什么希望了，我看还是回去吧。”于是，下令班师回国。途中经过崤地时，果然遭到了晋军的伏击，秦军全军覆没。秦穆公得知讨伐郑国无果，而且还被晋国全歼，十分后悔当初没有听蹇叔的劝告。

词解人生

孔子曾经说过："工欲善其事，必先利其器。"意思是：人要想做成一番事业，成就一番理想，必须做好充足的准备，做任何事情如果没有完善、充足的准备必将归于失败。俗话说：磨刀不误砍柴工。先将自己的刀磨锋利，这样砍起柴来，必定可以事半功倍。

在很多企业里，有些人每天辛苦忙到晚，天天加班，可惜就是没有什么成绩。那这些人就应考虑，枪够不够尖，刀够不够快。擦亮枪头，磨快刀锋，勤练武艺，是获胜的先决条件。从现在开始，先为自己充电，再全力地投入工作中吧！

火苗总是在刚燃起时最容易扑灭——防微杜渐

成语诠释

【来源】（南朝·宋）范晔《后汉书·丁鸿传》。

【解释】防：提防，防止；微：事物的苗头；杜：杜绝；渐：事物的起始。在不良事物刚露苗头时，就应该加以防止，杜绝其继续发展。形容不好的事态开始萌芽时，就注意防止它的发展。

【成语掌故】

西汉时，吕后专权，汉室的天下几乎被吕氏的人所篡夺。到了东汉，历史再次重演。窦太后是汉章帝的皇后，汉和帝的母亲。汉和帝即位之初，窦太后独揽朝廷的军政大权。她的哥哥窦宪任大将军，掌握全国的兵权。窦氏子弟几乎控制了朝廷所有重要部门。由于窦氏一族权倾朝野，所以大臣们谁也不敢在朝廷上公开提出抑制外戚权力这件事。

侍中丁鸿是个非常有学问又富于正义感的人。他博览经史，深明大义，很受和帝器重。他觉得自己身为人臣，不能听任外戚专权发展到不可收拾的地步，于是他决定上书皇帝，直陈外戚专权的弊端。

他连夜草拟奏章，直言不讳地指出："陛下，从古至今，太阳象征帝王，月亮代表大臣。现在我朝已出现了日食，它是在提醒陛下应小心谨慎。日食意味着臣子的权力过大，这是对皇权的威胁。涓涓细流，汇成洪水，能冲决江岸，毁伤林木；纤纤弱枝，长成参天大树，会遮天蔽日。世间万物都是由小到大，由隐而显的。人们往往忽视那些看来细小、琐碎的事情，任其发展成大的隐患而追悔莫及。如今，大将军窦宪倚仗着太后的势力，把持朝政，破坏纲纪，盘剥地方，草菅人命，使全国上下'臣不敢言，民不聊生'。各地盗贼四起，朝廷窦氏专权。他们日益嚣张，连皇帝你也不放在眼里，甚至认为汉室天下已是窦氏的天下了。长此下去，后果堪忧！皇上此时应亲揽朝政，将国家社稷放在心上，防止微小的事情酿成大患，杜绝不好的事情于萌芽之中。”

丁鸿草拟好密奏后，悄悄溜进后宫，将密奏呈给了汉和帝。和帝读完丁鸿的密奏，大为震动，意识到事态严重，再继续恶化将不可收拾，便立即采纳丁鸿的意见，免去窦宪的大将军之职，着手理顺朝政，削弱窦氏一族的势力。不久，国势便有了好转。

词解人生

俗话说：“千里之堤，溃于蚁穴。”当我们意识到一些小的问题存在时，绝不可以轻易地放过它们，如果忽视小的漏洞和差错，就可能酿成大祸。譬如爬山，人们往往安宁于险峻，而出祸于平地，就是因于细微处疏忽大意所致。不论是生活还是工作，想获得好的结局，就应该注重细节。在你看来，它们微不足道，但经过时间的积累，它们就会成为你遭遇滑铁卢的元凶。

时常想想细微之处，电脑是否在自己离开时被关掉，水龙头是否在离家时被拧紧，与别人见面时是否经常迟到，自己是否经常大发脾气，穿戴是否得体、整洁……一个细节可以毁掉你的形象，可以使你失去一次合作机会，甚至可以让你美丽的家园变成一片废墟。防患于未然，不仅从大处着眼，更要从小事着手，将那些会带来隐患、招致失败的东西，及时地扼杀在“摇篮”之中。

创造有利于自己的条件——篝火狐鸣

成语诠释

【来源】（西汉）司马迁《史记·陈涉世家》。

【解释】夜里把火放在笼里，隐隐约约像磷火，同时又学狐叫。假托狐鬼之事，发动群众起事。现用来比喻密谋策划起义。

【成语掌故】

秦始皇在位时，实行严刑峻法，使得民怨沸腾、人心惶惶。秦二世即位后，变本加厉，社会矛盾一触即发，秦朝的统治岌岌可危。

公元前209年，秦二世下令征调贫民去守卫边境，阳城一共八百余人全都被征召去当兵卒。陈胜、吴广也在其中，并被指派为屯长，他们与其他人在两名县尉的押送下，前往三千里外的渔阳，并且两个月内必须到达，否则就会受到重罚。

队伍到达蕲县大泽乡的时候，天降大雨，道路被切断了，根本无法通行，原本已经计算好的行程，照这样下去，必定无法在规定的时间内到达渔阳。

按照秦代的律法，不能准时到达者，全部要处以极刑。陈胜、吴广商量说："如今我们逃走是必死无疑，而造反干一番大事业或许还有一线生机，我们为什么要在这里等死呢？还不如造反，干一番轰轰烈烈的大事业呢！"他们议定之后，便去找人占卜凶吉。那个占卜的人猜到了他们的意图，便说："你们的事准能成功，不过还应该再向鬼神祈祷一下。"陈胜知道，他是想让自己假借鬼神来迷惑众人，好让大家全都能站在自己这一边，支持自己起事。

于是，陈胜用朱砂在白绸上写了"陈胜王"三个字，然后偷偷地将它塞进鱼肚子里。没多久，伙夫剖开鱼肚时，发现了这个有字的绸子，这件事很快就传开了。接着在午夜时分，陈胜派吴广到附近一座废弃很久的古庙里，点起火用竹笼子罩上，远处看去一闪一闪的，如鬼火一般，还模仿狐狸的声音叫喊着："大楚兴，陈胜王！"兵卒们被这些奇异的现象惊呆了，大家议论纷纷，不敢明说，只能在背地里对着陈胜指指点点。陈胜、吴广看时机已经成熟，便杀死了两名县尉，率领八百多名农民起义，攻下大泽乡，占领了蕲县。这便是中国历史上有记载的第一次农民起义，很快得到各地义军的响应，陈胜、吴广率领义军建立了张楚政权。

词解人生

酒香到底怕不怕巷子深，成了一个经常被人拿来讨论的问题，但至今也没有一个确切的结论。就陈胜、吴广发动农民起义的经过来看，适当的造势是需要的，正如中国历史上的许多起义与变革，都要以宗教为借口一样。醇香的美酒，需要一定的广告宣传，才会被人们所熟悉和了解；有才能的人，要做成一番大事，也需要一定的前期准备，让别人将自己推到最前面，才能显得名正言顺，这便是"篝火狐鸣"的必要。

在求职的过程中，用人单位往往通过简历收获第一印象，适当地在自己的简历上多花工夫，可能通过一些小细节便可以引起用人单位的注意，就能在成千上万的求职者中脱颖而出，而获得复试的机会。虽然说"清水出芙蓉，天然去雕饰"，但在纯粹的基础上，稍加修饰便可以让自己更加"明艳动人"，何乐而不为呢？

鸡蛋不能放在一个篮子里——狡兔三窟

成语诠释

【来源】（西汉）刘向《战国策·齐策四》。

【解释】三，虚指，多的意思；窟：藏身的洞穴。狡猾的兔子有好几个藏身的窝。比喻隐蔽的地方或方法多。多指做事留有余地，具有多种应变能力。

【成语掌故】

孟尝君，战国时齐国的贵族，他承袭其父田婴的封爵，被封于薛地，人称薛公，号孟尝君，战国四公子之一。他在齐国担任相国时，门下有数千名食客。他曾联合韩国和魏国，大败了秦、燕、楚三国，因此声名远播，威震一方。

孟尝君门下有个名叫冯谖的食客，虽然没有什么名望，但却多次提出过分的要求，孟尝君都满足了他。一次，孟尝君询问门客中谁能替他到薛地去收债，冯谖自告奋勇承担了这个任务。临行时，他问孟尝君回来需要买些什么。孟尝君随口说缺什么就买什么。冯谖到薛地后，把百姓欠债的借据全都烧毁，说这是孟尝君的命令，于是百姓对孟尝君感激涕零。

孟尝君得知此事后，问他为何如此，冯谖说，他见相国什么都不缺，就缺一个“义”字，因此就以相国的名义将债契全烧了，把“义”买了回来。孟尝君听了不高兴，但也没有公开责备他，只是渐渐地疏远了他。

一年后，孟尝君遭人诽谤，被齐王免除了相国的职务，只好回到薛地去。离薛地还有一百多里路时，百姓就前来迎接。孟尝君此时才知道冯谖给他买的“义”的珍贵。但冯谖对他说：“聪明的兔子有三处洞穴，才能免于猎人的猎杀和猛兽的追捕。如今你只有一个洞穴，还不能高枕无忧，让我帮你再凿两个洞穴吧。”

于是，孟尝君按冯谖的要求给了他五十辆车子、五百两黄金，前往魏国。冯谖见到魏王后就开始称赞孟尝君才识出众，受百姓爱戴，让惠王深感孟尝君是个有才之人，并马上派使臣去齐国聘请孟尝君来魏国当相国。齐王听到这个消息，十分担心孟尝君为别国效力，赶紧恢复了孟尝君相国的职位，并亲自向他谢罪。这样，冯谖为孟尝君凿成了第二个洞穴。

之后，冯谖又建议孟尝君向齐王请求赐给自己先王的祭器，在薛地建造宗庙供奉。这样一来，齐王就会派兵来保护，而薛地在齐国的地位就非同寻常了。宗庙在薛地建成后，冯谖对孟尝君说：“三个洞穴已经凿好，今后你可以高枕无忧了。”

词解人生

破釜沉舟，是一种勇气，也是一种魄力，但它并不适合所有的人，也并非适用于所有的情况，更多的时候，我们需要为自己留有后路，当自己被逼无奈的时候，最起码还可以有藏身之处，这便是“狡兔三窟”的智慧。

第三十二章　不是不报，时候未到

抓住弱点，把握机会——图穷匕见

成语诠释

【来源】（西汉）刘向《战国策·燕策》。

【解释】 穷：尽；匕：匕首；见：同“现”，显露。将图展开到尽头，匕首就会显露出来。比喻事情发展到最后，真相或本意显露了出来。

【成语掌故】

战国末期，燕国的太子丹曾在秦国做人质。秦王嬴政十分瞧不起他，经常羞辱他，也不放他回国。后来，秦王答应让他回国，却又临时反悔，中途设计杀害他，但没有得逞。这时，秦国的势力逐渐强大起来，先是吞并了韩、赵两国，接着又向燕国进军。燕国国弱兵少，无法抵御强秦进犯，为此，太子丹决定派人去行刺秦王，希望能够扭转局势，保全国家。

太子丹听说荆轲有勇有谋，觉得他是行刺秦王的最好人选，便将他筵为贵宾，尊为上卿，还专为他修建了一所非常漂亮的房子，叫荆馆。荆轲是齐国人，自幼刻苦好学，智勇双全，卫人称他为庆卿，来到燕国后，燕人称他荆卿，亦称荆叔。荆轲在荆馆之中每天过着衣食无忧的日子，整整两年的时间，太子丹什么也没让他做。荆轲一直很想为燕国出力，就在这时，太子丹请求他去刺杀秦王，荆轲毫不犹豫地答应。

为了接近秦王，又不让他起疑，荆轲获得了两样秦王最想得到的东西：一是从秦国出逃的将领樊於期的头颅，二是燕国督亢地区的地图，表示燕国愿将这块地方献给秦国。他将这两样东西分别放在匣子里，而行刺秦王的匕首，就放在卷着的地图的最里面。

临行时，太子丹等人身穿丧服，将荆轲送到易水边。秦王得知燕国派人来进献他最需要的两样东西，非常高兴，便下令在都城咸阳宫内隆重接见来使。荆轲来到大殿上后，按照秦王的要求打开匣子，拿出了地图，双手捧给秦王。秦王慢慢展开卷着的地图，细细观看。快展到尽头时，突然露出一把匕首。荆轲急忙左手抓住秦王衣袖，右手抄起匕首便刺。

但是，荆轲一刺并未刺中秦王。秦王急忙拔剑自卫，却又一时拔不出来，只能绕着柱子躲避，卫兵也不敢擅自上前救驾。就在这时，秦王的侍臣突然用医袋投掷荆轲，并提醒秦王把剑推到背后拔出来。秦王顿时醒悟过来，迅速拔出剑来，一剑砍伤了荆轲的左腿。荆轲倒地将匕首投向秦王，结果未中，最终被蜂拥而至的卫兵杀死。

词解人生

荆轲高歌的“风萧萧兮易水寒，壮士一去兮不复返”还在我们的耳边回响，他的事迹还在流传，他用秦王最想得到的东西作诱饵，获得了靠近秦王的机会，虽然他刺杀秦王失败了，但他利用对手的弱点作为突破口，却是成功的。

了解对手的弱点，将对手巧妙地控制在自己的手中，为自己所用，这种方法十分有效。为人处世，如果你抓住了对方的把柄，他就得老老实实地听你的。因为你已经断了他的后路，他在进攻无望、后退无路的情况下只好任你摆布了。任何人都有弱点，一个管理者要实现管理，不仅要能够发现员工的长处，还要能够抓住员工的弱点，这样，就能够根据其弱点对其进行有效的控制，从而为自己所用。

惊蛇有风险，操作须谨慎——打草惊蛇

成语诠释

【来源】（宋代）郑文宝《南唐近事》。

【解释】惊：惊动。打在草上却惊动了潜伏在草里的蛇。比喻做事泄密而惊动对方，使其有所戒备。

【成语掌故】

南唐时候，涂县的县令叫王鲁。他是个贪得无厌，财迷心窍，见钱眼开的人，只要是有钱、有利可图，他就可以不顾是非曲直，颠倒黑白。他在任涂县县令期间，干了许多贪赃枉法的坏事。不仅如此，就连他属下的那些大小官吏，也一个个明目张胆地干坏事，他们变着法子敲诈勒索、贪污受贿，巧立名目搜刮民财。因此，涂县的老百姓苦不堪言，从心里恨透了这批狗官，总希望能有个机会好好惩治他们，出出心中怨气。

一次，适逢朝廷派员下来巡察地方官员情况，涂县老百姓一看，机会来了。于是大家联名写了一份状子，控告县衙里的主簿等人营私舞弊、贪污受贿等种种不法行为。状子递送到了县令王鲁手上，王鲁粗略地看了一遍，顿时吓得心惊肉跳，直冒冷汗。原来，老百姓在状子中所列举的种种犯罪事实，全都和王鲁自己曾经干过的坏事有牵连。状子虽是告主簿几个人的，但王鲁觉得跟告自己一样。他越想越感到事态严重，越想越觉得害怕，如果老百姓再继续控告下去，朝廷知道了，查清了自己在涂县的作为，自己必定要大祸临头。王鲁一边翻着案卷，一边琢磨对策，他惊恐的心怎么也安静不下来，不由自主地在案卷上写下了八个字：“汝虽打草，吾已惊蛇。”

意思是：你们虽然告发的是我属下的官员，可是我已经感到事态的严重了。

词解人生

社会生活里，充满阴谋诡计，像草丛中潜伏的毒蛇，时不时地有无辜者被伤害，正直者遭打击，只有阴谋被事先探明与揭露，才能保护无辜者与正直者。探明与揭露阴谋的最好方式，往往是打草惊蛇。大多数搞阴谋的人，和做贼一样，心是虚的，只要我方一方面虚张声势，一方面谨慎防范，就可以使其中止阴谋，或者暴露阴谋，并受到打击。

那些心怀不轨的人常常做贼心虚，只要一有响动，就会牵动他们心底的那根神经，让他们露出马脚，当你有能力保护无辜者与正直者的时候，一定要充分利用你手中的“棍子”，将那些隐藏在草丛中的“蛇”，全数地驱赶出来，一网打尽，为民除害。

过度好胜就成为鲁莽——穷兵黩武

成语诠释

【来源】（晋代）陈寿《三国志·吴书·陆抗传》。

【解释】穷：竭尽；黩：随便，任意。随意使用武力，不断发动侵略战争。形容迷信武力，极其好战。

【成语掌故】

东吴后期的名将陆抗，20 岁时就被任命为建武校尉，统领着他父亲陆逊留下的部众五千人。公元 264 年，孙皓当了东吴的国君，陆抗担任大将军。孙皓荒淫暴虐，宫女有好几千人，还向民间掠夺，又用剥面皮、凿眼睛等酷刑任意杀人。陆抗对孙皓的所作所为非常不满，多次劝谏他对外加强防守，对内改善政治，以增强国力。但是，孙皓对他的建议置之不理。

公元 272 年，镇守西陵的吴将步阐投降晋朝。陆抗得知后，立即率军征讨步阐。他命令军民在西陵外围修筑一道坚固的围墙，等到工事完成，晋军已经赶到西陵接应步阐，陆抗率军击退来援的晋军，再向西陵发起猛攻，很快攻进城内，将叛将步阐杀死。当时，晋朝的车骑将军羊枯见陆抗能攻善守，因此对东吴采取和解策略。陆抗也用同样的态度对待晋商。两人还经常派使者往来，互相表示友好。吴、晋部分边境地带一时出现了缓和的局面。

孙皓对此很不满，还是想出兵攻晋。陆抗见军队不断出动，百姓精疲力竭，便向孙皓上疏说：“现在，朝廷不加紧农业生产，储备粮食，让有才能的人发挥作用，使各级官署不荒怠职守，严明升迁制度以激励百官，审慎实施刑罚以警戒百姓，用道德教导官吏，以仁义安抚百姓，反而听任众将追求名声，用尽所有兵力，好战不止，耗费物资，使士兵疲劳不堪。这样，敌人没有削弱，我们自己倒像生了一场大病。”陆抗还郑重指出，吴、晋两国实力不同，应该停止用兵，积蓄力量，以待时机。

但是，孙皓对陆抗的这些忠告都听不进去。陆抗去世后，晋军讨伐东吴，吴国终于被晋所灭。

词解人生

好胜之心固然可以成为人前进的动力，但所有的事物都有两面性，过度的好胜所带来的极有可能是自取灭亡。好胜心强的人，希望自己在所有的事情上，都可以成为最棒的，他们输不起。但是每个人都有自己的优势与劣势，没有一个人是全能的，可他们发现自己在某一方面比不上别人的时候，必定会奋起直追，但经过多番努力之后，如果仍然没有达到自己期望的目的，便会不择手段，甚至采用一些激烈的方式去打击“强者”，到最后必定是众叛亲离，自取灭亡。

当你有心要超越别人的时候，你的好胜心仍然在你可以控制的范围之内；当你想要通过一些非正当的手段实现超越时，你的好胜心已经过度了，这时你就要小心，千万别让它控制你。摆正心态，只要尽力去完善自己，即使在某些方面不如别人也是正常的，为此而耿耿于怀，只会让自己的人生陷入痛苦之中。

有因必有果——四面楚歌

成语诠释

【来源】（西汉）司马迁《史记·项羽本纪》。

【解释】楚歌：楚国人的歌曲。四面八方都传来楚国人的歌曲。比喻陷入四面受敌、孤立无援的境地。

【成语掌故】

项羽和刘邦之间的楚汉之争，持续了五年的时间，战争初期，双方互有胜负，但后来刘邦的实力不断壮大，项羽开始逐渐处于劣势。双方曾约定以鸿沟作为界限，东属楚，西属汉，各据一边，互不侵犯。

后来刘邦听从张良和陈平的规劝，觉得应该趁项羽衰弱的时候消灭他，就令韩信、彭越、刘贾会合兵力追击正在向东开往彭城的项羽部队，以迅雷不及掩耳之势，对楚军发起进攻。刘邦的这一举动，使项羽猝不及防，被汉军逼到了垓下。韩信又设下十面埋伏，将楚军团团围住。

这时，项羽手下的兵士已经很少，粮食也没有了。面对强大的汉军，项羽很难突出重围。为了彻底瓦解楚军的斗志，刘邦采用张良的建议，命汉军高唱楚地的歌曲，使楚军以为汉军已经占领了所有的楚地。项羽夜里听见四面都唱起楚地的民歌，不禁非常吃惊地说："刘邦已经得到了楚地了吗？为什么他的部队里面楚人这么多呢？"他深感大势已去，便从床上爬起来，在营帐里面喝酒解愁。他此刻最放不下的就是他心爱的虞姬和那匹乌骓马。想到这里，他一边饮酒，一边悲哀地唱道："力拔山兮气盖世，时不利兮骓不逝！骓不逝兮可奈何，虞兮虞兮奈若何？"唱完，直掉眼泪，在一旁的人也非常难过，都觉得抬不起头来。虞姬自刎于项羽的马前，项羽英雄末路，最终自刎于乌江边。

词解人生

四面八方传来的楚歌声让项羽及其战士失去了最后的战斗力，被逼入了绝境之中。凡是陷于此种境地者，其命运往往是很悲惨的。项羽是因为他的刚愎自用、疑虑重重而导致失败；而在现实生活中，陷于绝境的人往往也都是咎由自取，他们平日的举动使所有的人都对他们失去了信心，当"狼"真的来的时候，也不再有人同情他们，结果自然可想而知。

佛教中讲究"因果报应"，自己种下了因，那么果就一定要由自己来品尝。最终陷入"四面楚歌"的人，也是他们一步步走来的结果。忠诚、仁爱、道义、友谊，如果不加珍视，等到逐渐失去的时候，便相当于将自己推入了最后的绝境。如果你不想让自己遭受"四面楚歌"的厄运，那么就在平日里，做一个正直善良的人。

不要得意，当心身后的虎视眈眈——螳螂捕蝉

成语诠释

【来源】（战国）庄周《庄子·山木》和（汉代）韩婴《韩诗外传》。

【解释】螳螂正要捉蝉，不知黄雀在它后面正要吃它。比喻目光短浅，只想到算计别人，没想到别人也在算计他；看见前面有利可图，不知祸害就在后面。

【成语掌故】

春秋时期，吴国与楚国之间争战不断。一年夏天，吴王又命人征集粮草，调兵遣将，准备攻打楚国。他担心大臣们会前来劝谏，便下令说："敢来劝阻攻打楚国者，杀无赦！"

大臣们权衡了吴、楚两国的经济与军事实力，认为此时伐楚，不仅没有胜利的把握，还会给别国以可乘之机，绝非明智之举，所以，大臣们都想劝吴王不要一意孤行。但吴王有令在先，谁也不想拿自己的性命去冒险。

吴王的侍从中，有一个胆识超群的年轻人，他知道自己微不足道，进谏必招致杀身之祸，但他考虑再三，还是决定冒死谏阻吴王伐楚。但是直

截了当地劝说吴王，肯定不会成功，既要进谏，又要保全自身性命，就必须采取迂回曲折的方法。

第二天天刚蒙蒙亮，年轻人就背上弹弓，揣上弹丸，来到吴王经常散心的花园，在树下走来走去，不时地抬头张望，好像在寻找什么。这样一连好几天。有些人很奇怪，就把这件事报告了吴王。吴王也发现了年轻人的举动，有些纳闷，就命人把年轻人召来，问道："你每天拿着弹弓，待在花园里干什么？"

年轻人回答说："启禀大王，后花园里有一株大树，树上有一只蝉，它一边喝着露水，一边得意地鸣叫着。可是，它不知道有一只螳螂正跟在它的身后，悄悄举起前爪，准备捕捉它，然后饱餐一顿。然而，螳螂也不知道，有一只黄雀正在它的头上紧紧盯住它，随时准备将它吃掉。可是黄雀哪里想到，我正在树下，拿着弹弓瞄准了它，准备把它杀掉。那蝉、螳螂、黄雀，都是只顾眼前利益，并没有想到祸患就在它们的身后潜伏着。大王，如果人也同它们一样，做事目光短浅，那可就太危险啦！"

吴王听到这里，恍然大悟：原来他是在借机对我劝谏啊！吴王细想一下，觉得年轻人的话非常有道理，只顾及眼前利益，恐危及长远。自此，吴王就打消了出兵伐楚的念头。

词解人生

现实中，为了生存和发展，许多人互相敌对、联合、渗透，形成一种复杂的关系网，处在这个关系网中的个体和组织互相牵制，正如"蝉"背后有"螳螂"，"螳螂"背后有"黄雀"，"黄雀"背后又有"人"的格局。特别是在追求利益的时候，一定要辨明各种利害关系，识别其中潜伏的危机，注意首尾兼顾。不要做秋蝉，也不要做螳螂，哪怕你是黄雀，也要看看身边有没有藏躲着的弹弓手。

在这个物欲横流的时代里，时刻都不要放松警惕，危险可能就在你的身边。即便你不愿成为这条"食物链"中的一个环节，也要小心不要无意中沦为被殃及的池鱼。

第三十三章　人才是最宝贵的财富

真心换回报——三顾茅庐

成语诠释

【来源】（三国·蜀）诸葛亮《出师表》。

【解释】顾：拜访；茅庐：草屋。三次到茅草屋中去拜访。比喻真心诚意，一再邀请、拜访有专长的贤人。

【成语掌故】

东汉末年，宦官专权，朝政倾颓，各路英雄纷纷起兵。刘备是汉朝的宗室，起兵多年，很多人都来投奔他，他自己也四处访求人才。一次，谋士徐庶向他推荐诸葛亮，刘备听了十分高兴，决定亲自去拜会诸葛亮。

诸葛亮从小父母双亡，成年之后，就在隆中的卧龙岗盖起了几间草屋，定居下来。他熟读史书，颇具学问，而且对天下大事很有研究。他常把自己比作春秋战国时期的管仲和乐毅，熟悉他的人，都认为他很了不起，于是尊称他“卧龙先生”。

刘备同关羽和张飞带着礼物，连夜来到隆中。看门的小童听说他们是来找自己主人的，回答说：“先生不在家，早上就出门去了，也不知去了哪儿，更不知什么时候回来。”刘备只好失望地离开了卧龙岗。

过了几天，刘备打听到诸葛亮已经回家，又和关羽、张飞一起，顶着漫天的大雪去隆中。可是到了才知道，诸葛亮已在头一天和朋友出门云游去了，三人又扑了空。

过了些时候，刘备准备第三次去请诸葛亮，关羽和张飞都有些恼火了，但刘备并不灰心。三人再次来到卧龙岗，听小童说诸葛亮在睡觉，刘备便恭恭敬敬地站在草堂的台阶下等着。过了好大一会儿，小童才出来把三人请进草屋，说是先生醒了。

落座之后，刘备和诸葛亮各自做了自我介绍，接着谈论起天下大事来，刘备表明了想让百姓过上好日子的决心和意愿，诸葛亮见刘备谦虚诚恳，便说：“荆州地势险要，是个用兵的好地方，刘表既然守不住它，将军应当取而代之。先占据荆州，站稳脚跟，再取益州，然后联合孙权，交好西南各族，待时机成熟，再向中原发展。那么，统一天下的大业就能够获得成功。”

刘备听后，佩服得五体投地，便表明自己想请他出山的意思，诸葛亮也不推辞，第二天便跟刘备一起去了新野。从此以后，用他全部的智慧和才能辅佐刘备打天下。

词解人生

“士为知己者死。”从人心收揽术上说，做到让“士”感到自己是他的“知己”，那在人心收买上就达到最高的境界了。很明显，刘备已经成功地做到了这一点，他三次拜访诸葛亮，没有丝毫的不耐烦和受到慢待的不悦，他让诸葛亮看到了他的诚意，也让诸葛亮感受到了自己的重要性，这对一个“士”来说，已经是无上的荣耀了。面对这样的“知己”，诸葛亮怎能不“鞠躬尽瘁，死而后已”？

这一点，对于当今的领导提高下属的办事能力有着深刻的启示。每个人都有自己的尊严，每个人都希望得到别人的尊重。而领导对下属的关心，对下属投注感情，尤其是对下属私事方面的关怀与照顾，可以使他们的尊严得到满足，甚至让他们感激涕零，誓死效劳。

在影视界中，我们经常会听到这样的声音：“我对导演的知遇之情是不能用语言表达的”，“每个人内心都渴望有一个了解你的人，而我幸运地遇到了我的贵人——某某导演”，“如果没有某某对我的大力推荐，我是不会取得今天的成绩的”。真的，如果没有这些导演对演员的挖掘，演员也许没有显露头角的机会。对于恩人，演员报答的最好方式就是提高演技，用成果向别人证明选择自己没有错。

我们不是演员，但也有许多要感谢的人，感谢领导对自己的赏识，感谢朋友对自己的信任，感谢合作伙伴对自己的大力支持……俗话说“大恩不言谢”，语言不足以表达自己的感激之情，唯有在日后的工作和生活中用自己的忠心、真心、诚心来回报他们的知遇之恩。这应该就是“三顾茅庐”想要获得的最终结果吧！

放走一个人才等于送对手一份大礼——楚材晋用

成语诠释

【来源】（春秋）左丘明《左传·襄公二十六年》。

【解释】楚、晋：春秋时代诸侯国名；材：人才。楚国的人才被晋国使用。比喻本国的人才外流为别人所用。

【成语掌故】

伍举，春秋时楚国大夫。一次，他的岳父犯法逃跑了。有人造谣说，伍举的岳父之所以可以在犯罪之后逃脱，是伍举向他通风报信，并协助他逃走的。伍举担心楚王会听信谣言治他的罪，便带着全家老小逃到了郑国。他们一家人在郑国住了一段时间，还是觉得不安全，准备逃往晋国。

在他收拾行囊，准备逃亡的时候，他的好友、蔡国大夫声子刚好要出使晋国。他路过郑国时，遇到了伍举，便问伍举："你不是在楚国吗？怎么到郑国来了？发生了什么事？"伍举就把自己出逃的前因后果和准备逃往晋国的打算一并告诉了声子。声子听后很替伍举报不平，说："你暂时到晋国去避一避也好，我一定帮助你早日回到楚国！"于是，伍举带着全家老小，跟随声子一起前往晋国。

声子出使晋国的任务结束后，特地来到楚国。楚国的令尹子木接见了声子，并问他："晋国的大夫和楚国的大夫相比，你以为哪一个更有才能？"声子回答说："晋国本国没有太多的人才，在这一点上，不如楚国；但现在晋国却有很多有才能的大夫，他们多半都是楚国人。这些人在楚国得不到重用，所以都去了晋国，在这一点上，楚国又不如晋国。楚国很多有用的人才在晋国都得到了重用，如杞梓、皮革等人。有人说，这叫楚材晋用。楚国不珍惜人才，让人才外流，他们纷纷跑去为晋国出谋划策，所以楚国才会在几次同晋国的交战中被打败。"子木听后恍然大悟。

声子接着又说："我听说贵国的大夫伍举，因受到别人的诬陷而出走了，我还听说他现在也在晋国。真是可惜，又一个楚国的人才将被晋国利用，这对楚国来说真是个巨大的损失啊！"子木听了声子的话，觉得十分有道理。马上派人将伍举接回了楚国，还恢复了伍举的官职。

词解人生

"21 世纪什么最贵？人才！"这已成为了人所共知的一句话，无论是在古代社会，还是现代社会，人才都被看作是竞争中制胜的关键。但在人才的运用上，真的能做到"用人不疑，疑人不用"的，却少之又少。"用人不疑"是一种收买人心的最佳方式，是上级对下属的一种鼓励和信任，可以让下属心甘情愿、全力以赴地为其卖命。反之，则会造成人才的流失。人才从你这里流走了，就必定会为你的对手所用，这对你来说，无疑是双重的打击。所以，无论如何，都要堵住这个人才流失的缺口，想要做到这一点，最关键的就是要相信你所选择的人才，放开手让他去发挥自己的才干。

三个臭皮匠，赛过诸葛亮——集思广益

成语诠释

【来源】（三国・蜀）诸葛亮《教与军师长史参军掾属》。

【解释】集：集中；思：思考，意见、智慧；广：扩大；益：益处。指广泛听取

各方面的建议，集中群众的智慧，把事情处理得更好。比喻集中众人的智慧，可以收到更好的效果。

【成语掌故】

三国时，关羽所守的荆州被吴国攻占，关羽兵败被俘，因为不肯投降而被杀。刘备听说后，兴全国之兵力，去讨伐东吴，要为关羽报仇。诸葛亮多番劝阻未果，最后刘备大败而退守白帝城，一病不起。

诸葛亮赶来后，刘备对他说："我这病怕是好不了了，我儿子没有什么本事，不得不将大事托付给你。你的才干高于曹丕十倍，一定能办成大事。如果你觉得阿斗（即刘禅）是个当皇帝的料，你就辅助他；如果他根本不适合，你就取而代之，自己做皇帝吧。"诸葛亮听到这话，立即哭拜在地说："臣一定尽力辅助太子，绝不敢有丝毫僭越之意，臣必当鞠躬尽瘁，死而后已。"

刘禅即位后，才能平庸且不思进取，蜀国的大小政事都由诸葛亮处理。诸葛亮实际上已经成为了蜀国政权的主持者。由于公正无私与聪明睿智，他在朝野上下和百姓心中，享有极高的威望。尽管如此，他并没有居功自傲，还是经常听取部下的意见。

丞相府中有一个叫杨颙的主簿官，他对诸葛亮事无巨细全部要亲自过问的理政方法提出了自己的建议。他说：处理国家军政大事，应该各有各的分工，每个人负责各自的部分，不需要一切事情都由你亲自处理。他还列举了历史上的一些著名例子，劝导诸葛亮不要管那些琐碎的小事，对下属分工明确，从而节省时间和精力，着重处理军政大事。诸葛亮知道杨颙说得很有道理，但他为了不负刘备的嘱托，许多事情如果不亲自处理，就一定放心不下，所以，在处理政事上还是没有什么改变。

后来杨颙去世了，诸葛亮非常难过。为了鼓励下属参与政事，诸葛亮写了一篇文告——《教与军师长史参军掾属》。他写道："夫参署者，集众思，广忠益也。"意思就是：让大家都来参与议论政事，是为了集中众人的智慧，广泛地听取各方的建议，从而可以将事情处理得更好。

词解人生

"兼听则明，偏信则暗"，这是古人留给我们的智慧之一。仅仅相信一人之见，往往会导致偏见和片面性，如果多听听绝大多数人的意见，集思广益，就能得出比较客观的全面的看法。只有做到广泛听取群众意见，领导者才不会被谗言所误，才能知人善任，遇事正确决策。

俗话说，三个臭皮匠，胜过一个诸葛亮；一个人见识短，两个人见识长。集思广益的意义也就在这里。大家互相取长补短，一个行动计划便会完满。现代管理中一个正确的决策往往融合了不同的意见。所以优秀的管理者都会适当地鼓励"唱反调”，以激发员工的工作热情，同时吸取不同的意见以不断调整发展策略，少走弯路。

能容得别人唱反调是一种胸怀，当别人不同意你的意见时，你应慎重考虑自己是否错了，而且还应该为自己高兴，因为这样的人才是自己真正需要的朋友。他们会在你高兴的时候，给你浇一盆冷水，只为让你不要迷失自我，变得飘飘然；他们会在你难过的时候，给你以支持和安慰，只为让你明白你不是孤单一人，免得自暴自弃……多听听别人的意见，它可以让你更加睿智，也可以让你离成功越来越近。

家有一老，如有一宝——老马识途

成语诠释

【来源】（战国）韩非《韩非子·说林上》。

【解释】 途，路，道路。老马认识曾经走过的道路。比喻有经验的人熟悉情况，能在某方面起指引的作用。常用来比喻富于经验堪为先导，也用来赞誉经验丰富的老人。

【成语掌故】

公元前663年，北方的山戎进攻燕国，燕国向齐国求救，齐桓公亲自率大军前往，相国管仲和大夫隰朋随同前往。齐军赶到的时候，山戎已经劫掠了一些财物逃走了。齐桓公本想就此收兵，但管仲建议应该乘势追击，直至消灭山戎，以保证北方的安全。于是，齐桓公接受了他的建议，在经过了长期的追击之后，终于大胜而回。

齐军是春天出征的，到凯旋时已是冬天，草木都变了样。大军在崇山峻岭中迷了路。虽然派出多批探子去探路，但仍然弄不清楚该从哪里走出山谷。时间一长，军队的给养发生困难。如果再不找到出路，大军就会困死在这里。

在这种危急时刻，管仲有了一个设想：既然狗离家很远也能寻回家去，那么军中的马，尤其是老马，也会有认识路途的本领。于是他对齐桓公说：“大王，我认为老马有认路的本领，可以利用它在前面领路，带领大军出山谷。”齐桓公同意试试看。管仲立即挑出几匹老马，解开缰绳，让它们在大军的最前面自由行走。也真奇怪，这些老马都毫不犹豫地朝一个方向行进。大军就紧跟着它们东走西走、最后终于走出山谷，找到了回齐国的大路。

词解人生

一些平日总是出现在我们身边的人，也可能像故事中的老马一样，具有不被人知的本领，所以，不要忽视身边的任何一个人，哪怕这个人显得很卑微。因为任何人都有可能成为你人生棋局里有用的棋子。孔子曾说过：“三人行，必有我师焉。”重视你身边的每一个人，善于与人合作，即使是不起眼的小人物，也有可能助你走出低谷，摆脱困境。如果用实用主义的方法处理与“小人物”的关系，等到“有事才登三宝殿”时，也许已经晚了。对于人才，“临时抱佛脚”是绝对不可行的，在棋局没结束之前，关注棋盘上的每一颗棋子，说不定哪一颗闲置的棋子在下一刻会决定成败。

第三十四章　没有永远正确的策略，只有最适合的方法

是承诺就要兑现——完璧归赵

成语诠释

【来源】（西汉）司马迁《史记·廉颇蔺相如列传》。

【解释】完：完整；璧：宝玉。将宝玉完整地归还给赵国。比喻把原物完好地归还主人。

【成语掌故】

战国时期，赵惠王得到了一块稀世珍宝——和氏璧，秦昭襄王听说后，也想得到这块宝玉，便派使者带着书信来见赵惠文王，说："秦王情愿拿出十五座城池来换这块和氏璧，不知赵王是否答应？"

赵惠文王拿不定主意：给吧，怕上当，不给吧，又怕得罪秦国。这时有个宦官对赵王说："我向大王推荐一人，此人名叫蔺相如，他见多识广，足智多谋，我想让他去秦国，肯定能将这件事处理妥当。"于是，赵惠文王就派蔺相如为使者，出使秦国。

蔺相如来到秦国后，就献上和氏璧，哪知秦王看了一个劲儿赞叹不已，根本没有想还的意思。蔺相如看了暗暗着急，这时，计上心来。他对秦王说："大王，这块璧上有一个小小的污点，让我指给大王看吧！"秦王听了信以为真，把和氏璧递给了他。

蔺相如拿着和氏璧，退到一根柱子旁，对秦王说："看来大王并非诚心用十五座城池来换和氏璧，那就莫怪人小无理了。大王要是逼我的话，我就连同这块璧一同撞在这根柱子上！"秦王怕伤了璧，忙命人拿出地图，将要交换的城池指给蔺相如看。蔺相如心知他只是做做样子而已，于是对秦王说："和氏璧不是一般的璧，赵王在送璧之前，斋戒了五天，大王也应斋戒五天，并在朝堂上举行隆重的仪式，我才敢把璧献上。"秦王无奈，只得答应了蔺相如的要求，准备斋戒仪式。

蔺相如晚上则偷偷地派人带着和氏璧回到了赵国。到了第五天，蔺相如不慌不忙地对秦王说："秦国很少有讲信义的君主，所以我怕受骗，就把璧送回去了。天下都知道秦国是强国，赵国是弱国，大王如果真想要那块

璧，就先把十五座城池割让给赵国，赵国一定将璧呈上。”秦王很生气，但蔺相如说得句句在理，只能就此作罢。

词解人生

俗话说：“受人之托，忠人之事。”当我们的身上肩负着别人的嘱托时，心中便也有相应的责任感，不负所托是一种美德、一种信誉，也是一种道德规范和行为准则。在“5·12”汶川大地震中，一位妇女随意答应一位母亲暂时帮她照看孩子，地震突如其来，这个妇女用自己的生命挽救了被托付的小孩，但她和自己的孩子却被地震夺去了生命。蔺相如凭借自己的智慧与胆识，将赵王的托付顺利完成，这是一种担当；地震中的妇女，以自己与孩子两个人的性命，实践对于邻居的一句承诺，这也是一种担当。

懂得蛰伏，避其锋芒——坚壁清野

成语诠释

【来源】（晋代）陈寿《三国志·魏书·荀彧传》。

【解释】坚壁：加固城墙和堡垒；清野；将野外的粮食、财物收藏起来，使敌人一无所获。加固防御工事，把四野的居民和物资全部转移，叫敌人既打不进来，又抢不到一点东西，站不住脚。

【成语掌故】

东汉末年，曹操镇压黄巾军占领了兖州地区后，雄心勃勃地准备夺取徐州要地。但当时兖州的豪强与吕布勾结，攻破了兖州的大部分地区。曹操得知后，急忙从徐州撤兵，向吕布发起进攻。吕布十分凶悍，双方相持很久，曹操一时无法取胜。

那时，颍川颍阳有个名叫荀彧的人，非常有才能，为避董卓之乱迁居冀州，被袁绍待为上宾。他看出袁绍不能成就大事，就投奔到曹操门下。曹操大喜，任命他为司马。从此，他跟随曹操南征北战，出谋划策，深得曹操的信任。

公元194年，徐州牧陶谦病死，死前将徐州让给了刘备。消息传来，曹操夺取徐州的心再也按捺不住了，忙着要出兵徐州。荀彧知道了曹操的想法，劝谏曹操不要急于进兵徐州，以免被吕布乘虚而入，他说道：“当年汉高祖保住关中，光武帝刘秀据有河内，他们都有一个巩固的根据地，进足以胜敌，退足以坚守，所以成了大业。如今将军占领的是军事要地，如果你不顾兖州而去攻打徐州，我方留守兖州的军队留多了，则不足以取得徐州；留少了，倘若吕布此时乘虚而入，又不足以守住兖州。最后，一定是弄得兖州尽失，徐州未破！眼下正值麦收季节，据报徐州方面已组织人力加紧抢割城外的麦子，运进城去，这表明他们对可能发生的战争有所准备。收完了麦子，对方必然会加固防御工事，撤退四野居民，转移粮草、物资。这样军队开到那里，势必无法立足，对方用‘坚壁清野’的办法对付我们，到那时，必定攻不能克，掠无所得。我看还是先不打徐州为妙，请你再考虑考虑吧！”曹操听了荀彧的话，采用了他的建议，集中兵力，很快打败了吕布。

词解人生

“坚壁清野”是兵家之言，是一种只守不攻的打法，是一种对付优势敌人的战略。当我们面对的是强劲的对手时，低头也是一种权变，学会低头就是把你与外界的对抗降到最低，这样才能保证你顺利突围。在中国历史上，政治斗争、军事斗争乃至权力斗争都极其复杂，有时更是瞬息万变，所以，忍受暂时的屈辱，低头磨炼自己的意志，寻找合适的机会，也就成了一个成功者必须具备的心理素质。所谓“尺蠖之曲，以求伸也，龙蛇之蛰，以求存也”正是这个意思。不论在职场还是在生活中，人都应该善于改变和保护自己。只有善于改变自己，才能适应社会，只有善于保护自己，才能在复杂的环境中生存。

曹操接受了荀彧的建议，采用一种以逸待劳的方式，不仅保全了自己的力量，构建起了最坚固的生存堡垒，还取得了战争最后的胜利。“坚壁清野”从另一个侧面来看，无疑是“留得青山在，不怕没柴烧”的另一种表述。

再复杂的事物也有关键点——庖丁解牛

成语诠释

【来源】（战国）庄周《庄子·养生主》。

【解释】 庖丁：厨师；解：肢解分割。比喻经过反复实践，掌握了事物的客观规律，做事得心应手，运用自如。

【成语掌故】

战国时期，梁国有一个名叫庖丁的厨师，专门负责替梁惠王宰牛。宰牛时，他手所接触的地方，肩所靠着的地方，脚所踩着的地方，膝所顶着的地方，都发出皮骨相离声，刀子刺进去时响声更大，全部都像音乐一样动听，而且他竟然还能将这些声音同《桑林》《经首》两首乐曲伴奏的舞蹈节奏合拍。

梁惠王见了，不禁称赞说：“好极了！你的技术竟然可以如此高明！”

庖丁放下刀子回答说：“臣下喜欢探究事物的规律，这已经超过了对于一般的宰牛技术的兴趣。当初我刚开始宰牛的时候，看见的都是完整的牛。三年之后，当我已经对牛的结构了如指掌的时候，就再也看不见整头的牛了。到了现在，臣下宰牛的时候，只需要用心神去接触牛，而不必用眼睛去看了。依据牛体的天然生理结构，劈开筋骨间大的空隙，沿着骨节间的空穴用刀，从来没有碰过那些支脉、经脉、骨肉粘连的地方，更何况是那种大块的骨头呢?”

庖丁见梁惠王听得十分入迷，便又拿起刀来，指着刀对梁惠王说：“技术高超的厨师每年更换一把刀，因为他们只是用刀子去割肉；技术一般的厨师每月更换一把刀，因为他们是用刀子去砍骨头。现在臣下的这把刀已经用了十九年了，宰过的牛也有几千头了，但是刀刃却还像刚从磨刀石上磨出来的一样锋利。牛的骨节是有空隙的，臣下用很薄的刀刃切入有空隙的骨节间，整个宽度绰绰有余了，所以，这把刀用了十九年，但刀刃却仍像刚磨过的一样。”

梁惠王听他说完，问道：“这么大一头牛，你就这样轻而易举地将它宰完了吗?”

庖丁摇摇头，回答说：“每当碰上筋骨交错聚集的地方，我就会特别谨慎、小心翼翼，目光集中，动作放慢，刀子轻轻地动一下，‘哗啦’一声牛的骨肉便被分解开了，就像一堆泥土散落在地上了一样。这时，我才放心了，提起刀站着，为这一成功而心满意足，然后拭好了刀，把它妥善地收藏起来。”梁惠王拍手叫好：“妙极了！听了庖丁的这一番话，我从中学到了养生之道!”

词解人生

复杂与简单，本来就是相对而言的，尤其是对人生而言。越来越多的著作在尝试告诉我们如何科学、艺术地生活，但我们在看过之后，却感觉人生的变数实在太多了，根本无法把握。但从另一方面来说，人生又很简单，我们总是说，随着时间的流逝，人们变得越来越世俗，越来越复杂，逐渐失去了年少时的单纯。其实，我们的心中早已明白，人生本来很简单，只要思想中没有那么多的患得患失，自己就可以变得纯粹。

牛是结构复杂的个体，要将它解剖开来，并不是那么容易的事情，但庖丁却很容易地做到了，关键在于他掌握了牛身体的结构和宰牛的规律。我们的生活也一样，如果我们能透彻地了解和领悟人生的道理，把握事物内在的规律，再复杂的问题也会迎刃而解。

有些人不值得一忍再忍——请君入瓮

成语诠释

【来源】（宋代）司马光《资治通鉴·唐纪·则天皇后天授二年》。

【解释】瓮：口小腹大的大坛子，一种陶制的盛器。请你进入瓮中，用你的方法惩治你自己。比喻用某人整治别人的办法来整治他自己。

【成语掌故】

武则天当政时期，采取了恐怖的高压政策，奖励告密之人，许多人因此而升官晋级。相应地便出现了许多的酷吏，他们发明各种残忍的刑具逼迫犯人招供，真可谓是无所不用其极，这其中最著名的便是周兴和来俊臣。

整日以折磨他人为乐的周兴，怎么都没有想到，有一天，他也成了别人告密的对象。武则天收到告发周兴与人联络谋反的告密信后大怒，立刻下旨给来俊臣，要他负责审理周兴的案件。

太监送密旨的时候，周兴正在与来俊臣喝酒呢！他们俩一边喝，一边讨论着用什么办法可以使犯人招供。来俊臣看了太监送来的密旨，随便把它往桌上一丢，仍旧和周兴继续原来的话题。来俊臣说他自己写了《告密罗织经》。周兴笑笑说，那里面写的刑罚都算不了什么，最近他又想出了一个好办法，可以逼出犯人的口供来。来俊臣问："什么办法？"

周兴得意洋洋地说："这个新办法就是拿一个大瓮，把它放在火上烧烤，谁不肯招供，就把他放在大瓮里烤，不由他不招！"来俊臣听了，连连叫好。他一面说，一面叫人去搬一只大瓮和一盆炭火到大厅里来，把瓮放在火盆上，盆里炭火熊熊。

来俊臣觉得到时候了，马上变了脸，厉声向周兴宣读武则天的密旨："周兴，你听着，你如果不老实交代，那就只好请你进这个大瓮了！"

周兴顿时吓得面无人色，魂飞天外，手里酒杯一下子便掉到了地上，连忙跪在地上，表示愿意招认。来俊臣定了他的死罪，上报给武则天。武则天觉得周兴为她办了不少事，便免了他的死罪，改判充军，但他的仇家太多了，他的失势便是别人报仇的最好时机，所以他在流放的途中便被人杀死了。

词解人生

看过《天龙八部》的人，对于慕容家的传世武功一定不会陌生——以彼之道还施彼身，其实就是"以其人之道还治其人之身"。其实，它不仅仅是武侠小说中的一门武功，还是为人处世的一种智慧。当你遇到一个蛮不讲理的人时，对他讲道理，无异于是对牛弹琴，最好的办法便是"以其人之道还治其人之身"——用他的方式使他自己陷入被动。这也是君子的一种治人之道。来俊臣知道以一种对付普通人的方法，是无法让周兴认罪的，所以，他用周兴自己的办法，来使之俯首认罪，来俊臣虽然是一个酷吏，但他的这一招“请君入瓮”却是“绝妙之极”。

“请君入瓮”，其实与我们平常所讲的“以眼还眼，以牙还牙”是同样的道理。这些在我们的观念中，与讲究宽宏大量的理念并不相符。但是为了保护更多的人，我们有些时候也需要像《士兵突击》中袁朗所说的那样，做一个“恶的善良人”。

让成功来得更有把握——双管齐下

成语诠释

【来源】（宋代）郭若虚《图画见闻志·故事拾遗》。

【解释】 管：笔；齐：同时。双手执笔同时作画。比喻做一件事从两个方面同时进行，或者两种方法同时使用。

【成语掌故】

唐朝的时候，有一个人叫张璪，字文通，是著名的画家，他以擅长画山水松石而闻名于世。他作画时，一定会先屏息静坐，等到有灵感的时候，一挥而就，顷刻而成。不仅如此，他还有一个绝技——可以用双手同时作画。

与他同时代的一位画家毕宏听说张璪的松树画得独具特色，便请求张璪当面作一幅画，让他开开眼界。张璪爽快地答应了，他让下人取来笔墨纸砚，当场挥毫。只见他双手各握一支笔，一齐开动，一支笔画出枯萎的树枝，另外一支笔却画出翠绿的树叶，枯萎的树枝一片衰败的样子，显出秋天的肃杀；翠绿的树叶则温润鲜活，显出春天的勃勃生机。围观人的纷纷对其作画的手法称赞不已。张璪不仅展现了他的画艺，同时也让人们看到了他发自肺腑的精神气质。毕宏看到了整个过程，又佩服又感慨道：“张先生画松，绝不是其他人可以赶得上的。”后来，人们便把他一次拿两支笔画画的方式叫作“双管齐下”。

词解人生

“条条大路通罗马”，每一件事情，都一定不只有一种解决方法，就像解数学题一样，时常可以运用不同的方法得到答案。我们的人生更是如此。高考时填报志愿，你可以选择名校中一个普通的专业，也可以选择一个普通大学中好的专业。结束本科的学习生活后，你可以选择继续学习，研读硕士、博士学位，也可以选择走出校门步入社会。其实面对着许许多多的选择，我们不一定要固守其一。双管齐下，甚至多管齐下，能让我们的付出获得更多回报，能让成功来得更有把握。

成语荟萃

◎ **背水一战**

【解释】背水：背向水，表示没有退路。比喻与敌人决一死战。

◎ **车载斗量**

【解释】载：装载。用车载，用斗量。形容数量很多，不足为奇。

◎ **摧枯拉朽**

【解释】枯、朽：枯草朽木。摧折枯朽的草木。形容轻而易举。也比喻摧毁腐朽势力的强大气势。

◎ **竭泽而渔**

【解释】泽：池、湖。掏干了水塘捉鱼。比喻取之不留余地，只图眼前利益，不作长远打算。也形容反动派对人民的残酷剥削。

◎ **近水楼台**

【解释】靠近水边的楼台。比喻能优先得到利益或便利的某种地位或关系。

◎ **两败俱伤**

【解释】俱：都。斗争双方都受到损伤，谁也没得到好处。

◎ **鹿死谁手**

【解释】原比喻不知政权会落在谁的手里。现在也泛指在竞赛中不知谁会取得最后的胜利。

◎ **旗鼓相当**

【解释】比喻双方力量不相上下。

◎ **强弩之末**

【解释】强弩所发的矢，飞行已达末程。比喻强大的力量已经衰弱，起不了什么作用。

◎ **任人唯贤**

【解释】贤：有德有才的人。指用人只选有德有才的人。

◎ **势如破竹**

【解释】势：气势，威力。形势就像劈竹子，头上几节破开以后，下面各节顺着刀势就分开了。比喻节节胜利，毫无阻碍。

◎ **天罗地网**

【解释】天罗：张在空中捕鸟的网。天空地面，遍张罗网。指上下四方设置的包围圈。比喻对敌人、逃犯等的严密包围。

◎ **项庄舞剑**

【解释】比喻说话和行动的真实意图别有所指。

◎ **一鼓作气**

【解释】一鼓：第一次击鼓；作：振作；气：勇气。第一次击鼓时士气振奋。比喻趁劲头大的时候鼓起干劲，一口气把工作做完。

◎ **异军突起**

【解释】异军：另外一支军队。比喻一支新生力量突然出现。

◎ **终南捷径**

【解释】指用特殊手段达到目的。也比喻达到目的的便捷途径。

◎ **重蹈覆辙**

【解释】蹈：踏；覆：翻；辙：车轮碾过的痕迹。重新走上翻过车的老路。比喻不吸取教训，再走失败的老路。

◎ **大材小用**

【解释】把大的材料当成小的材料用。比喻使用不当，浪费人才。

◉ **东窗事发**

【解释】比喻阴谋已败露。

◉ **覆水难收**

【解释】覆：倒。倒在地上的水难以收回。比喻事情已成定局，无法挽回。

◉ **刮目相看**

【解释】指别人已有进步，不能再用老眼光看他。

◉ **老生常谈**

【解释】老书生经常说的话。比喻人们听惯了的没有新鲜意思的话。

◉ **亲痛仇快**

【解释】自己人痛心而敌人高兴。指某种举动只利于敌人，不利于自己。

◉ **昭然若揭**

【解释】昭然：明显、显著的样子；揭：原意为高举，现也指揭开。形容真相全部暴露，一切都明明白白。

◉ **户枢不蠹**

【解释】经常转动的门轴不会被虫蛀。比喻经常运动的东西不容易受侵蚀。

◉ **刚柔相济**

【解释】刚强的和柔和的互相调剂。

◉ **水涨船高**

【解释】水位升高，船身也随之浮起。比喻事物随着它所凭借的基础的提高而提高。

◉ **相辅相成**

【解释】辅：辅助。指两件事物互相配合，互相辅助，缺一不可。

◉ **蚁穴溃堤**

【解释】小小的蚂蚁窝，能够使堤岸溃决。比喻小事不注意，就会出大乱子。

◉ **一箭双雕**

【解释】原指射箭技术高超，一箭射中两只雕。后比喻做一件事达到两个目的。

◉ **池鱼之殃**

【解释】比喻受牵连而遭到祸害。

◉ **过河拆桥**

【解释】自己过了河，便把桥拆掉。比喻达到目的后，就把帮助过自己的人一脚踢开。

◉ **纵虎归山**

【解释】把老虎放回山里去。比喻把坏人放回老巢，留下祸根。

◉ **姑息养奸**

【解释】姑息：为求苟安，无原则地宽容；养：助长；奸：坏人坏事。无原则地宽容，只会助长坏人作恶。

◉ **开门揖盗**

【解释】揖：拱手作礼。开门请强盗进来。比喻引进坏人，招来祸患。

◉ **孤掌难鸣**

【解释】一个巴掌拍不响。比喻力量孤单，难以成事。

◉ **如虎添翼**

【解释】好像老虎长上了翅膀。比喻强有力的人得到帮助变得更强。

◉ **以卵击石**

【解释】拿蛋去碰石头。比喻不自量力，自取灭亡。

◉ **本末倒置**

【解释】本：树根；末：树梢；置：放。比喻把主次、轻重的位置弄颠倒了。

◉ **轻重缓急**

【解释】指各种事情中有主要的和次要的，急于要办的和可以慢一点办的区别。

◉ **死灰复燃**

【解释】冷灰重新烧了起来。原比喻失势的人重新得势。现常比喻已经消失了的恶势力又重新活动起来。

◉ **涸辙之鲋**

【解释】涸：干；辙：车轮碾过的痕

迹；鲋：鲫鱼。水干了的车沟里的小鱼。比喻在困境中亟待援救的人。

◉瓮中捉鳖

【解释】从大坛子里捉王八。比喻想要捕捉的对象已在掌握之中。形容手到擒来，轻易而有把握。

◉水到渠成

【解释】渠：水道。水流到的地方自然形成一条水道。比喻条件成熟，事情自然会成功。

◉假道灭虢

【解释】假：借；道：道路；虢：春秋时诸侯国，在今山西平陆及河南三门峡一带。泛指用借路的名义灭亡这个国家。

◉金蝉脱壳

【解释】蝉变为成虫时要脱去一层壳。比喻用计脱身，使人不能及时发觉。

◉锦囊妙计

【解释】小说里描写足智多谋的人把对付敌方的计策写在纸条上，放在锦囊里，以便当事人在紧急时拆阅。比喻有准备的巧妙办法。

◉瞒天过海

【解释】用欺骗的手段在暗地里活动。

◉借刀杀人

【解释】比喻自己不出面，借别人的手去害人。

第六篇

遇见未知的自己，向生命求知

第三十五章　知识是医治愚昧的良药

开口的一瞬间，就失去了宁静之美——洗耳恭听

成语诠释

【来源】（元代）郑廷玉《楚昭公》第四折。

【解释】 恭：恭敬。洗干净耳朵，恭恭敬敬地倾听别人讲话。形容态度诚恳地聆听别人的讲话，也是请人讲话时的客气话。

【成语掌故】

尧帝，因封于唐，而被后世称为“唐尧”。他德高望重，人民都很尊重他。在他的领导下，各邦族之间团结如一家，和睦相处。到了尧老年的时候，由部落联盟推举他的继承人，大家一致推荐了舜。尧将自己的女儿嫁给了舜，又经过了长期的考察后，才放心地将首领的位子给了他。

尧舜时代，有一位贤人，叫许由。尧在选继承人的时候，听说许由是个世外高人，便想把首领的位子让给他。许由是个以不问政治为“清高”的人，不但拒绝了尧的请求，而且连夜逃进箕山，隐居不出。当时尧还以为许由谦虚，更加敬重，便又派人去请他，并传话说，如果坚决不接受帝位，则希望能出来当个“九州长”。不料，许由听了这个消息更加厌恶，立刻跑到山下的颍水边去，掬水洗耳。

许由的朋友巢父也隐居在这里，正巧牵着一头小牛来给它饮水，便问许由干什么。许由就把事情告诉他，并且说：“我听了这样的不干净的话，怎能不赶快洗洗我清白的耳朵呢?”巢父听了，冷笑一声说道：“哼，谁叫你在外面招摇，名声大了，惹出麻烦来，完全是你自找的，还洗什么耳朵!别玷污了我小牛的嘴!”说着，牵起小牛，径自走向水流的上游去了。

这个故事中的“洗耳”与后来“洗耳”的含义完全不同。许由是因为不愿意听，且自命清高而洗耳；后世所说的“洗耳”则是准备领教的意思。

词解人生

如果说雄辩可以得天下的话，那么倾听则能够守天下。雄辩所能展示的风光，无论有多强的感染力，仍免不了受语言的局限；倾听则能够在滔滔的话语中发现一个人最纯真的心语，最大限度地收获信息。

心浮气躁的人，也是耳目闭塞的人，有多少生活的真谛离他们而去，他们却全然不知。不善倾听的人，没有一种能容纳不同声音的胸怀。他们急于表达，却是在把自己无知自大的一面完全地展示给别人看。他们的初衷是让别人看到和听到他们，结果确实如此，但别人看到和听到的却是他们最不想展露于人前的无知。

倾听，或许会让你失去很多表现的机会，或许会给你喧哗乱耳虚实混杂的烦恼，但善于倾听者，一定能从别人的声音里收获各种自己所不了解的知识与信息，然后听到机遇的脚步声，最终获得成功。

关在自己的世界中，注定孤陋寡闻——不耻下问

成语诠释

【来源】（春秋）孔子《论语·公冶长》。

【解释】不耻：不以为可耻。不以向地位比自己低、学识比自己差的人请教为耻。形容人虚心求教。

【成语掌故】

孔子是春秋时期著名的人物，他门下弟子众多，相传其弟子有三千人，其中著名的有七十二个，被称为“七十二贤人”。他与他的弟子经常就一些事情或言行展开讨论，通过这些讨论，孔子及时地对他的弟子进行教育和点拨。

卫国大夫孔圉聪明好学，更难得的是他是个非常谦虚的人。在孔圉死后，卫国国君为了让后代的人都能学习和发扬他好学的精神，因此特别赐给他一个“文公”的谥号。后人就尊称他为孔文子。

孔子的学生子贡也是卫国人，但是他却不认为孔圉配得上那样高的评价。有一次，他问孔子说：“孔圉的学问及才华虽然很高，但是比他更杰出的人还有很多，凭什么赐给孔圉‘文公’的称号？”孔子听了微笑着说：“孔圉非常勤奋好学，脑筋聪明又灵活，而且如果有任何不懂的事情，就算对方地位或学问不如他，他都会大方而谦虚地请教，一点都不因此感到羞耻，这就是他难得的地方，因此赐给他‘文公’的称号并不会不恰当。”经过孔子这样的解释，子贡终于明白了，并决定要向孔圉学习。

词解人生

学问，乃是“学”与“问”的结合。要从一个一无所知的懵懂小儿变为一个知书达理的人，学习是一个必经的阶段，而在这个阶段中“问”也是必不可少的。孔子曾经以“每事问”为世人作出了最好的榜样，他也成为“不耻下问”的一个典范。

如果你想要成为一个成绩优异的学生，你就必须尽可能地向老师与同学提出问

题，甚至有些时候还要听听那些成绩不如自己的人的看法，因为他们擅长的科目可能刚好是你的弱势学科；如果你想要成为一个渊博的学者，你就必须要在自己研究的领域中，尽可能地向前辈与大师请教，甚至有些时候还要听听那些初学者的见解，因为他们的思想中也会存在一些你可能没有的智慧火花；如果你想要成为一个优秀的员工，你就必须在自己所从事的行业中，尽可能地和同事、领导“沟通”，甚至有些时候还要听听“菜鸟”的观点，因为他们虽然缺乏经验，但他们可能已经拥有了远远超过你的理论知识……

所以，无论你想做什么，你都有必要及时地向别人请教，毕竟学海无涯，别再把向别人请教当作是一种羞耻了，发现自己的无知才能在最短的时间内提升自我，这样的过程一定是充满智慧的，绝对与耻辱无关。当你面对未知的事物时，请多问问身边的人吧！

师长是人生的第二父母——程门立雪

成语诠释

【来源】《宋史·杨时传》。

【解释】程：程颐，宋代著名的学者；立：侍立。站在雪中，在程颐的门口等待。形容学生恭敬受教，尊敬师长。

【成语掌故】

程颢、程颐兄弟俩都是北宋时期著名的哲学家和教育家，程颢人称明道先生，程颐人称伊川先生，是宋明理学的奠基人，世称“二程”。他们为人正直严谨，到他们门下求学的人特别多，杨时和游酢便是其中的两位。

杨时自幼聪明好学，反应灵敏，口齿伶俐。成年后，他虽然考取了进士，却淡泊名利，为了丰富自己的学问，毅然放弃了高官厚禄，跑到河南颍昌拜程颢为师，虚心求教。后来，程颢死，他仍然立志求学，刻苦钻研，又跑到洛阳去拜程颢的弟弟程颐为师。

游酢是杨时的好朋友，他们二人志同道合，经常就一些问题秉烛夜谈。他听说杨时要去拜程颐为师，便也不辞辛苦，与杨时结伴而行。他们到了程家，正遇上程老先生闭目养神，坐着假睡。这时候，外面开始下雪。两人求师心切，便恭恭敬敬侍立一旁，不言不动，如此等了大半天，程颐才慢慢睁开眼睛，见杨时、游酢站在面前，吃了一惊。这时候，门外的雪已经积了一尺多厚了，而杨时和游酢并没有一丝疲倦和不耐烦的神情。程颐见了感动不已，于是将自己的学问倾囊相授。杨时和游酢也不负众望，都成了饱学之士，杨时更独创学派，世称“龟山先生”。

词解人生

俗话说：一日为师，终身为父。中国自古以来就有“尊师重教”的观念，提倡将那些授予自己知识的人当作自己的长辈来看待，这不仅仅是对于为师者的尊敬，实际也是对于知识的尊敬。

或许有人会提出“人无完人”这样的观点，会说即使是为师者也有不知道的东西，也会有犯错的时候。如果按照这样的观点来看问题的话，没有任何一个人有资格当别人的老师，那么知识要如何传递？智慧要如何传承？社会要如何进步？

如果你将知识当作一种信仰来看待的话，就用同样的心态去面对你的老师，像杨时与游酢对待程颐那样，让为师者看到你学习的诚意，求知的欲望和对知识的推崇，这样他们才会认为你是值得他们花心思去教的，你是不会玷污神圣的知识殿堂的，你是有资格成为智慧的传播者的。唯有这样，他们才会倾囊相授，你才能沿着正确的路走进知识的“象牙塔”。

第三十六章　学习从来没有捷径可走

助你攀登书山的“小橘灯”——凿壁偷光

成语诠释

【来源】《西京杂记》卷二。

【解释】西汉匡衡凿穿墙壁引邻舍之烛光读书。指勤奋学习。

【成语掌故】

西汉时候，东海郡出了一个大学者，叫匡衡。他读了很多书，学识非常渊博。但他的成功并不是因为他是个天才，而是因为他的执着与勤奋。

他出身于一个贫苦农民家庭，自幼就很想读书，可是因为家里穷，所以没钱上学。后来，他跟一个亲戚学认字，才有了看书的能力。但是当时的书价都很高，家里根本买不起，那些家中有书的富人们又不肯轻易地把书借给别人。于是，匡衡就在农忙的时节，给有钱的人家打短工，不要工钱，只求人家借书给他看，那些有钱人自然是乐意之至。这样，匡衡便有了许多的书可以读。

但是，新的问题出现了，他一天到晚在地里干活，只有中午歇晌的时候，才有工夫看一点书，所以一卷书常常要十天半月才能够读完。匡衡很着急，心里想：白天种庄稼，没有时间看书，我可以多利用一些晚上的时间来看书。可是匡衡家里很穷，点不起煤油灯，怎么办呢？

有一天晚上，匡衡躺在床上背白天读过的书。背着背着，突然看到东边的墙壁上透过来一丝亮光。他站起身，走到墙壁边一看，原来从壁缝里透过来的是邻居家的烛光。于是，匡衡想了一个办法：他拿了一把小刀，在墙壁上挖了一个小洞，在邻居家掌灯的时候，烛光从小洞中透过来，他就凑着透进来的灯光，读起书来。书得来不易，烛光也得来不易，因此匡衡非常珍惜难得的读书机会，他以惊人的毅力博览群书，终于成为一名知识渊博的学者。

词解人生

任何外在条件都无法阻挡我们追求知识的脚步，匡衡便是最好的例证。他勇于战胜艰苦的条件，勤奋读书的精神，为我们树立了刻苦学习的榜样。匡衡为了获得学习的机会，甘愿给有书的人家打工，而他“偷”光的行为，更是令人感叹。不只是匡衡，历史上一切有成就、有作为的人，无不具有刻苦的精神，而一个人只要下定决心，不言放弃，总会获得成功。

贫穷的出身，不是我们自己可以选择的，但如何继续自己的人生，选择权却在我们自己手中。贫穷使我们受到了许多的限制，但正如匡衡克服读书的重重困难一样，我们也可以用其他的一些方式来实现心中的理想。太阳和月亮都可以给人以光明，同样的冰心笔下简易的“小橘灯”也一样可以照亮求知之路。

停止懒惰，勤奋带来成功——闻鸡起舞

成语诠释

【来源】《晋书·祖逖传》。

【解释】闻：听到；舞：舞剑。听到鸡叫声，就起来舞剑。比喻有志向的人及时奋起。

【成语掌故】

西晋时期，统治阶级极其腐败，北方匈奴趁机入侵，消灭了晋军主力，攻陷了晋都洛阳，俘虏了晋愍帝。匈奴对晋愍帝百般羞辱，叫晋愍帝身穿奴才的服装，宴会时为匈奴贵族端茶倒酒，打猎时命令他充当猎犬，在马队前奔跑，追捕猎物。晋愍帝受尽了匈奴的奚落与侮辱，最后还是被匈奴杀了。西晋皇帝的命运尚且如此，普通百姓的痛苦就可想而知了！

祖逖，字士稚，小时候不爱读书，青年以后，意识到自己知识的贫乏，于是决定发奋读书。他与好友刘琨都对国家的现状深感忧虑。两人感情深厚，加上有共同的理想，经常是话到投机之时，便同床而卧，同被而眠。

一天，两人睡得正香，一阵鸡叫声把祖逖惊醒了，他把刘琨叫醒，对他说：“别人都认为半夜听见鸡叫不吉利，我偏不这样想，咱们干脆以后听见鸡叫就起床练剑如何？”刘琨欣然同意，于是他们每天鸡叫后，在皎洁的月光下，起床练剑，直到皓月西沉、东方发白才收剑回屋。春去冬来，从不间断。工夫不负有心人，经过长期的刻苦学习和训练，他们终于成为能文能武的全才，既能写得一手好文章，又能带兵打仗。祖逖被封为镇西将军，刘琨做了征北中郎将，兼管并、冀、幽三州的军事，两人都实现了报效国家的愿望。

词解人生

富兰克林说：“勤奋是好运之母。”正是勤奋与坚持不懈，使平凡的祖逖和刘琨成为威名远扬的将军。

每个人都渴望成功，都希望好运降临到自己身上。事实上，成功的大门永远为勤奋者敞开着，幸运女神也总是垂青于坚持不懈的人。不要抱怨机会总是与自己擦肩而过，在机会来临之前，先问一下自己：我足够勤奋吗？

每个人的身体里都隐藏着一个叫做“懒惰”的虫子，当我们想要去做一些事情的时候，它总是会跳出来，与我们身体里的“勤奋”斗争，唯有能将“懒惰”打败的人，才能获得成功。有时候，牺牲一点安逸的享受，代之以奋发向上的拼搏，人生便会多一分积极与动力，成功的曙光便会照耀到你的身上。

不经历风雨，怎么见彩虹——卧薪尝胆

成语诠释

【来源】（西汉）司马迁《史记·越王勾践世家》。

【解释】卧，睡；薪：柴草；胆；苦胆。睡在柴草上，品尝苦胆。形容人刻苦自励，发愤图强。

【成语掌故】

春秋时期，各国纷争不断。公元前496年，吴国征讨越国，吴王阖闾亲率大军前去征战，双方在今浙江嘉兴一带展开决战。越兵背水一战，以死相拼，结果大败吴军。吴王阖闾也被毒箭射死，临死之前，他吩咐立太子夫差为王，并叮嘱夫差一定要为父报仇。夫差励精图治，经过三年的努力，吴国逐渐强大起来。

公元前494年，吴王夫差为报越国杀父之仇，亲率大军进攻越国。越王勾践率军迎战，在夫椒对阵。结果，吴军大败越军，越王勾践带着五千残兵败将逃到会稽山上，被夫差团团包围。勾践无奈，只好派大臣文种带着大量的礼物向吴军求和。

文种来到吴军阵中，跪在夫差面前说：“我奉亡国之君的命令冒昧地向您转达勾践的心愿，勾践情愿当您的臣子，他的妻子当您的仆人，服侍大王。”夫差没有同意。勾践和他的臣子们又想了个办法，他们把绝色美女西施送给了夫差，夫差这才同意勾践的请求。

勾践在吴国给夫差当了三年的仆人，才得以回到越国。回到越国，勾践一心致力于复国大业。为了使自己不忘耻辱，他决心在打败吴国前不睡床铺，只睡柴草，并在睡处悬挂一个猪的苦胆，每天在就寝前都要先尝尝这苦胆的滋味。他不断激励自己振作精神，这就是卧薪尝胆的由来。

同时，勾践放下国王的架子，谦虚对待百姓，热情地接待四方宾客。在短短的几年时间里，招募了大量有才能、有德行的人才。就这样，经过十年的耐心等待和发奋努力，勾践终于打败了吴国，并成为春秋时期的最后一位霸主。

词解人生

“当你跌落谷底时，别灰心，至少接下来你每跨出的每一步都是向上的。”当处于人生的低谷时，你每一步的选择都是至关重要的。有的人奋起直追，以一种大无畏的勇气与命运抗争；有的人从此放弃，沮丧颓废。挫折只是一场“雷阵雨”，昂起头闯过去，便会有最美的彩虹出现，这样的人生即使有无数次的低谷，最终还是会走向成功。

如果我们能像越王勾践一样，将失败作为一种激励，将屈辱变为一种动力，那么“十年生聚，十年教训”便不会那么痛苦与难熬，战胜它，迎接我们的将是胜利。

取其精神，弃其方法——悬梁刺股

成语诠释

【来源】（西汉）刘向《战国策·秦策一》和（东汉）班固《汉书》。

【解释】股：大腿。将头发悬在梁上，用锥子刺大腿，以防止打瞌睡。形容读书学习发愤刻苦。

【成语掌故】

战国时期，有一个人名叫苏秦，字季子，是当时有名的政治家。他年轻时，曾与张仪一起师从鬼谷子学习兵法。学成之后，他到各国去游说，希望各国的君主可以采纳他的政治主张，但却始终一无所获。最后，他的钱全部都花光了，只能回家。

回家后，家人对他也很冷淡，瞧不起他，邻居们也都在暗地里嘲笑他，这对他的刺激很大。所以，他下定决心，发奋读书。从此，他闭门不出，埋头苦读，常常读书到深夜，有时疲倦得直打盹，想睡觉，他就用冷水冲醒自己。但是，到后来冷水也没有什么用了，于是他想出了另一个方法，准备一把锥子，一打瞌睡，就用锥子往自己的大腿上刺。这样，猛然间感到疼痛，使自己清醒，再坚持读书。

几年的苦读之后，他掌握了丰富的知识，于是他再次去游说，后终于成为一位声望颇高的大纵横家。

东汉时期，也有一个像苏秦一样勤学苦读的人，他叫孙敬，字文宝，是当时著名的政治家。开始由于知识浅薄得不到重用，于是，他下决心认真钻研，经常关起门，独自一人如饥似渴地读书。每天从早到晚读书，常常是废寝忘食。读书时间长，疲倦得直打瞌睡。他想了很多办法来刺激自己，但是到后来都失去了功效。

他怕影响自己读书，就想出了一个特别的办法。他找来一根绳子，一头牢牢地绑在房梁上，一头则绑住自己的头发。当他读书疲劳时打盹了，头一低，绳子就会牵住头发，这样就会把头皮扯痛了，自己马上清醒，再继续读书学习。工夫不负有心人，孙敬后来终于成为一个大学问家。

词解人生

拉美特利说过："大海越是布满暗礁，越是以险恶出名，我越觉得通过重重危难去寻求不朽是一件赏心乐事。"在逆境中，只有懦夫才会一蹶不振，视此为人生的终结。纵观历史，凡是在大苦大难中取得成就的人物，都是真正的强者。求知也是如此，不经历风雨，怎么会见到美丽的彩虹？没有百转千回的"山重水复疑无路"，又何来豁然开朗的"柳暗花明又一村"？要想获得大幅度的提升，便要经历"华山天险一条路"，要有百折不回的韧劲，闻鸡起舞的苦干，悬梁刺股的志气和奋发，这样就一定能够"破壁"，一定能够"走通"，一定能够华山登顶、一览众山。但应注意的是，悬梁刺股需要的是一种精神，而并非是自残的实际行动。

第三十七章 知识就是力量

少谈些抱负，多做些实事——纸上谈兵

成语诠释

【来源】（西汉）司马迁《史记·廉颇蔺相如列传》。

【解释】纸：书；兵：用兵之道。在纸面上谈论打仗。比喻空谈理论，不能解决实际问题，也比喻空谈不能成为现实。

【成语掌故】

战国时期，赵国名将赵奢的儿子赵括，从小就熟读兵书，他一谈起用兵之道来，连赵奢都说不过他。日子久了，赵括便自以为天下没有人能比得上自己。但赵奢深知儿子并没有带兵打仗的真本事，因此他临终前嘱咐赵括，千万不要担任将军的职务，否则必定会给赵国带来失败。

公元前262年，秦国进犯赵国。赵孝成王任命廉颇为大将，率军抵抗。久经沙场的廉颇领兵二十万前去抗敌，两军在长平展开了大战。廉颇见秦军强大，不能硬拼，便决定在长平筑垒固守，等到秦军粮草供给不足的时候再出兵作战。于是廉颇下令闭门不出，进行严密防守，不管秦军如何挑衅，都不应战。就这样，廉颇在长平坚守达三年之久，秦军没能得逞。

秦国见一时无法取胜，就派人到赵国都城邯郸去散布流言，说廉颇惧怕秦兵，秦国特别怕赵王任命赵括为将。赵王果然中计，下令由赵括取代廉颇为大将。

赵括根本没有实际作战经验，一上任便改变了廉颇的作战方案，向秦军发起全面攻击。秦军假装战败，一直将赵军引到秦军大营前。赵括知道中计，可为时已晚。赵军进也不是退也不是，成了瓮中之鳖。几十万赵军内无粮草，外无援军，很快便陷入了绝境。

四十六天后，赵括决心孤注一掷地向外突围，还没跑到秦军的阵地前，就被乱箭射死了。主帅一死，赵军全线崩溃，四十万大军全被秦军活埋。从此以后，赵国一蹶不振。蔺相如因此评论赵括是个死读兵书而不知变通的人。

词解人生

要想做成一件事情，需要两步：想和做。我们学习的过程，无论是自学，还是从师，实际上都是一个“想”的过程。在这个过程中，我们可以天马行空，可以将自己置身于广阔的宇宙天地之间，尽情地享受思想驰骋的乐趣，毕竟“大胆假设，小心求证”也是一种科学的实验方法。

但“做”与“想”则完全不一样，在做的过程中需要真正耗费脑力和体力，需要面对许多困难，因此，必须在经过深思熟虑之后，才能付诸行动。毕竟“实践是检验真理的唯一标准”，只有将我们心中的所想化为行动，才能验证它是否可行。

但赵括却停在“想”的阶段，他将自己所“想”的当成一种真知灼见，却不知自己的理所当然只不过是一场“纸上谈兵”而已。即使你已经满腹经纶，也没有任何骄傲的理由，只有当你能将其灵活地运用于现实，才能实现知识的价值。

病急不能乱投医——抱薪救火

成语诠释

【来源】（西汉）司马迁《史记·魏世家》。

【解释】薪：柴草。抱着柴草去救火。比喻人想消灭灾害，但使用的方法不当，反而使灾害扩大，变得更严重了。

【成语掌故】

战国时期，魏国因为实力远远不及秦国，所以总是受到秦国的侵略。魏国的安厘王即位后，秦国更加紧了对魏国的进攻，魏国节节败退。连续多年的战争，魏国连连败北，安厘王身为国君整日提心吊胆，寝食不安，但始终想不出好的应对之策。他把大臣们召来，问大家有没有可以使秦国退兵的办法。大臣们个个六神无主，谁也不敢提“抵抗”二字，大都主张割让土地向秦王求和。当时有个叫苏代的谋士，他是提出“合纵抗秦”主张的苏秦的弟弟，他坚持哥哥的主张，希望各诸侯国联合起来，共同抵抗秦国。苏代得知安厘王决定割地求和的事情后，就对安厘王说：“大王，这些胆小鬼个个贪生怕死，所以才让您割地求和，这根本不是解决问题的办法。侵略者都是贪得无厌的，您把大片的领土割让给秦国，虽然换来了暂时的和平，但是秦王的野心并不会因此而停止，他的欲望是无止境的。只要魏国的土地还在，秦国就不会停止对我们的进攻。从前，有一个人，他的房子着火了，别人劝他赶快用水浇灭大火，他不仅不听，还抱起一捆柴草去救火，柴草一把一把地投入到火中，不仅没有灭火，反而助长了火势，柴草一天烧不完，火一天都不会熄灭。大王您现在同意割让魏国的土地去向秦国求和，无异于抱着柴草去救火。”

苏代讲得口干舌燥，但胆小的安厘王却听不进去，只顾眼前的太平，还是把魏国大片的土地割让给了秦国。此后，没几年，秦国又向魏国大举进攻，包围了魏国的都城大梁，魏国终于被秦国灭掉了。

词解人生

方法，总是制胜的一个关键。只有找到解决问题的最佳方法，才能使事情如预期的那样，获得成功。我们总是希望自己可以找到一个最有效地解决问题的方法，以达到事半功倍的效果；我们总是希望可以花最小的力气，以获得最大的收获。但我们通常不知道这样的方法究竟是什么，也不知道这样的方法应从何而来。

所以，“病急乱投医”成了在紧急状况下“唯一”的选择。面对令人焦头烂额的现状，我们手足无措，所能想到的便是如何能最快地解决眼前的问题，但多数情况是，我们因此而成了那个为自己着火的房子添上一把柴草的人。

闪亮的“珠宝”可能是玻璃——买椟还珠

成语诠释

【来源】（战国）韩非《韩非子·外储说左上》。

【解释】椟：木匣子；还：退还；珠：珍珠。买下木匣子，退还了珍珠。比喻舍本逐末，取舍不当。

【成语掌故】

春秋时期，楚国有一个珠宝商人，他做生意很讲究信誉，很多人都愿意到他这里来买珠宝。

一天，珠宝商人得到了一颗漂亮的珍珠，他打算把这颗珍珠卖出去。为了卖个好价钱，他便想把珍珠好好包装一下，他觉得有了高贵的包装，那么珍珠的“身份”就自然会高起来。

于是，他找来名贵的木材，又请来手艺高超的匠人，为珍珠做了一个盒子（即椟），用桂椒香料把盒子熏得香气扑鼻。然后，在盒子的外面精雕细刻了许多好看的花纹，还镶上漂亮的金属花边，看上去盒子闪闪发光，实在是一件精致美观的工艺品。珠宝商人将珍珠小心翼翼地放进盒子里，拿到市场上去卖。

到市场不久，很多人都围上来观赏。一个郑国人拿在手里看了半天，爱不释手，出高价将珠宝商人的盒子买了下来。

郑人交过钱后，便拿着盒子往回走。可是没走几步他又回来了，珠宝商人以为郑人后悔了要退货。只见郑人将打开的盒子里的珍珠取出来交给商人说："先生，您将一颗珍珠忘放在盒子里了，我特意回来还珠子的。"于是郑人将珍珠交给了商人，然后低着头一边欣赏木盒子，一边往回走。

珠宝商人拿着被退回的珍珠，十分尴尬地站在那里。他原本以为别人会欣赏他的珍珠，可是没想到精美的外包装掩盖了包装盒内珍珠的价值，以至于"喧宾夺主"，令他哭笑不得。

词解人生

包装，已经成了一个人们非常关注的话题。人们开始习惯于通过外表来对事物作出评价。有许多人就像故事中的郑国人一样，眼睛只盯着那只精美的盒子，却忽略了真正有价值的"珠宝"。

以貌取人容易犯错，这是我们每个人都熟知的，但很多情况下，我们还是会被事物的外表所迷惑。一个精美的封面，会让我们对一本书产生莫名的好感；一个精致的美女，会让我们自然而然地认为她是一个善良的人；一颗闪耀着光芒的珠宝，会让我们轻易地相信它是百分之百的真品……但事实却并非一定如我们所想。

所以，我们应该知道：有价值的东西不一定明艳动人，让人眼前一亮的可能只是假货。只有认清事物的本质，才不会被假象所迷惑。

多称称自己的重量——夜郎自大

成语诠释

【来源】（西汉）司马迁《史记·西南夷列传》。

【解释】夜郎：汉朝时期西南地区的一个小国。夜郎国的人骄傲自大。比喻孤陋寡闻，妄自尊大。

【成语掌故】

西汉时期，西南方有个名叫夜郎的小国，它国土很小，百姓也少，物产更是少得可怜。但是与邻近地区的国家相比，夜郎这个国家是最大的。所以，从没离开过国家的夜郎国王就以为自己统治的国家是全天下最大的国家。

一天，夜郎国王与部下巡视国境的时候，他指着前方问："这里哪个国家最大呀?"部下们为了迎合国王的心意，说："当然是夜郎国最大啰!"过了一会儿，他又抬起头来，望着前方的高山问："天底下还有比这座山更高的山吗?"部下们回答说："当然没有了。"接着，他们来到河边，国王问："我认为这是世界上最长的河了。"部下们异口同声地说："一点都没错。"从此以后，无知的国王就更相信夜郎是天底下最大的国家。

有一次，汉朝派使者来到夜郎，途中先经过夜郎的邻国滇国，滇王问使者："汉朝和我的国家比起来哪个大？"使者吓了一跳，他没想到这样一个小国家，竟然自以为能与汉朝相比。使者到了夜郎国，骄傲、无知的国王竟然也不知天高地厚地问使者："汉朝和我的国家哪个大？"使者心想，夜郎的地盘还不及汉朝的一个郡大，怎么会提出这样的问题呢？于是，使者向夜郎国王介绍了汉朝的情况，但夜郎国的人却说什么都不相信。

词解人生

很多人都以为自己是人才，至少是某一方面的人才，所以，别人的成绩我们一般是看不到的，而自己的成绩总会在心里放大，对回报的期望自然就会越来越高，也就会越来越觉得自己的贡献没有被人发现，自己的付出没有得到应有的回报。正如夜郎国在夜郎国王的心目中是天下第一一样，人们的无知总是会导致自大的存在。

有一种傲，是傲气，是傲骨，是被人称赞的美德，因为它所代表的是原则和气节；还有一种傲，是傲慢，是骄傲，是被人批评的对象，因为它所代表的是无知和自大。一个人的身上可以有傲气与傲骨，但绝不能傲慢和骄傲。先认清自己的才能，找准自己的定位，再去审视周围的世界。别只是一味地抱怨自己得不到应得的，也别再叹息自己的才能得不到最好的发挥，那都源于你对自己认识不清。

第三十八章　学海无涯苦作舟

实现目标，一要专注，二要重复——韦编三绝

成语诠释

【来源】（西汉）司马迁《史记·孔子世家》。

【解释】韦：熟牛皮；韦编：用熟牛皮绳编联起来的竹简；三：表示多次；绝：断。孔子为读《易》而多次翻断了牛皮带子。比喻读书勤奋。

【成语掌故】

春秋时的书，主要是以竹子为材料制成的：把竹子劈成一根根竹签，称为“竹简”，用火烘干后在上面写字。竹简有一定的长度和宽度，一根竹简只能写一行字，多则几十个，少则八九个。一部书要用许多竹简，这些竹简必须用牢固的绳子之类的东西编起来才能阅读。像《易》这样的书，是由许许多多竹简编起来的，因此有相当的重量。

出生于春秋时期的大教育家孔子自幼丧父，但他勤奋好学，曾拜许多人为师，学习各种各样的知识。他涉猎十分广泛，加上他不知疲倦地刻苦钻研，成为我国历史上著名的大学问家。

孔子在年轻的时候就花了很大的精力，把《易》全部读了一遍，基本上了解了它的内容。不久，他又读了第二遍，掌握了它的基本要点。接着，他又读了第三遍，对其中的精神、实质有了透彻的了解。在这以后，为了深入研究这部书，又为了给弟子讲解，他又不知翻阅了多少遍。这样读来读去，把串连竹简的牛皮带子也给磨断了几次，不得不多次换上新的再使用。即使读书读到了这样的地步，孔子还谦虚地说：“假如让我多活几年，我就可以完全掌握《易》的文与质了。”

孔子不仅以身作则，给自己的学生树立了最好的榜样，而且还利用各种机会告诉学生“好学”的重要性，因此他成为桃李满天下的大教育家。

词解人生

古语有云：“读书百遍，其义自见。”可见，读书并不只是一个看的过程，它需要我们一次次不断地重复与温习。学问的形成，是一个循序渐进的过程，它不是你

今天读了这本书，便可以了解与其相关的所有东西，它需要一种专注的态度。

专注是一种不可小视的力量，它会在你实现成功的过程中，起到不可估量的作用。

中国古代的铸剑师为了铸成一把好剑，必须在深山中潜心打造十几年。有道是“十年磨一剑”，为了专心做好一件事，必须远离那些使你分散注意力的事情，集中精力选准主攻目标，专心致志地从事你的事业，这样才可能取得成功。

成功的最大阻碍是软弱——半途而废

成语诠释

【来源】《礼记·中庸》。

【解释】途：道路；废：停止。半路上停下来，不再继续。比喻做事不能坚持到底，中途停顿，有始无终。

【成语掌故】

东汉时期，有个叫乐羊子的人，他有一个非常贤德的妻子，虽然家境贫寒，但却知书达理，诚实善良。

后来，乐羊子到邻国去求学，准备成就一番事业。可学习不到一年，他就因为想家而弃学回来了。妻子见他回来了，高兴地问他：“你的学业已经完成了吗？”乐羊子说：“没有。”妻子问：“既然还没有完成，怎么现在就回来了呢？”乐羊子说：“离开太长时间了，有些想家，所以就回来了。”妻子听了他的话，拿起一把剪刀，把织布机上的织线全都剪断了，然后说：“这种帛产自蚕茧，是一丝一丝织成的。只有一根一根地累积，才有一寸长，一寸一寸地累积下去，才有一丈长。只有不停地织，才能织成很长的布。如果从中间把它剪断，那么，前面的时间不就白费了吗？读书求学也是一样的道理，你只有每天获得新的知识，不断地积累，才能使自己的品行日益完善。如果半途而废，那和我割断布有什么区别呢？”

乐羊子听明白了妻子的意思，马上告别妻子，回到邻国继续求学。直到七年后，他学有所成才回家。

词解人生

乐羊子的妻子以她的远见和勇气，帮助丈夫坚定了求学的意志，而乐羊子也以惊人的毅力克服困难，终学有所成。这一切都告诉我们，学习不是一蹴而就的事，需要持之以恒的毅力，我们应该磨炼自己的意志，不懈地努力。只有锲而不舍的人才会成功，半途而废的人会一事无成。

我们总是会为了每一场精彩的比赛而兴奋不已，因为运动员的拼搏、无畏与坚持。“台上一分钟，台下十年功”，其中所体现的坚持不懈的精神，是获得成功的根本保障。我们曾经为《阿虎》中最后的一战而落泪，因为阿虎坚持到了生命的最后一刻，虽然他明知自己不是那个人的对手，但始终没有放弃。尽管他失败了，但他却成为无数人心目中的英雄，只因他没有半途而废。无论做什么，坚持到底，你也可以做得到。

做大事就要坐得住冷板凳——废寝忘食

成语诠释

【来源】（战国·郑）列御寇《列子·开瑞篇》和（南朝齐）王融《曲水诗》。

【解释】废：停止；寝：睡觉。顾不得睡觉，忘记了吃饭。形容工作或学习专心努力。

【成语掌故】

孔子，名丘，字仲尼，是儒家的创始人。他在年老的时候，带着他的弟子周游列国。在他64岁那年，来到了楚国的叶邑。叶邑大夫沈诸梁热情接待了孔子和他的弟子。沈诸梁人称叶公，他只听说过孔子是个有名的思想家、政治家，教出了许多优秀的学生，对孔子本人并不十分了解，于是向孔子的学生子路打听孔子的为人。子路虽然跟随孔子多年，但一时却不知怎么回答，就没有作声。

后来，孔子知道了这件事，就对子路说：“你为什么不这样回答他：‘孔子的为人呀，努力学习而不厌倦，甚至于顾不上睡觉，忘记了吃饭，津津乐道于授业传道，而从不担忧受贫受苦；自强不息，甚至忘记了自己的年纪。’”

词解人生

凡事不要想一步登天或急于求成，只有一点一滴地去努力，才能走向成功。即使是微不足道的努力，只要坚持不懈，也能成为不可忽视的力量，从而帮助你成就一番惊人的事业。

真正的天才既不会产生于上流社会的沙龙里，也不会产生于装修豪华的书馆中，更不会产生于安逸享乐的奢靡中。艰难不幸、穷困潦倒，往往会造就真正的天才。在破败不堪的小屋里，或在阴暗潮湿的小阁楼里，这些人埋头苦干、潜心研究，最终厚积薄发，一鸣惊人。

一位贤者曾说：“有谁没有历经艰难就成就大事业呢?”对于做学问的人来说，最重要的就是要耐得住寂寞。别人在吃着零食，看着电视的时候，你是否可以一个人坐在书桌前埋头苦读？别人在逛街购物，喝茶聊天的时候，你是否可以一个人坐在电脑前继续枯燥的课件？别人在游山玩水，挥霍青春的时候，你是否可以一个人坐在图书馆里整理信息？如果能做到三月不知肉味，便已是全心地投入了；如果能做到废寝忘食，便已是达到一种极致了。

字字泣血，句句揪心——呕心沥血

成语诠释

【来源】（唐代）李商隐《李长吉小传》。

【解释】呕：吐；沥：一滴一滴地落下。消耗了太多的心思，以至于好像要把心呕出来，还滴着血一样。比喻用尽心思。多形容为事业、工作、文艺创作等用心的艰苦。

【成语掌故】

唐代是我国古典诗歌发展的全盛时期，这一时期诗人辈出。“诗仙”李白、“诗圣”杜甫，这些都是我们所熟知的唐代诗人，除此之外，还有很多有名的诗人都在这一时期诞生，李贺便是其中一位。

李贺，字长吉，福昌人。他天资聪颖，七岁就开始写诗做文章，才华横溢。成年后，他一心希望朝廷能重用他，但是，他在政治上从来没有得志过，只好把这苦闷的心情倾注在诗歌的创作上。

李贺作诗注重到现实生活中去寻找素材。他每次外出，都让书童背一个袋子，只要一有灵感，想出几句好诗，他就马上记在纸上，然后放进书童背的袋子里，等回到家里后，再重新整理。每次看到他这样，母亲总是心疼地说：“我的儿子已把全部的精力和心血放在写诗上了，真是要把心血都呕出来才罢休啊！”

李贺在他短暂的二十六年生涯中，留下了两百余首诗，这些是他用毕生的心血凝成的，后世称他为“诗鬼”。

词解人生

事情的成功，是从小到大逐渐积累起来的。世间万物均是如此，粗大的树木是从小树苗成长起来的，高楼大厦是从平地一砖一瓦垒起来的，千里的行程是一步一步走出来的。如果一个人可以像李贺一般“刳肝以为纸，沥血以书辞”，全身心地投入到自己所认定的事业当中，便没有什么不能成就的。太多的事情，之所以做不到，并非它有多难，而是我们以为自己做不到而不去尝试，所以无法成功。与其期盼无望的东西，不如用自己的能力去创造自己想要的，这样更现实一些。如果想要记住更多的单词，不妨随身带一个单词本，有空的时候就拿出来看看；

如果想要阅读更多的书籍，不妨随身带一本正在看的书，有空的时候就拿出来翻一翻；如果想要从生活中获得更多的写作灵感，不妨学学李贺，随身带一个本子，将自己看到和想到的随时记录下来……如此的积累，比起李贺的呕心沥血要轻松得多，却也同样可以换来不寻常的成果。

第三十九章 腹有诗书气自华

一字之差，云泥之别—— 一字之师

成语诠释

【来源】（宋代）计有功《唐诗纪事》。

【解释】一些诗文经过高人改动一个字之后，便会更加完美，这个改字的人被尊为“一字之师”。指能纠正文章中一个错别字或一个不妥之字的老师。

【成语掌故】

唐朝是我国封建社会发展中一个经济非常繁荣的时期，文学艺术也很发达，其中以诗最具有代表性。当时，不仅诗人多，创作的诗多，而且在艺术上、内容上都达到了很高的水平。

在当时众多的诗人中，有一个叫齐己的和尚，他住在江陵龙兴寺，自号衡岳沙门。某年冬天的一个早晨，他做完早课后，在大雪后的原野上，看到傲雪开放的梅花，非常漂亮，于是，他诗兴大发，创作了一首《早梅》诗，咏诵在冬天里早开的梅花。诗中这样写道：“万木冻欲折，孤根暖独回。前村深雪里，昨夜数枝开。”

《早梅》写好后，齐己觉得非常满意，便拿去请他的朋友们品评。一个叫郑谷的人，看到齐己写的这首诗后，认为这首诗的意味未尽。于是，他经过反复思考推敲，将这首诗的后两句改为：“前村深雪里，昨夜一枝开。”他认为：既然写的是早梅，就应该突出一个“早”字，如果数枝梅花都开了，就不能算是早梅了。郑谷的这一改动，虽然只将“数”字改为“一”字，但却使内容更贴切题意了，诗的意境也更完美了。齐己对郑谷的这一改动非常佩服，称郑谷为自己的一字师。

词解人生

在中国古代的诗文中，每一个字都是至关重要的，所以，古代的文学家十分强调炼字，他们认为炼字与炼意、炼句一样重要，都是“锤炼文章”的重要环节，是使文章立意升华的重要手段。清代戏剧家李渔说：“琢句炼字，虽贵新奇，亦须新而妥，奇而确。妥与确总不越一‘理’字。”字句是构成文章的筋骨，妙用一个字，写好一个句，立马会盘活整篇文章，让人过目不忘。

王安石经过十几次的修改，将一句“春风又到江南岸”，改成了“春风又绿江南岸”，一个“绿”字，让他的这首诗流传千古。可见，只字片言也可决定文学作品的成败。而这种成败则主要来源于对生活的理解，我们经常会听到这样的话，艺术来源于生活，只有对生活的仔细观察，才能够创作出具有持久生命力的作品。即便只是改动一个字，也能使作品升华到一个新的高度。

抓住重点，事半功倍——画龙点睛

成语诠释

【来源】（唐代）张彦远《历代名画记·张僧繇》。

【解释】为画好的龙点上眼珠。比喻写文章或讲话时，在关键处用几句话点明实质，使内容生动有力；也比喻做事在紧要之处着力。

【成语掌故】

南北朝时期，梁朝张僧繇是吴地人，他擅长画龙，而且画龙的艺术技法，已经到了出神入化的地步。

有一次，张僧繇在金陵安乐寺的墙上，画了四条白龙，活灵活现，呼之欲出。奇怪的是，这四条白龙都没有点上眼睛。许多观看者对此不解，问他：“先生画龙，为什么不点上眼睛呢？是否点眼睛很难？”张僧繇郑重地回答：“眼睛是龙的精髓所在。点睛很容易，但一点上，龙就会破壁乘云飞去。”大家都不相信他的回答，纷纷要求他点睛，看看龙是否会飞跃而去。

张僧繇一再解释，龙点了眼睛要飞走，但大家执意要他点睛。于是他提起画笔，运足气力，刚点了其中两条龙的眼睛，就乌云翻滚，雷电大作，暴雨倾盆而下。两条刚点上眼睛的白龙腾空而起，乘着云雾飞跃到空中去了，而那两条未曾点睛的白龙，仍是留在墙壁上。大家惊得目瞪口呆，全都傻眼了。

词解人生

“画龙点睛”与“画蛇添足”，同样是在原作的基础上加一笔，但这一笔却是天壤之别，画龙点睛的一笔是锦上添花，而画蛇添足的一笔则是多此一举。无疑，张僧繇抓住了作画的奥秘与精髓，就如同掌握了童话故事中神秘的咒语一样。

我们的学习也是一样的道理，有些人听课的时候，毫无选择，将老师讲的每一句话，全都当作笔记记下来，这样无疑会将老师提到的重点忽略掉。学习中的知识点是要掌握的，但提升能力关键在于方法。与其将每一细节都当作重点，不如分清真正的重点，掌握点石成金的“咒语”，这样才能事半功倍。

台上一分钟，台下十年功——下笔成章

成语诠释

【来源】（晋代）陈寿《三国志·魏书·陈思王植传》。

【解释】章：文章。一挥动笔，就写成文章。形容文思敏捷，文章写得很快。

【成语掌故】

曹植，字子建，魏晋时期著名的文学家，曹操之子。他自幼聪明伶俐，喜欢诗、辞、歌、赋，十几岁时就能诵读名篇数百，而且非常会写文章。他敏捷的才思，在很小的时候，便已经展露出来了，很多人都称他是个"奇才"。曹操对自己的这个儿子也非常赏识，但又觉得他毕竟还是个孩童，对他能写出如此的文章心中存有几分疑惑。

有一次，曹操看了曹植的文章后，觉得曹植的文章确实写得不错，完全不像是出自一个少年之手，不免怀疑这文章是请人代写的。于是，曹操就把曹植叫到了跟前，问道："你的文章我看过了，写得不错，是不是请别人代你写的呀？"

曹植赶忙给父亲跪下，禀告道："回父亲大人，不是的，这是孩儿自己写的。我能够言出为文，下笔成章。如果您不相信，可以当面考我，怎么能说我是请别人代写的呢？"曹操听了哈哈大笑起来，说："不是就好啊！"

不久，曹操在官城建造的铜雀台竣工了，就让几个儿子都上去看看，并叫他们每人都写出一篇辞赋来，试一试他们的文采。曹植拿起笔，很快就写好了，充分证实了曹植自己说过的"下笔成章"。

词解人生

一句"读书破万卷，下笔如有神"，让我们深刻地领悟到灵感不是空中楼阁，需要有一定的基础，才能不断地涌现。不可能每个人都像曹植一般，有过人的天赋，但经过后天的努力，我们同样可以取得成就，条件是我们需要尽可能多地博览群书。

博览群书能增加人的知识，在这个信息化的时代，读书是我们获取知识的重要途径之一。多读书可以拓宽我们的知识面，提高我们的文学修养。古人说，人可一日不食肉，不可一日不读书。学问要靠累积，只有多读书，才能滴水穿石，丰富自己的学识，而有了丰厚的知识积淀，才能"下笔成章"。

第四十章　学习贵在思考

能够蒙混一时，不能蒙混一世——滥竽充数

成语诠释

【来源】（战国）韩非《韩非子·内储说上》。

【解释】滥：混杂，引申为蒙混之意；竽：古代一种乐器，可以合奏，也可以独奏。不会吹竽的人混在吹竽的队伍里充数。比喻无本领的冒充有本领，次货冒充好货。

【成语掌故】

古时候，齐国的国君齐宣王爱好音乐，尤其喜欢听吹竽，善于吹竽的乐师便有三百个。齐宣王爱摆排场，总想在人前显示国君的威严，所以每次都会让这三百个人一起合奏给他听。

有个南郭先生听说了齐宣王的这个癖好，觉得有机可乘，就跑到齐宣王那里，吹嘘说："大王，我是个有名的乐师，听过我吹竽的人没有不被感动的，就是鸟兽听了也会翩翩起舞，花草听了也会合着节拍颤动，我愿把我的绝技献给大王，我愿意成为大王众多乐师中的一员。"齐宣王听了很高兴，毫不怀疑地收下了他，将他编进三百人的吹竽队伍中。从此以后，南郭先生就和众人一块儿合奏给齐宣王听，和大家享受同样优厚的待遇。

其实南郭先生压根儿就不会吹竽，他跟齐宣王说的那番话只不过是他的一个弥天大谎。每逢演奏的时候，他就捧着竽混在队伍中，人家摇晃身体，他就跟着摇晃，人家摆头，他也跟着摆，装出一副动情忘我的样子。就这样，南郭先生混过了一天又一天。

过了几年，齐宣王死了，他的儿子齐湣王继位。齐湣王也爱听吹竽，但他和齐宣王不一样，他觉得独奏更悠扬、更逍遥。于是齐湣王下令，要这三百个吹竽的人好好练习，做好准备，一个个轮流吹竽给他欣赏。其他乐师们都积极练习，想一展身手，只有那个滥竽充数的南郭先生，却惶惶不可终日。他想来想去，觉得混不过去了，只好连夜收拾行李逃走了。

词解人生

西方谚语说：你可以一时欺骗一些人，却不能一直欺骗所有的人。像南郭先生

这样不学无术靠蒙骗混饭吃的人，骗得了一时，骗不了一世。假的就是假的，最终逃不过实践的检验而被揭穿伪装。

但是南郭先生是有条件的，他与齐宣王的其他乐师一起共事了很长时间，这是一个非常优越的学习条件。如果他是一个有危机意识的人，便应该在“滥竽充数”的这段时间里，充分利用丰富的学习资源，向身边的乐师学习，真正掌握吹竽的技巧，成为一个名副其实的乐师，这样也不至于最后落得个逃之夭夭的下场。

对于现代人来说，面对瞬息万变的社会，不断丰富自己是必须的，但有的人明明整日担心自己是否会被裁员，却不愿提高自己的专业水平。或许一开始，他们并不是“滥竽充数”之人，但是随着知识的不断更新，他们逐渐落伍了，成为这个时代中不和谐的“音符”。他们明白问题的症结所在，却始终不愿去解决，而是一味地抱着一种侥幸的心理，希望不用通过任何努力也可以一直这样维持现状。终于有一天，裁员的名单上有了自己的名字，他们只能如南郭先生一样，卷起铺盖离开。所以，当你还有条件、有时间可以提升自己的时候，抓住机会让自己的变得越来越强，让自己永远是被需要的那个。

拥有藏宝图不意味着拥有宝藏——按图索骥

成语诠释

【来源】（东汉）班固《汉书·梅福传》。

【解释】 骥：好马。按照画像上的样子，去寻求好马，结果一无所获。比喻按照线索寻找，也比喻办事机械、死板，不能灵活变通。

【成语掌故】

春秋时，秦国有个名叫孙阳的人，善于鉴别马的好坏，只要让他看一眼，便能分辨出马的优劣。因为传说伯乐是负责管理天上马匹的神，于是人们都把他称为“伯乐”。为了不让自己的一身绝学失传，他把自己多年积累的识马经验写成一本书，名为《相马经》，书中图文并茂地介绍了各类好马。

孙阳的儿子资质很差，却想继承父亲的事业。在熟读了这本书后，他以为自己学到了父亲的所有本领，便拿着《相马经》去找千里马。《相马经》上说：“千里马的主要特征是：高脑门，大眼睛，蹄子像摞起来的酒曲块。”他按照这个特征找了好久，也没有什么收获。

有一天，他发现路边有一只蹦蹦跳跳的动物，他看了很久，觉得这个东西很像《相马经》中所说的千里马，于是费了九牛二虎之力，才把这个“千里马”捉住，并带回了家。一进门，他便嚷着说：“我找到了一匹千里马，它长得和《相马经》中说得差不多，就是个头小了点，蹄子差了些。”孙阳一看儿子手里捉着的居然是一只癞蛤蟆，真是哭笑不得，只好回答说：

“傻儿子，你拿的是一只癞蛤蟆，根本不是什么千里马啊！你这样按图索骥是不行的，要学相马的本领，就得多去看马、养马，深入地了解马才行啊！”儿子听了羞愧不已，从此便一头钻到马群中去研究马了。

词解人生

把癞蛤蟆误认为千里马，这固然有点夸张。但是，在学习和工作中，死背教条，生搬硬套，以致闹出笑话的事确实屡见不鲜。前人传下来的书本知识，应该努力学习，虚心继承，同时也要注重实践，在实践中切实体会、牢固掌握，并加以发展，这才是正确的态度。

书籍作为先人思想文化、科学知识成果的载体，成为后世的指导，值得我们学习、继承。然而面对飞速发展的社会，任何思想都是有限的，不能放之四海而皆准。那些食古不化、教条死板、不顾实际的读者，反而会被书所误。因此，我们读书时要冷静客观地分析之后再做选择，同时也不可生搬硬套，完全按照书上的内容来做。

不是每本书都需要精读——不求甚解

成语诠释

【来源】（晋代）陶渊明《五柳先生传》。

【解释】甚：很，十分；解：理解。读书只求知道个大概，而不在一字一句的解释上花时间。今天形容学习或研究不认真、不深入，只停留在一知半解上。

【成语掌故】

陶渊明是我国东晋末年的著名诗人，他开创了田园诗体，开辟了中国古典诗歌的另一种境界。他生活的时代，正是东晋和南朝交替的动乱年代，国家分裂，政治黑暗，民不聊生。他出生于官宦之家，由于家道衰落，生活并不富裕，而是充满了忧患和不幸。但是，陶渊明志趣高洁，淡泊名利。他做彭泽县令时，上面派了个官员下来视察，县里的下级官吏要他端正衣冠去迎接。陶渊明愤然说道，我岂能为五斗米向乡里小儿折腰！继而辞官，回到家乡继续过清贫的生活。

在看透了官场尔虞我诈、腐败黑暗的丑恶内幕后，陶渊明尤其喜爱清静闲散的田园生活。他在勤劳耕作之暇，或与好友饮酒畅谈，或在家里读书吟诗，生活十分惬意。他家门前有五棵大柳树，因此陶渊明自称“五柳先生”。28 岁那年，他写了一篇《五柳先生传》，也就是他自己的小传。

在《五柳先生传》中，陶渊明写道：“先生不知何许人也，亦不详其姓字；宅边有五柳树，因以为号焉。闲静少言，不慕荣利。好读书，不求甚解；每有会意，便欣然忘食。”意思是说：这位先生也不知道是何许人，就连姓名也不知道，因为住宅旁边有五棵柳树，而自称为“五柳先生”。他喜欢静谧，不善言谈，淡泊名利。喜欢读书，但不死啃字句。每次有什么新的体会，就高兴得连吃饭都忘了。

词解人生

“好读书，不求甚解”，这是陶渊明的一种读书心得，正是这种读书方法引起了后世的争论，到底是应该观其大略，期在会意，还是应该务精于熟，字斟句酌。其实，读书的目的不同，方法也就不同。

以治学而论，当然要致力于学有所专的攻读和才有所长的培育。但就态度和方法而言，一是博览群书，广收信息以求见多识广，胸有全局，以避免踞于一隅；二是紧扣专长，务于精熟，以集中精力，早登高峰。对于思想者而言，“不求甚解”也许是一种优点，因为一个人的创造力往往是在他接触了一种新观点，但又未被完全征服同化使其成为“信仰”的时候，以思想“火花”的形式迸发出来的。一旦完全接受，反而成了思想的桎梏。不要依据别人的观点去选择自己的读书方法，而应根据自己的实际情况选择适合自己的方法，唯有适合的才是最好的。

急于求成只能事与愿违——囫囵吞枣

成语诠释

【来源】（宋代）圆悟禅师《碧岩录》。

【解释】囫囵：整个儿，完整的。把枣整个吞咽下去。比喻在学习上食而不化，不加分析思考地笼统接受。

【成语掌故】

从前有一个呆子，家中很有钱。有一次，他到市场上去买水果。摊主不厌其烦地向人们介绍各种水果的好处。呆子听了很高兴，一下子买了好多的水果，坐在市场旁大吃起来。

正在他吃得高兴的时候，有一位医生从这里路过，见他这样吃法，就对他说：“小伙子，梨可不能多吃，虽然它对牙齿有好处，但你吃多了会伤脾的。”呆子一听，就不再吃梨，而是一个接一个地吃枣子。医生又说：“红枣虽然对脾有好处，但吃多了会伤牙的，所以也不能多吃。”

呆子听了医生这些话后，不知如何是好，都不敢吃了，呆呆地坐在那里想了很久，过了一会，他兴奋地说：“我有办法了，吃梨的时候，只用牙齿咀嚼，而不咽到肚子里去，这样对牙齿有好处，又不会伤脾；而在吃红枣时，我不用咀嚼，就一口吞下肚子里，这样可以不伤牙齿，又对脾有好处。”说完，就把红枣一个一个地扔进嘴里，囫囵地吞下去了。医生见此情景，忙说：“你这样把枣囫囵吞下去，肠胃不能消化和吸收，对脾也是没有好处的。”

词解人生

学习是一个长期积累的过程，不能苛求在短期内有明显的提高。如果不了解这一点，只会增加自己的负担，还不知道为何成绩没有提高。学习应根据自己的实际情况和能力，安排学习计划，并切实遵守；要扎扎实实打好基础，不可囫囵吞枣，急于求成；认真读书，精于思考；遵循“无疑——有疑——解疑”的过程，即发现问题和解决问题，在点滴中不断地积累知识。

生活也是同样的道理，俗话说：一口气吃不成个胖子。但在现实生活中因为急于求成，而冲动坏事的例子比比皆是。例如许多人学习外语往往缺乏耐心，不愿意去循序渐进地苦练基本功，不去背单词，也不去理解分析语法，一心只希望获得“快速掌握外语”的秘诀。结果，既花费精力又浪费时间，还是竹篮打水一场空。

当今社会，每个人都渴望快速成功，所以很多人都产生了投机取巧的浮躁心理，最后的结果往往是欲速则不达。所以要想成功就不要太心急，否则，事情只会越做越糟，事倍功半。我们做事不能只图快不求好，养成稳扎稳打的习惯，定会让你受益匪浅。

第四十一章　读书是人生一大快事

准备充分，才能应对自如——胸有成竹

成语诠释

【来源】（宋代）苏轼《文与可画筼筜谷偃竹记》。

【解释】 成：完全的；成竹：完整的竹子。画竹子之前，心里就要有一幅完整竹子的形象。比喻做事之前已有通盘的考虑。

【成语掌故】

北宋时候，有一个著名的画家，名文同，字与可，他对诗、文、书法都很擅长，尤其擅长画竹子。他画的竹子栩栩如生，所以有"墨竹大师"之称。

文同为了画好竹子，不管是春夏秋冬，也不管是刮风下雨，或是天晴天阴，他都常年不断地在竹林子里头钻来钻去。三伏天气，太阳像一团火，烤得地面发烫，文同照样跑到竹林子，站在烤人的阳光底下，全神贯注地观察竹子的变化。他一会儿用手指头量一量竹子的节把有多长，一会儿又记一记竹叶子有多密。汗水湿透了他的衣衫，满脸都流着汗，可是他连用手抹也没抹一下。有一次，天空刮起了一阵狂风，眼看着一场暴雨就要来临。人们都纷纷往家跑，坐在家里的文同却急急忙忙地抓过一顶草帽，直往山上的竹林子里奔去。他一心要看风雨当中的竹子，哪里还顾得上雨急路滑。他气喘吁吁地跑进竹林，没顾上抹一下流到脸上的雨水，就两眼一眨不眨地观察起竹子来了。只见竹子在风雨的吹打下，弯腰点头，摇来晃去，他细心地把竹子受风雨吹打的姿态记在了心头。

由于长年累月地对竹子进行细致的观察和研究，竹子在春夏秋冬四季的形状有什么变化；在阴晴雨雪天，竹子的颜色、姿势又有什么两样；在强烈的阳光照耀下和在明净的月光映照下，竹子又有什么不同；不同的竹子，又有哪些不同的样子，文同都了解得一清二楚。所以画起竹子来，他根本不用画草图，便能一挥而就，画出千姿百态的竹子。文同的一位好朋友晁补之，曾称赞他说："文同画竹时，胸中有成竹。"

词解人生

参加考试、面试，我们每个人总是会有无数次这样的经历。面对这样的场面，唯有那些已经做好万全准备的人，才能从容地应对。

在考试之前，我们会叹息自己浪费了太多的时间，没能尽全力学好自己应该学的东西；在考场上，我们会因为心里没有多少把握而紧张不已，甚至有些时候还会出现大脑一片空白的突发状况；在考试之后，我们会痛惜自己原本会的东西在考试的那一刻竟忘得一干二净。面试时，我们也是如此，总有太多的遗憾，太多的不满，恨自己未能做到最好。

无论是考试还是面试，都是一个让自己展示能力的平台，它如同一块画布一般，等着我们画出最美的图案。只有那些心中已经对所要画的事物了然于胸的人，才能画出最真实、最动人的图画，如文同画竹子一样。

每本书都是等待和你交谈的“有缘人”——开卷有益

成语诠释

【来源】（晋代）陶潜《与子俨等疏》。

【解释】开卷：打开书本，指读书；益：好处，收获。打开书本阅读，总有益处。勉励人们勤奋好学，多读书。

【成语掌故】

宋太祖赵匡胤和宋太宗赵光义都是武将出身，他们深知“不能马上治天下”的道理，所以极为重视读书。他们以身作则，经常翻阅各种各样的书籍，尤其喜欢读史书，从中了解历朝历代的兴衰更替。

宋朝初年，宋太宗赵光义命文臣李防等人编写一部规模宏大的分类百科全书——《太平总类》。这部书收集摘录了一千六百多种古籍的重要内容，分类归成五十五门，全书共一千卷，是一部很有价值的参考书。

对于这样一部巨著，宋太宗规定自己每天至少要看两三卷，一年内全部看完，遂更名为《太平御览》。当宋太宗下定决心花精力翻阅这部巨著时，曾有人觉得皇帝每天要处理那么多国家大事，还要去读这样一部大书，太辛苦了，就劝告他少看些，也不一定每天都得看，以免过度劳神。可是，宋太宗却回答说：“我很喜欢读书，从书中常常能得到乐趣，多看些书，总会有益处，况且我并不觉得劳神。”于是，他仍然坚持每天阅读三卷，有时因国事忙耽搁了，他也要抽空补上，并常对左右的人说：“只要打开书本，总会有好处的。”

宋太宗由于每天阅读三卷《太平御览》，学问十分渊博，处理国家大事也得心应手。当时的大臣们见皇帝如此勤奋读书，也纷纷效仿，所以当时读书的风气很盛，连平常不读书的宰相赵普也孜孜不倦地阅读《论语》。

词解人生

书是人类智慧的结晶，书是历史经验的总结，书是社会生活的反映。读书，可以彻悟人生意义；读书，可以洞晓世事沧桑；读书，可以广济天下民众；读书，可以深入科技殿堂。古人说："人可一日不食肉，不可一日不读书。"培根说："史鉴使人明智，诗歌使人巧慧，数学使人精细，博物使人深沉，伦理之学使人庄重，修辞与逻辑使人善辩。"无论是什么类型的书，总能给人以帮助，或者灌输知识，或者提升能力，或者启示人生哲学……

在这个信息化的世界里，读书是我们获取知识的主要途径之一。多读书可以拓宽我们的知识面，提高我们的修养与见识，对我们的生活与工作而言，无疑都会有很大的帮助。不要再以没有时间为借口，将书丢弃在看不见的角落里，任由它堆满了灰尘；也不要再以网络非常发达，无须再通过看书来获得知识与信息为由，远离那些厚重、有质感的书籍。这样的话，你将无法体会书卷飘香的惬意。把看电视、吃零食的时间留出来一点，去书店买一本让自己心动的书，在一个阳光明媚的下午，细细体味书中的情感，与作者来一次穿越时空的交流，必将使你获益匪浅。

不疯魔如何能成活？做个书痴——手不释卷

成语诠释

【来源】（晋代）陈寿《三国志·吴书·吕蒙传》注引《江表传》。

【解释】释：放开；卷：书本。不肯放下手中的书本。形容勤奋好学。

【成语掌故】

三国时代，东吴有一员大将名叫吕蒙，字子明。他年轻时，因家里贫困，无钱读书。从军后，虽然骁勇善战，立下了不少战功，却苦于缺少文化，不能把战例经验总结写下来。

有一天，吴主孙权对吕蒙说："你现在掌管军事大权，应当多读一些史书、兵书，不断增长自己的学识以担当重任。"吕蒙一听主公要他学习，便为难地推托说："军队里的事情又多又复杂，都要我亲自过问，恐怕挤不出时间来读书啊！"孙权说："你的事情总没有我多吧？我并不是要你去研究学问，做一个读书人，只是要你翻阅一些古书，从中得到一些启发罢了。我在掌权前后都读了不少的书，感觉从中得到的帮助实在是太大了。你本来就是个聪明人，更应该多读点书。"吕蒙问："可我不知道应该去读哪些书。"孙权听了，微笑着说："你可以先读些《孙子》、《六韬》等兵书，再读些《左传》、《史记》等史书，这些书对于以后带兵打仗很有好处。”停了停，孙权又说：“时间嘛，要自己去挤出来。从前汉光武帝在行军作战的紧张关头，手里还总是拿着一本书不肯放下来呢！为什么你就没有时间呢？”

吕蒙听了孙权的话，回去便开始读书学习，并坚持不懈。最后做了吴国的主将，有勇有谋，屡建奇功。随着读的书越来越多，他的见解也越来越精辟，一些见解就连当时学识渊博的人也自叹不如。

词解人生

有人说过，世界上能登上金字塔的生物有两种：一种是鹰，另一种是蜗牛。与鹰相比，资质平庸的蜗牛，能登上塔尖，俯视万里，离不开两个字——勤奋。一个人的进取和成才，环境、机遇、天赋等外在因素固然重要，但更重要的还是自身的勤奋与努力。有了勤奋的精神，哪怕是行动迟缓的蜗牛也能雄踞塔顶。

有句老话叫“天道酬勤”，也就是说“天意总是会回报那些勤劳、勤奋的人”。就连王国维这样的国学大师也认为治学必须要经过一个“衣带渐宽终不悔，为伊消得人憔悴”的过程，才能达到更高的境界。只要我们曾经全力地付出过，必定会收获世上最甘甜的果实。

三天不念口生，三天不做手生——熟能生巧

成语诠释

【来源】（北宋）欧阳修《归田录》。

【解释】做什么事情熟练了，就能找到窍门。

【成语掌故】

北宋时期，有个人叫陈康肃，号尧咨，他从小就喜欢射箭，整日练习，所以他的箭术十分精良。他因此非常骄傲，常常夸耀自己的本领。

有一天，陈尧咨练习射箭，只见他举起了弓，搭上箭，一连发出十支箭，每支箭都正中靶心。旁观的百姓见他有如此高超的射箭本领，无不拍手叫好。陈尧咨自己也很得意，他环顾四周，发现一个卖油的老头只是略微地点了点头，有些不以为然的样子。陈尧咨心里很不舒服，不客气地问他：“喂，你这个老头也会射箭吗？你看我射得怎样？”老人很干脆地回答：“我不会射箭。你射得还可以，但并没有什么，只是手法熟练而已。”

陈尧咨听了有些恼火地说：“老头儿，你敢小看我射箭的本领，难道你有什么更高明的本事吗？”老人笑着说：“这射箭的本领我可没有，不过我可以倒油给你看看。根据我卖油的经验，知道你的射箭本领也是熟能生巧

而已。”说完老人拿了一个盛油的葫芦放在地上，又在葫芦口上面放了一枚铜钱。然后舀了一勺油，眼睛看准了，油勺轻轻一歪，那油就像一条细细的黄线，笔直地从钱孔流入葫芦里。倒完之后，油一点儿也没沾到铜钱上。

老人谦虚地说：“这也是一种平常的技术，只不过是手法熟练罢了！”陈尧咨听了十分惭愧，从此更加努力地练习射箭，再也不夸耀自己的箭术了。

词解人生

关于学习，我们已经有了太多的相关记忆，孔子说：“学而时习之，不亦说乎。”德国哲学家狄慈根说：“重复是学习之母。”我们清楚地知道，学习不是一蹴而就的事情，它需要我们花费大量的时间和精力去钻研。同时，人的大脑记忆功能有一个遗忘的过程与规律，我们所学到的东西如果不及时复习的话，很快便会忘记。所以，学习中不断地重复是必不可少的。

读书学习有一个把书变薄再变厚的过程，抓住最紧要的东西，加以联想、引申、升华，将其中的精髓，逐渐转化为自己的知识与理论，这样整个学习的过程才算告一段落。在如此多次的重复之后，我们便可以熟练地运用这个知识点或者是这项技能了。

成语荟萃

◎孜孜不倦

【解释】孜孜：勤勉，不懈怠。指工作或学习勤奋不知疲倦。

◎笃学好古

【解释】笃学，专心好学。指专心致志地学习古代典籍。

◎夜以继日

【解释】晚上连着白天。形容加紧工作或学习。

◎全神贯注

【解释】贯注，集中。全部精神集中在一点上。形容注意力高度集中。

◎一丝不苟

【解释】苟，苟且，马虎。指做事认真细致，一点儿不马虎。

◎博览群书

【解释】博，广泛。广泛阅读各种书籍。形容读书很多。

◎博闻强记

【解释】闻，见闻。形容知识丰富，记忆力强。

◎循序渐进

【解释】指学习工作等按照一定的步骤逐渐深入或提高。

◎融会贯通

【解释】融会，融合领会；贯通，贯穿前后。参合多方面的知识或道理而得到全面透彻的领悟。

◎各抒己见

【解释】抒，抒发，发表。各人充分发表自己的意见。

◎春诵夏弦

【解释】诵、弦：古代学校里读诗，口中念的叫“诵”，用乐器配合的叫“弦”。原指应根据季节采取不同的学习方式，后泛指读书、学习。

◎古为今用

【解释】批判地继承古代文化遗产，使之为今天服务。

◎名落孙山

【解释】名字落在榜末孙山的后面。指考试或选拔没有被录取。

◎生吞活剥

【解释】原指生硬搬用别人诗文的词句。现比喻生硬地接受或机械地搬用经验、理论等。

◎钝学累功

【解释】愚笨的人只要刻苦学习，也能取得成就。

◎独学寡闻

【解释】独学：指自学而无人指导切磋。独自学习，无人切磋，则孤陋寡闻。形容孤偏鄙陋，见闻不多。

◎力学笃行

【解释】力学：努力学习。笃行：切实地实行。勤勉学习且切实地实践所学。

◎学富五车

【解释】五车：指五车书。形容读书多，学识丰富。

◎学以致用

【解释】学到的知识得以用于实际。

◎一家之学

【解释】自成一家的学派。

◎百读不厌

【解释】厌：厌烦，厌倦。读一百遍

也不会感到厌烦。形容诗文或书籍写得非常好，不论读多少遍也不感到厌倦。

◉**皓首穷经**

【解释】皓：白；首：头发；穷经：专心研究经书和古籍。一直到年老发白之时还在深入钻研经书和古籍。

◉**读书三到**

【解释】形容读书十分认真。

◉**发凡起例**

【解释】发凡：提示全书的通例。指说明全书要旨，拟定编写体例。

◉**格物致知**

【解释】格：推究；致：求得。探究事物原理，从而获得知识。

◉**日就月将**

【解释】就：成就；将：进步。每天有成就，每月有进步。形容精进不止。

◉**如饥似渴**

【解释】形容要求很迫切，好像饿了急着要吃饭，渴了急着要喝水一样。

◉**十年寒窗**

【解释】形容长年刻苦读书。

◉**举一反三**

【解释】反：类推。比喻从一件事情类推而知道其他许多事情。

◉**触类旁通**

【解释】触类：接触某一方面的事物；旁通：相互贯通。掌握了某一事物的知识或规律，进而推知同类事物的知识或规律。

◉**他山之石**

【解释】比喻能帮助自己改正缺点的人或意见。

◉**半青半黄**

【解释】农作物还没有长好，青黄相接。比喻时机还没有成熟。

◉**了不长进**

【解释】一点进步也没有。形容没有出息。

◉**浅尝辄止**

【解释】辄：就。略微尝试一下就停下来，指不深入钻研。

◉**食古不化**

【解释】指对所学的古代知识理解得不深不透，不善于按现在的情况来运用，跟吃了东西不消化一样。

◉**望文生义**

【解释】文：文字，指字面；义：意义。不了解某一词句的确切含义，光从字面上牵强附会，做出不确切的解释。

◉**咬文嚼字**

【解释】形容过于斟酌字句。多指死抠字眼而不注意精神实质。

◉**问道于盲**

【解释】向瞎子问路。比喻向什么也不懂的人请教，不解决问题。

◉**百花齐放**

【解释】形容百花盛开，丰富多彩。比喻各种不同形式和风格的艺术自由发展，形容艺术界的繁荣景象。

◉**借古讽今**

【解释】借评论古代的人和事来影射讽刺现实。

◉**半部论语**

【解释】旧时对儒学经典之一《论语》的夸赞之辞。掌握半部《论语》，人的能力就会提高，就能治理国家。

◉**文人相轻**

【解释】指文人之间互相看不起。

◉**推陈出新**

【解释】指对旧的文化进行批判继承，剔除其糟粕，吸取其精华，创造出新的文化。

◉**旁征博引**

【解释】旁：广泛；征：寻求；博：

广博；引：引证。指说话、写文章广泛地引用材料作为依据或例证。

◎去伪存真

【解释】除掉虚假的，留下真实的。

◎引经据典

【解释】引用经典书籍作为论证的依据。

◎汗牛充栋

【解释】栋：栋宇，屋子。书籍搬运时牛累得出汗，存放时可堆至屋顶。形容藏书非常多。

◎兼容并包

【解释】容：容纳；包：包含。把各个方面全都容纳包括进来。

◎吐故纳新

【解释】原指人呼吸时，吐出浊气，吸进新鲜空气。现多用来比喻扬弃旧的、不好的，吸收新的，好的。

第七篇

取财有道，先做人再做生意

第四十二章　有来有往才是有礼

迂回也能达到目的——指桑骂槐

成语诠释

【来源】（明代）兰陵笑笑生《金瓶梅词话》和（清代）曹雪芹《红楼梦》第十六回。

【解释】指着桑树骂槐树。比喻表面上骂这个人，实际上是骂那个人。

【成语掌故】

明宪宗时期，太监当道，其中的汪直更是以凶狠残暴闻名。宪宗非常喜欢看戏，有个叫阿丑的太监，幽默风趣，且能说善演，深得宪宗的欢心。

一天，宪宗又想看戏了，于是吩咐身边的太监去把阿丑找来。阿丑来了之后，表演了一出精彩的“醉酒戏”，他把醉酒的神态模仿得入木三分。旁边有人高喊道：“大官出巡，闲杂人等肃静回避！”阿丑听了生气地嚷道：“管他官不官！我又没挡路，凭什么要我回避！”过了一会儿，又有人高喊道：“皇上驾到！”阿丑仍站在原地，说：“皇上？皇上是谁？”这时，旁边的人突然叫了一声：“汪公公到——”阿丑吓得整个人趴在了地上，战战兢兢地说：“小人不知汪公公驾到，还请汪公公饶命！”宪宗看到这里，不禁脸色铁青，问道：“阿丑，你不理大官，也不怕皇上，为什么听到汪公公却吓得半死呢？”阿丑说：“天下不知有大官，也不知有皇上，只知道有个权大势大的汪公公。”宪宗明白了阿丑话中的深意，从此以后开始逐渐疏远汪直。

后来又有一天，宪宗再次召阿丑来为他表演。阿丑一身武装打扮，双手各持一把利斧，边唱边耍，赢得了一阵阵的掌声。表演一段后，阿丑开口道：“看我这身打扮，各位猜猜我是谁啊？我乃大英雄汪某是也！自我出道以来，手打南山猛虎，脚踢北海蛟龙，打遍天下无敌手，全凭这一双利斧！你可不要小看它啊，只要我这么一挥，包管你人头落地……”不等阿丑说完，旁边便有人问：“如此厉害的斧头，给我们介绍介绍啊！”阿丑听了，提起两把利斧，答道：“这一双利斧名堂可大了，左手这把叫王钺，右手这把叫陈钺。”

经过阿丑这两次的“指桑骂槐”之后，明宪宗终于认清了汪直的真面目，把汪直流放了出去，其党羽王钺、陈钺也受到了应有的惩罚。

词解人生

面对汪直这样权倾朝野之人，直言进谏无疑太冒险了，此时唯有采取迂回的方式来达到目的，阿丑的这一招“指桑骂槐”真是精妙之极。“指桑骂槐”可以说是一种情绪的发泄或旁敲侧击的艺术，是在环境、身份等因素的限制下，所产生的一种“另类”的沟通方式。无论对手强大还是弱小，避免正面冲突，用旁敲侧击的方式，用警告或利诱的方法使对手屈服，用最小的代价换来最好的收益，无论从哪个角度来说，都是稳赚不赔的生意。

人要有敬畏之心——毕恭毕敬

成语诠释

【来源】《诗经·小雅·小弁》和郭沫若《洪波曲》第十章。

【解释】 形容态度十分恭敬，后来也形容十分端庄和有礼貌。

【成语掌故】

周幽王，姬姓，名宫湦，周宣王之子，是西周的最后一个国君。他在位时，沉湎酒色，不理国事，昏庸暴虐，政治腐败。

公元前779年，褒国进献了一个美女，名叫褒姒，周幽王对她十分宠爱。褒姒一向不爱笑，周幽王用尽各种办法，音乐歌舞、美味佳肴都未能博红颜一笑。于是，周幽王下令，宫内宫外人等，能让褒姒一笑者，赏赐一千两金子。有个叫虢石父的献计，在骊山上把烽火点起来，召来各路诸侯兵马，使他们上当。大臣郑伯友劝阻周幽王，烽火台是战时救急用的，这种玩笑开不得。现在这样戏弄诸侯，失信于他们，如果将来真有急事时，诸侯不派兵相救，那如何是好啊。周幽王不听，他带褒姒到行宫游玩，晚上传令点燃烽烟，各地诸侯以为有盗寇侵扰京城，纷纷领兵赶来相救。不料，周幽王的侍者却对他们说：“没有什么盗寇，诸位辛苦了！”诸侯才知被周幽王戏弄了，愤愤不平地离开了京城。褒姒看诸侯匆匆地来，又匆匆地离去，不由大笑。

褒姒生了伯服之后，周幽王废掉申后，改立褒姒为王后；废掉太子宜臼，改立伯服为太子。遭到废黜的宜臼，只得住到了外祖父申侯家里。他对自己的命运和国家的前途满怀忧愁，写了一首名为《小弁》的诗，抒发自己的心情。诗的第三节说：“维桑与梓，必恭敬止。靡瞻匪父，靡依匪母。不属于毛，不离于里。天之生我，我辰安在。”意思是：看见屋边的桑树和梓树，一定要毕恭毕敬。我尊敬的是自己的父亲，我依恋的是自己的母亲。谁人不是父母的骨肉，谁人不是父母所生？上天生了我，可我的好日子到何处找寻？

公元前771年，宜臼的外祖父申侯联合犬戎的军队进攻镐京。周幽王下令点燃烽烟，受骗的诸侯都不再派救兵前去救援，西周灭亡。

词解人生

无论在生活或工作中，想要立足于社会之中，不懂基本的礼仪是不行的。在当今的时代，礼仪已经成了个人素质的体现。德国有一句谚语："脱帽在手，世界任你走。"懂得礼节不一定总能为你带来好运，但不懂礼节却往往使你与幸运擦肩而过。不论在任何场合，与人通话中保持微笑、时刻保证自己干净整洁，便会给别人留下良好的第一印象，可以在一定程度上掩饰自身细微的缺点；而随地吐痰、出言不逊、耀武扬威，会令别人对你产生反感，你在别人心目中的形象就此大打折扣。所以，要想在纷繁复杂的现代社会中，走得更远、更好，就要时刻注意保持礼节，以一种"毕恭毕敬"的心态去面对周围的一切。

不分场合容易招致麻烦——不合时宜

成语诠释

【来源】（东汉）班固《汉书·袁帝纪》。

【解释】 合：符合，适应；时宜：当时的需要和潮流。不适合时代形势的需要。

【成语掌故】

汉哀帝刘欣，字和，汉成帝的养子，19岁即位做了皇帝，翌年改年号为"建平"。汉哀帝少年时，是个熟读经书、文辞博敏的有才之君，却经常生病。

建平二年六月，哀帝的母亲得病去世了，担任黄门待诏的顾问官夏贺良上奏说："汉朝的历法已经落后了，应当重新接受天命。成帝时因为没有顺应天命，所以没有亲生儿子继承帝位，如今皇上您久病不愈，天下又多次发生变异，这些都是上天的警告。只有改变年号，才可以延年益寿，生养皇子，平息灾祸。明白了这个道理而不照做，人民就要遭受灾难，社稷也定会被动摇。"哀帝听了夏贺良的这番话，采用了夏贺良的建议，于建平二年六月甲子，即太后死后的第四天，发布诏书，大赦天下，改建平二年为太初元年，改帝号为"陈圣刘太平皇帝"，并把计时的漏上的刻度从一百度改为一百二十度。

但是，年号的改变并没有产生什么作用，汉哀帝的身体状况并没有什么改善。夏贺良等人想趁机干预朝政，却遭到了朝中大臣的反对。汉哀帝此时才知道上了夏贺良等人的当，于是在八月间又颁布诏书："黄门待诏夏贺良等建议改变年号和帝号，说增加漏的刻度可以使国家永远安宁，我误听了他们的话，希望给天下带来安宁，但是并没有应验。夏贺良等所说的、所做的，都不合时宜。六月甲子日的诏书，除了大赦一项之外，全部废除。”夏贺良等人因妖言惑众，被处以死刑。

词解人生

礼仪教育，就好比是对宝剑的砥砺，如果不去除它表面的生涩，不打磨它的锋刃，那么这把剑连绳子也斩不断。礼仪要讲究场合，不同的场合，不同的对象，对礼仪都有不同的要求。

爱情中有这样的一个理念：唯有在对的时间遇到对的人，才是一种幸福。礼仪也是如此，必须要在对的时间，做对的事情，表现对的礼仪，才能做到有的放矢。“不合时宜”的礼，即使用再优美动听的语言来掩饰，也不过都是些无用的废话，甚至还可能招致意想不到的恶果。

站在前人的肩膀上看得更远——借花献佛

成语诠释

【来源】（元代）萧德祥《杀狗劝夫》和《过去现在因果经》。

【解释】比喻用别人的东西做人情。

【成语掌故】

很久以前，有一个修行人，大家叫他“善慧菩萨”。他为了拯救众生，给自己制定了六种行为准则：用布施度贫穷，用持戒防止恶行，用忍辱化解嗔恨心，以精进对治懈怠，以禅定对治意念散乱、心不集中，以智慧破除愚痴。

有一天，善慧菩萨在前往莲花城的途中，见到很多修行人聚在一起，交头接耳。于是，他上前恭恭敬敬地和大家打招呼，才知道原来是莲花城正准备迎接燃灯佛。百姓们击鼓唱歌，跳舞狂欢。国王下令平整所有道路，买断所有鲜花，所有人都在要国王之后才能向燃灯佛献花跪拜。善慧菩萨听说了这个消息，欣喜万分，告别了众人，快速地奔向城里。

到了城中，他跑遍各个花店，却一束花也买不到。正当他为此而发愁的时候，一位端庄秀美的宫娥出现在他的面前，手中捧着插有七枝莲花的瓶子，花瓶上还蒙着一块黄丝绸。于是，他连忙上前施礼道：“施主可否将你的莲花借我几支。我向你借花会给你钱的，我将身上的五百个银币全都给你，只要借我五支莲花就好，可以吗?”宫娥说：“看你文质彬彬，却穿着破旧的鹿皮衣；苦着自己，却舍得花那么多钱来借莲花，到底是为什么啊？”善慧菩萨说：“能够亲眼见到佛祖，是千载难逢的机会啊！”宫娥被他的诚心所感动，于是答应给他五支，另外两支则请善慧代她献给燃灯佛，并要善慧答应在他未得道之前，要生生世世娶她为妻。

善慧菩萨终于见到了燃灯佛，将花献给燃灯佛。他的恭敬和虔诚为大家所赞叹，燃灯佛给他授记，告诉他在无量劫后必可成佛，号为释迦牟尼；而借花给他的宫娥就是释迦牟尼成佛前的妻子耶输陀罗的前身。

词解人生

所有的人都渴望拥有成功，但对于没有生在富贵之家、权力之邦的人来说，成功一定是一个极为漫长的奋斗过程，首先要从生活的低谷之中走入世人生活的平凡之路，然后才能一步步地开始向成功之峰攀登。每个都渴望掌握一步登天的秘诀，但它毕竟不现实，伸手可以触及的便只有“借花献佛”，借助外部的力量来达到目的。

借花献佛，会让人节省很多时间、精力，并事半功倍。在人生奋斗的风风雨雨之中，要懂得充分利用这个“借”。刘备借到荆州，帮助他成就了大业；孙悟空三借芭蕉扇，使他们师徒顺利通过火焰山……牛顿说：“如果我所见到的比笛卡尔要多点，那是因为我站在巨人肩膀上的缘故。”借助前辈和伟人的智慧和力量来发展自己，这就是成功之道。如果你不是巨人，那就要学会站在巨人的肩膀上，可以让你看得更远、看得更多。只要你是一个有心之人，一个胸怀大志之人，一个不屈不挠之人，你终会找到一些出色的人，让他们助你一臂之力。

第四十三章 命运之手操纵人生

青春永不谢幕——返老还童

成语诠释

【来源】（汉代）史游《急就篇》和《旧唐书·宦官书》。

【解释】返：扭转；还：恢复原来的状态。扭转衰老，回到童年。形容老年人恢复了青春与活力，精力异常旺盛。

【成语掌故】

刘安，汉高祖刘邦之孙，汉文帝弟淮南王刘长之子。他才思敏捷，好读书，善文辞，乐于鼓琴，是西汉知名的思想家、文学家，奉汉武帝之命著《离骚传》，是中国最早对屈原及其作品《离骚》作高度评价的著作。相传，刘安自青年时代起就好黄白之术，召集道士、儒士、郎中以及江湖方术之士炼丹制药。封淮南王以后，刘安更是潜心钻研，四处派人打听不老之术，寻访长生之药。

有一天，忽然有八位白发银须的老汉求见，说他们有防老之法术，愿把长生不老药献给淮南王。刘安一听，大喜过望，急忙开门迎接，见到那八个老汉，不禁哑然失笑。八个老汉一个个白发银须，如果真的有什么长生不老药，他们又怎能老到如此的地步呢！于是，刘安说："你们自己都那样老了，怎么让我相信你们有防老之法术呢？分明是骗人的！"说完，便下令把他们撵走。

八个老汉对望了一眼，笑道："淮南王嫌我们年老，那就让他仔细地看看我们吧！"说着，八个老汉忽然变成儿童模样。

词解人生

"青春永驻，永远年轻"，此类话总是人们愿意听到的。但是一个人从年轻到衰老的生命进程，是无法抗拒的，所以人们总是希望可以延缓衰老，保持年轻，甚至还有些人会因此而走进"长生不老"的迷雾之中，奢望可以永远地年轻下去。而那些已经上了年纪的人，则希望自己可以返老还童，重新返回年轻时的美好时光。由此，各种养生秘方、保健品、医疗美容、化妆品……充斥在生活中，但人们却忽略了保持青春最重要的一点，是保持一颗年轻的心。

保持年轻的心态并不意味着要放弃做一个成年人，回归孩童的幼稚，而是要求我们对待现实的心态更自在一些，轻松一些。岁月可以在人的皮肤上留下皱纹，却无法让那些拥有生活热情的人心灵起皱。多一点发自内心的微笑，说一些真诚的赞美之言，无法改变的事情便坦然接受，尊重并善待自己……只要拥有一颗年轻的心，便拥有了“返老还童”的灵丹妙药。

与其晚年悔恨，不如现在奋起——行将就木

成语诠释

【来源】（春秋）左丘明《左传·僖公二十三年》。

【解释】行将：将要；木：指棺材。比喻人寿命已经不长，快要进棺材了。

【成语掌故】

春秋时期，晋国吞并了邻近的一些诸侯国，成为当时的一大强国。年老的晋献公宠爱妃子骊姬，听信了骊姬的谗言，想要立骊姬的儿子为太子，于是，将太子申生逼死。骊姬为了免除后患，还要陷害申生的两个异母兄长公子重耳和夷吾，二人只得逃往国外。

重耳逃往狄国，跟他一起去的有他的舅舅狐偃和赵衰等人。狄国出兵俘获了叔隗和季隗姐妹俩，并把她俩都送给了重耳。重耳娶了季隗，生下伯条、叔刘两个孩子；把叔隗嫁给赵衰，生下个孩子叫赵盾。后来，晋国传来消息：与重耳一起出逃的公子夷吾在献公去世后，借助秦国的力量回到晋国继位，史称晋惠公。他怕重耳回国争位，便派出刺客谋害重耳。

重耳得知这个消息后，决定逃到齐国去。临走前，他对妻子季隗说：“夷吾派人来谋害我，我想到齐国去避一避。你留在这里等我二十五年，如果到时候我还没有回来，你就找个人嫁了吧。”季隗伤心地说：“我已经二十五岁了，再过二十五年，就要进棺材了，还嫁什么人！我一直在这里等你就是了。”重耳到了齐国，齐桓公把姜氏嫁给他，还赠给他二十辆大车。重耳满足于这样的生活，就想留在齐国，但随行的人和姜氏都认为他不能一直待在这里，于是把他灌醉了送出齐国。后来，重耳在秦穆公的帮助下，回到晋国即位，史称晋文公。

词解人生

诗文的写作有“起、承、转、合”四个组成部分，人生也同此理，从出生时的“四条腿”，到壮年时的“两条腿”，再到老年时的“三条腿”，同样是一个形成、发

展和衰退的过程。随着生理机能的不断退化，衰老成为人们必须面对的一个问题。很多人在“半截身子埋在黄土里”的时候，才开始回顾自己的一生，回想自己错过的，回想自己放过的，回想自己遗失的，总是会有无数的遗憾涌上心头，想要弥补却已经步入迟暮之年，一切都已经来不及了。为什么不在自己有精力、有能力的时候，尽力珍惜已经拥有的，享受正在经历的，追求曾经梦想的，非要等到“行将就木”的时候才去后悔呢？

身体是“革命”的本钱——病入膏肓

成语诠释

【来源】（春秋）左丘明《左传·成公十年》。

【解释】膏肓：古人把心尖脂肪叫“膏”，心脏与膈膜之间叫“肓”。形容病情十分严重，无法医治。比喻事情到了无法挽救的地步。

【成语掌故】

春秋时期，晋国的君主景公得了重病，国内的医生都手足无措，用尽了各种办法也没有起色。晋景公听说秦国有一个医生的医术很高明，便专程派人去秦国请这位医生来。

医生还在路上的时候，晋景公做了一个梦，他梦见了两个小孩，悄悄地在他身旁说话。其中一个小孩说：“那个高明的医生马上就要来了，我们这回恐怕在劫难逃了，躲到什么地方去好呢？”另一个小孩说：“不就是个医生嘛，没什么大不了的，他来了我们就躲到肓的上面、膏的下面，到时候，无论他怎样用药，都奈何不了我们。”

不一会儿，秦国的名医到了，立刻被请进晋景公的卧室，替晋景公治病。诊断之后，医生对晋景公说：“大王，您这病已没办法治了。疾病在肓之上、膏之下，用灸法攻治不行，扎针又达不到，吃汤药效力也达不到。小人实在是无能为力啊！”晋景公听医生所说，竟然与自己在梦中听到的两个小孩子的对话如出一辙，便点了点头说：“你不愧为神医啊！”说毕，叫人送了一份厚礼给医生，又把他送回秦国去了。不久，晋景公便去世了。

词解人生

随着社会节奏的加快，现代中国的青年人中流行着这样一句话：“四十岁之前用命换钱，四十岁之后用钱换命。”还有人说：“不在三十岁之前赚到第一个一百万就是失败的人生。”在他们看来，青壮年是人生的黄金时期，必须要趁着精力充沛的时候，拼命赚钱，所以，工作就变成了生活的唯一内容，整天坐在电脑前忙得焦头烂额，甚至连吃饭的时间都省了，晚上还有应酬，全天二十四小时手机一直保持开机状态，每一分钟都在拼命，他们“吃得比猪少，干得比牛多，睡得比狗晚，起得比鸡早”。终于，有人熬不住了，在生命刚刚展开它的精彩画卷的时候，却因体力透支、劳累过度，过早地离开了，“过劳死”的现象频频发生在我们身边。

如果不想在还没报答父母的养育之恩，还没施展人生的抱负，还没来得及享受美好的青春的时候，就“病入膏肓”，那就别再单纯地以为自己年轻，可以扛得住，而一味地用生命作赌注了。每天抽一点时间锻炼身体，每天定时定量地吃饭，定期到医院去做身体检查，让自己拥有可以持续战斗的资本与力量，人生才能走得更长久。

心情是身体的晴雨表——河鱼腹疾

成语诠释

【来源】（春秋）左丘明《左传·宣公十二年》。

【解释】 河鱼：腹疾的隐称，因鱼腐烂是从腹中开始而得名。指腹泻。

【成语掌故】

楚国大夫申叔展和宋国大夫还无杜是朋友，且相交甚好。有一年楚国讨伐宋国的萧邑（今安徽萧县），楚国的军队将萧邑围了个水泄不通。还无杜见到老朋友申叔展也来了，但是碍于两军对垒，不便说什么，只能远远地打个招呼。

申叔展知道楚国此次讨伐是志在必得，而且攻城的计划可以称得上是万无一失，他心想：明天萧邑一旦被攻破了，还无杜必定要四处躲藏，这么冷的天，真是难为他了。于是，他便向还无杜喊道：“有麦曲吗?”还无杜说：“没有!”申叔展又问：“有山芎䓖吗?”还无杜不明所以，仍然回答：“没有!”其实，麦曲和山芎䓖都是御寒的药物，申叔展的这两句话，都是想要暗示还无杜即将遇难。他见还无杜仍然不明白，于是再说：“河鱼腹疾，奈何?（意思是：受凉拉肚子，你怎么办）”还无杜这才听明白，便说：“那就请从枯井里救人吧!”申叔展听还无杜这样说，明白了他的用意，便接着说：“井上盖些茅草就行了!”

第二天，萧邑很快便被攻下了。申叔展进城之后，找到了一口上面盖有茅草的枯井，叫了一声“还无杜”，便见还无杜从枯井里爬了出来。还无杜也因此而免于一死。

词解人生

“百病由心生”，意志与心情决定着身体的健康状况。在日常的生活中，牵挂得太多，介意得太多，所以，情绪起起伏伏，使我们离快乐越来越远。生命给了花开的机会，可是不能永存；生命给了花落的无奈，也只是瞬间。“岂有豪情似旧时，花开花落两由之。”用特写镜头看生活，生活是一个悲剧；用长镜头看生活，生活则是个喜剧。笑对人生，以宁静淡泊的心态对待生命中的每一瞬间。你感恩生活，生活将赐予你灿烂的阳光。要勇敢、无畏、含着笑容地对待生活，记得：生气是用别人的过错惩罚自己。让自己的心沉浸在无尽的快乐之中，疾病自然会远离你，这等于是给自己的心加了一层保护网。

第四十四章　世间熙来攘往都为利

贪图小利，一生没有成就——贪天之功

成语诠释

【来源】（春秋）左丘明《左传·僖公二十四年》。

【解释】贪：贪图；天，天公，指自然界的主宰者。把天公所成就的功绩说成是自己的功劳。现指抹杀群众或领导的作用，把功劳归于自己。

【成语掌故】

春秋时期，晋献公立他的小儿子奚齐为太子，重耳为了避祸被迫流亡在外，在他流亡的这段期间，晋国的一个贵族介子推一直跟随左右，还为重耳最终回国掌权做出很多的努力，立下了汗马功劳。

后来，重耳在秦国的帮助下，回到晋国当上了国君。他对当年曾跟随自己逃亡在外的人，都进行了赏赐和提拔，却忘记了介子推。

介子推对此不仅毫无怨言，反而认为自己不该受到重赏，他说："偷人家的东西的人，尚且会被称为盗贼，那么那些把天大的功劳都占为己有的人呢?"于是他和母亲到一个僻静的山上去过隐居的生活。

事后，有人提醒晋文公重耳，封赏时落下了介子推。晋文公想到当年流亡途中的种种，十分后悔，便想授介子推以高官，但介子推和母亲无论如何都不肯从山中出来。为了让介子推出山，晋文公不得已放火烧山。可是，介子推心意已决，最后母子二人竟在山上抱着一棵大树被活活烧死了。

词解人生

介子推性情耿直、文武兼备，一生崇尚以道德、忠孝、清烈、仁义教化天下；他淡泊名利、注重人格、不求厚禄，成为人民心中永远的楷模。叶剑英元帅曾将介子推和屈原相提并论，提出了"南有屈原、北有介子"的说法。

成就，对于每个人的诱惑都是巨大的，我们希望自己学有所成，功成名就，我们更希望所有的成果一人独享，但这是永远无法实现的。有些人选择正视这样的结果，用自己的力量努力创造；有些人则选择漠视这样的结果，将别人的成功也归到自己名下。唯有那些不贪功之人，才有可能获得更大的成功。如果你是一个员工，不仅不能"贪天之功"，有些时候，还需要将自己的功劳让出来，以此来换取更大的成功。

璧立千仞，无欲则刚——不贪为宝

成语诠释

【来源】（春秋）左丘明《左传·襄公十五年》。

【解释】贪：贪图；宝：宝贵。比喻以不贪为可贵、崇高，也比喻作风廉洁。

【成语掌故】

春秋时，宋国有个人在山上开凿石料的时候，发现了一块宝玉。他高兴地带回家，并请一个玉工来鉴别。玉工仔细看了后，赞不绝口，说："这块玉好极了，没有一点毛病，是个宝贝。不过你得小心，别在人家面前露眼，小心让人家偷了去！"

其实，这人请玉工来家，已经引起了邻居的注意。原来，平时极少有人上他家，这回玉工突然来，有人便不时进来张望。宋人见邻居心存疑惑，更加不安，怕有个闪失，会空欢喜一场，便把宝玉藏到了一个极隐蔽的地方。尽管如此，他还是担心宝玉会被盗走。如果把它卖掉，又怕不知它的真正价值，给别人占了便宜。他考虑来考虑去，终于想出了一个两全其美的办法，既不会让玉失去应有的价值，自己也不必总是提心吊胆，他决定把它赠送给一个有身份的人，这样多少还能留下些人情。过了几天，他见没人发现，便带了宝玉悄悄地前往都城。

到了都城，他去见掌管工程的大臣子罕，献上了宝玉，子罕不解地问："你把如此贵重的宝物送给我，大概是要我帮你办什么事吧？不过，我是从来不接受别人赠送的礼物的。"宋人忙说："我没什么事要你帮我办。据玉工鉴定，这块宝玉是稀有之物，所以我要献给你。"子罕再次拒绝说："我绝不能收下这宝玉。如果我收下了，你没了宝玉，我也会因此而失去清廉的美名，你和我都丧失了宝。"

宋人听不懂子罕这话的意思，只是呆呆地望着他。子罕继续说道："我以不贪为宝，而你以玉为宝。你把玉给了我，当然丧失了宝，但我收下了你的玉，也就丧失了不贪这个宝。这样，双方都丧失了宝，我们还是各自保留自己的宝吧！"

宋人见子罕始终不肯收下这块宝玉，只得无奈地说："小人乃一介平民，留下宝玉必定不得安宁，所以特地到都城来献给你，也是为了免除祸患。"

子罕沉思了一会儿，叫宋人暂时留下。接着，命一位玉工将这块宝玉雕琢之后，拿到市场上去卖，把钱交给宋人，然后派人护送他回家。

词解人生

“以不贪为宝”，这是春秋时子罕做人的准则。“究竟什么是宝”，这是个仁者见仁、智者见智的问题。有人以金珠珍玉为宝，也有人以气节情操为宝。当官者如以前者为宝，往往聚财宝以自肥，走上贪污腐化的道路；若能以后者为宝，就能清白自守，秉公办事，为国为民做好事，成为百姓真正的父母官。但永持此宝，谈何容易？有很多人因难以抵制物欲的诱惑，而使自己晚节不保，从而踏上了不归路。一桶牛奶中倒入一杯脏水，整桶牛奶就变得污浊；人一旦放弃了对操守的坚持，就容易陷入泥沼。所以，做人应该坚持操守，不要因为身外之物而丢弃了自己的宝贝。

白日梦再美，终有梦醒时分——南柯一梦

成语诠释

【来源】（唐代）李公佐《南柯太守传》。

【解释】南柯：南面的大树。在南面大树下做的一场美梦。形容一场大梦，或比喻空欢喜一场。

【成语掌故】

唐代，有个人叫淳于棼，家住在广陵郡东十里，嗜酒任性，不拘小节。他家门前有一棵长得十分高大的槐树，枝叶繁茂。

生日那天，他在大槐树下摆宴和朋友饮酒作乐，不知不觉被灌得酩酊大醉，无奈友人只好扶他到廊下小睡。朦胧中仿佛有两个紫衣使者请他上车，马车朝大槐树下一个树洞驰去。洞中晴天丽日，另有一个世界，不久到达了一座城边，城门悬着金匾，上书“大槐安国”。丞相亲自出门迎接淳于棼，并告诉他国君愿招他为驸马。淳于棼就这样娶到了金枝公主，并被委任“南柯郡太守”。

淳于棼到任后勤政爱民，把南柯郡治理得井井有条，上获君王器重，下得百姓拥戴。然而好景不长，檀萝国突然入侵，淳于棼率兵抗敌，屡战屡败；金枝公主又不幸病故，众人纷纷猜疑淳于棼。淳于棼心中悒悒不乐，君王准他回故里探亲，仍由两名紫衣使者送行。车子驶出洞穴，家乡山川依旧。

这时，淳于棼也被惊醒了，眼前仆人正在打扫院子，两位友人在一旁洗脚，落日余晖还留在墙上，而梦中经历好像已经整整过了一辈子。淳于棼把梦境告诉众人，大家感到十分惊奇，一起将门前的大槐树砍倒，真的看到了梦中的槐安国——一个大蚁穴，在树的南枝下，另有小蚁穴一个，即梦中的南柯郡。

词解人生

俗话说：日有所思，夜有所梦。淳于棼的梦必定是他日常所想之事，荣华富贵、权势地位、美好婚姻，这些是每一个人都想拥有的，无论是过去，还是现在。

每一个人都有追求自己梦想的权力，但却绝不能整日沉迷于梦想之中，而不将梦想付诸实现。正确的人生观是勇于探索实践、追求心中的理想，它是战胜人性弱点、克服心理障碍的动力源泉。将梦想与现实区分开来，从美好的梦境中跳脱出来，将梦想作为人生奋斗的方向，才能在现实的世界中成就真正的美好。

集体利益永远高于个人利益——求田问舍

成语诠释

【来源】（晋代）陈寿《三国志·魏书·陈登传》。

【解释】舍：房子。多方购买田地，到处询问屋价。只知道置产业，谋求个人私利。比喻没有远大的志向。

【成语掌故】

陈登，东汉广陵人，字元龙，出身徐州大族。他博览群书，精通文艺，性格豪爽，为人忠诚，从少年时代起就有扶世济民的志愿。他原是陶谦的部下，陶谦死后把徐州让给了刘备。于是，陈登便为刘备效力。刘备很欣赏陈登的才干，十分器重他，还曾在刘表的面前夸奖陈登说："像元龙这样的文武胆识，古时候还可以找得到，现在已经很少见了。"

陈登任广陵太守期间，在其管辖区内大力革除弊政，赢得了百姓的拥护和敬重。一天，故友许汜前来拜访。陈登知道他胸无大志，此次前来必定又是谋求田地，购置房产，所以对他并不热情。许汜留宿在陈登家，陈登让他睡小床，而自己则睡在大床上。许汜为此很不高兴，离开之后仍然耿耿于怀。

几年之后，许汜到荆州在刘表手下任职。一次，他与刘表以及前来投奔的刘备在闲谈中提到了陈登。许汜说："陈元龙之行径完全是一派江湖人士的作为，我好意前去拜访他，他对我不理不睬，睡觉时自己睡大床，让我睡小床，真是太不懂礼貌了。"刘备问许汜："先生此话，可有什么根据？"许汜便把几年前拜访陈登的事说了一遍。

没想到，刘备听完了他的话，却说："陈元龙乃是豪杰之士。如今天下大乱，皇帝也失去了住所，人人都指望先生忧国忘家，救世济贫。既然先生以国士自居，就应该以天下为己任，匡扶汉室，而你却只想着谋求田地，购置房产。先生说的话，没有什么值得采纳的，故而他只好不理先生了。

陈元龙给你睡小床，已经算是客气的了。如果是我碰到了先生，当自卧百尺高楼而置君于地。”这几句话真是一点面子也不留，把许汜损得是无地自容。

词解人生

身处乱世之中，个人的利益已经变得微乎其微了，正所谓“覆巢之下，岂容完卵”。当国家处于危难存亡之际，我们首先想到的应该是如何保卫祖国；当国家处于灾难之中时，我们首先应该想到的是如何帮助那些困境中的人们；当团体面临威胁时，我们首先想到的应该是如何与大家共渡难关……

一句“天下兴亡，匹夫有责”，将我们的爱国热情激发了出来，也将那些大发国难财的人推上了道德的“审判席”。很明显，陈登对于“求田问舍”的许汜是极为不齿的。

或许国家对于我们来说，是一个太大的概念，但我们总是身处在社会群体之中的，所以，有责任为团体的共同利益贡献自己的力量，做出应有的牺牲。

第四十五章　成语中的生意经

君子岂能夺人所爱——巧取豪夺

成语诠释

【来源】（宋代）苏轼《次韵米黻二王书跋尾》。

【解释】巧取：欺骗；豪夺：强抢。旧时形容达官富豪谋取他人财物的手段。现指用各种方法谋取财物。

【成语掌故】

米友仁，名尹仁，字元晖，晚号懒拙老人，他是宋朝大书法家、大画家米芾的长子，世称“小米”。他的书法、绘画皆承于家学，因此也写得一手好字，虽比不上其父，却也自成一格，而且还长于作画，他的山水画发展了米芾的技法，自成一家，他对古人的作品尤其喜爱。一次，他在别人的船上看见王羲之的真迹字帖，不由地心花怒放，立即提出要拿一幅好画与之交换，但主人家不同意，他急得直跳脚，攀着船舷要往水里跳，多亏旁边有人及时拦住了，他才不致落水。

他还非常擅长模仿古人的画作。一次，他在涟水的时候，看到一幅《松牛图》十分喜爱，便向人借了回来，描摹之后，便把真本留下，将摹本拿去还给人家。那人当时并没有发现有什么不同，过了好多天之后，才来找米友仁，向他要回原本。米友仁问他从何得知他手中的是摹本，那人回答说：“真本中人的眼睛里，有牧童的影子，而你还给我的这一幅却没有。”米友仁只得将原本物归原主。但这只是一次例外，米友仁模仿古人的画作，很少会被人发现。

米友仁经常向别人借一些画作来描摹，而描摹完之后，却总是会拿着摹本和真本一齐送还给主人，请主人自己选择。由于他的模仿技艺很高超，总是能把摹本画得和真本一模一样，主人见到两幅几乎完全相同的画作，一时不辨真假，便把摹本当作真本收了回去，米友仁也便因此而获得了许多名贵的真本古画。米友仁是一个很有才能的艺术家，同时也是一个古画的爱好者和欣赏者，值得人们敬仰；然而，他用摹本巧妙地换取别人真本的行为，却又为人所不齿，有人便把他这种用巧妙方法骗取别人真本画作的行为，叫作“巧取豪夺”。

词解人生

美好的事物总是容易唤起人的占有欲，但天下间美好的东西毕竟是少数，你喜爱的东西我也喜爱，我喜爱的他也喜爱，谁都想得到这个被大家共同喜爱的东西。于是，人与人之间便会产生争夺，甚至相互残杀。

俗话说："命里有时终须有，命里无时莫强求。"对于那些通过自己的努力可以合理获得的东西，我们自然不应放过，但对于那些已经有归属者的东西，即使再喜欢也该止步。"君子不夺人所好"，更何况是"巧取豪夺"呢。

放长线，钓大鱼——奇货可居

成语诠释

【来源】（西汉）司马迁《史记·吕不韦列传》。

【解释】奇货：珍稀的货物；居：囤积。把稀有的货物囤积起来，等待高价出售。比喻拿某种专长或独占的东西作为资本，等待时机，以捞取名利地位。

【成语掌故】

吕不韦，战国末年卫国濮阳人。他是阳翟的大商人，往来各地，以低价买进，高价卖出，所以积累了千金的家产。

一次，他在集市上看到一辆破旧的牛车驶过，上面的旗上写着一个大大的"秦"字。车中端坐的年轻人，就是秦国送到赵国的"质子"，名叫子楚，是当时秦国太子安国君多个儿子中排行居中的一个儿子，因为母亲夏姬不受宠幸，而被送来赵国做人质。当时，秦国屡次进攻赵国，所以子楚在赵国的日子很不好过，像个穷困潦倒的读书人。电石火光之间，一个念头窜入了吕不韦的脑子里："真是一个难得的奇货啊！可以先囤积起来，等待高价的时候再售出。"

之后，他主动去拜访子楚，并和子楚进行了一次深谈，很快便获得了子楚的信任。他还送给子楚黄金五百两，作为日常开支和交结宾客之用；又拿出黄金五百两购买奇珍异宝，亲自带着到秦国去游说，以子楚的名义，把宝物献给了安国君最宠爱的华阳夫人，并对华阳夫人晓以利弊。最终，华阳夫人接受了吕不韦的建议，收子楚为义子，并在侍奉安国君的时候，说子楚的好话。安国君对华阳夫人言听计从，立即立子楚为继承人，还请吕不韦做子楚的老师，侍奉其左右，子楚因此在各国名声大噪。

一日，吕不韦设宴款待子楚，命赵姬以舞助兴。赵姬一出场，子楚便完全被她吸引了，于是，吕不韦将赵姬送给了子楚。次年，赵姬产下一子，取名为政，子楚立赵姬为夫人。

秦昭襄王五十年，子楚在吕不韦的帮助下逃回了秦国。秦昭襄王五十六年，安国君继位为王，即秦孝文王，子楚为太子。一年后，子楚登基成为秦国国君，是为秦庄襄王，吕不韦为丞相，封为文信侯，并赐他河南洛阳封地十万户。在处理政事上，子楚对吕不韦言听计从。自此吕不韦在秦国呼风唤雨、权倾朝野，成为当时秦国真正的统治者。

词解人生

中国有句俗话叫“巧妇难为无米之炊”，作为一个以追求利益与金钱为目的的商人而言，最重要的是能发现并把握商机。独具慧眼的吕不韦看到了子楚这个具有独特价值的“宝贝”，不仅使自己在经济上获得了巨大的利益，还逐渐步入了政坛，成了叱咤风云的人物。

作为一名商人，无论你有多么强的经营能力，都需要一双发现“宝贝”的眼睛，善于捕捉商机，不失时机地买进卖出。司马迁曾说：“贵出如粪土，贱取如珠玉。”商品在价格接近低谷之时，大量购入；其价格越来越贵时，便要及时抛出。唯有真正懂得“奇货可居”的人，才能将自己手中有限的财富转化成无限的财源。

睁大眼睛，寻找良机——价值连城

成语诠释

【来源】（西汉）司马迁《史记·廉颇蔺相如列传》。

【解释】 连城：连在一起的许多城池。形容物品十分贵重。

【成语掌故】

春秋时期，有个叫卞和的楚国人，在楚山上看见凤凰栖落在山中的青石板上，依照“凤凰不落无宝之地”之说，他认定楚山上有宝，经仔细寻找，终于在山中发现一块璞玉。于是卞和将这块璞玉献给楚厉王，厉王让加工玉石的匠人鉴别，匠人不识货，将其误认为是石头，卞和因欺君之罪被砍去了左脚，还被驱逐出了楚国的都城。厉王死后，武王继位，卞和又将璞玉献上，但鉴别的结果仍说是石头，可怜卞和又因欺君之罪被砍去右脚。

到了楚文王即位时，卞和怀揣璞玉在楚山下痛哭了三天三夜，眼泪都流干了，还哭出了血。文王很奇怪，派人问他：“天下被削足的人很多，为什么只有你如此悲伤？”卞和感叹道：“我并不是因为被削足而伤心，而是因为这个世道是非不分、黑白颠倒。这明明是块宝玉，却被看作石头；我本来是一心为国的忠贞之士，却被当作欺君罔上的无知狂徒——这是最使我伤心的啊！”于是，文王直接命人剖开璞玉，果然得到一块上等的无瑕美玉。为了表彰卞和的忠诚和献玉的功绩，美玉被命名为“和氏之璧”。

楚王得此美玉，十分爱惜，将其奉为宝物珍藏了起来。经过几代之后，和氏璧不翼而飞。到了战国时期，赵国人缪贤在集市上用五百两黄金购得一块玉。令人始料未及的是，此玉就是失踪多年的和氏璧。赵惠文王听说之后，便据为己有。秦昭王获悉此事后，非常羡慕和嫉妒，派人给赵惠文王送去一封信，信上说：愿意以十五座城池交换和氏璧。和氏璧因此成为历史上著名的美玉，被奉为“价值连城”的“天下所共传之宝”。

词解人生

法国艺术家罗丹曾说过：“生活中并不缺少美，只是缺少发现美的眼睛。”具备一双发现美的慧眼，便会得到意外的惊喜。和氏璧，一块在古代社会牵动无数人心的宝物，在楚国的历代工匠眼中，却只不过是一块再普通不过的石头而已。唯有将其剖开，才发现其中别有洞天，也才有了后世“价值连城”的宝玉。锻炼自己的眼力，可能会获得始料未及的良机。

百姓的劫难——米珠薪桂

成语诠释

【来源】（西汉）刘向《战国策·楚策三》和郭沫若《芍药及其他·雨》。

【解释】 珠：珍珠。米贵得像珍珠，柴贵得像桂木。形容物价昂贵，人民生活极其困难。

【成语掌故】

苏秦，字季子，东周时期洛阳轩里人，战国时期与张仪齐名的纵横家。他出身农家，素有大志，曾随鬼谷子学习纵横捭阖之术多年。学成之后，游历各国，希望有人可以接受他的建议。

一次，苏秦前往楚国，到了之后一直未能见到楚王，直到三个多月之后，才终于见到了楚王。与楚王交谈过后，苏秦正准备辞行，却听楚王说：“寡人久闻先生大名，听说先生堪比古代的贤能之士，如今先生不远千里而来，为什么不多待几天，寡人也好向先生多多请教啊！”苏秦回答道：“楚国的粮食比珍珠还要贵，柴木比桂树还要贵，通报之人都好像鬼魅一般想要见一面都很难，大王好像天帝，一般凡夫俗子想见你一面难于登天。如今却要我把珍珠当作粮食，把桂树当作柴木，经过鬼魅而见到天帝……”楚王打断苏秦的话说：“请先生到客馆住下吧，我遵命了。”

词解人生

经济学中价值规律提到：不同的事物具有不同的价值。价格围绕价值上下波动，总体上价格与价值是相等的。粮食与柴木本属于日常生活用品，而珍珠与桂树则属于奢侈品之列，原本毫无交集的事物却变得等价了，而且是米、柴卖出了珠、桂价，这让普通百姓如何生存？无论是“苛政猛于虎”，还是“物以稀为贵”，都给百姓的生活带来了难以言说的痛苦。

面对不断飞涨的物价，我们毫无办法，唯愿那些为政者及时采取措施，唯愿那些为富者心中有仁，将“米珠薪桂”之苦减到最低。

成语荟萃

◉ **半死不活**

【解释】没有生机和活力。死又死不了，活着又受罪。

◉ **九泉之下**

【解释】九泉：地下。死人埋葬的地方，迷信指阴间。

◉ **回光返照**

【解释】太阳刚落山时，由于光线反射而发生的天空中短时发亮的现象。比喻人死前精神突然兴奋。也比喻事物灭亡前夕的表面兴旺。

◉ **寿终正寝**

【解释】寿终：年纪很大才死；正寝：旧式住宅的正房。原指老死在家里。现比喻事物的灭亡。

◉ **死于非命**

【解释】非命：指非正常死亡。在意外的灾祸中死亡。

◉ **香消玉殒**

【解释】比喻年轻美女死亡。

◉ **寻死觅活**

【解释】寻：求，找。闹着要死要活。多指用自杀来吓唬人。

◉ **病从口入**

【解释】疾病多是不洁的饮食带来。

◉ **不药而愈**

【解释】生病不用吃药而自行痊愈。

◉ **不省人事**

【解释】省：知觉。指昏迷过去，失去知觉。也指不懂人情世故。

◉ **不治之症**

【解释】医治不好的病。也比喻无法挽救的祸患。

◉ **二竖为虐**

【解释】竖：小子；二竖：指病魔；虐：侵害。比喻疾病缠身。

◉ **骨瘦如柴**

【解释】形容消瘦到极点。

◉ **妙手回春**

【解释】回春：使春天重返，比喻将快死的人救活。指医生医术高明。

◉ **久病成医**

【解释】病久了对医理就熟悉了。比喻对某方面的事见识多了就能成为这方面的行家。

◉ **起死回生**

【解释】把快要死的人救活。形容医术高明。也比喻把已经没有希望的事物挽救过来。

◉ **体无完肤**

【解释】全身的皮肤没有一块好的。形容遍体是伤。也比喻理由全部被驳倒，或被批评、责骂得很厉害。

◉ **风烛残年**

【解释】风烛：被风吹的蜡烛，容易熄灭；残年：残余的岁月，指在世不太久。比喻人到了接近死亡的晚年。

◉ **人老珠黄**

【解释】旧时比喻女子老了被轻视，就像因年代久远而失去光泽的珍珠一样不值钱。

◉ **不情之请**

【解释】情：情理。不合情理的请求。

◎ **嫌贫爱富**

【解释】嫌弃贫穷，喜爱富有。指对人的好恶以其贫富为标准。

◎ **垂涎欲滴**

【解释】涎：口水。馋得连口水都要滴下来了。形容十分贪婪的样子。

◎ **得寸进尺**

【解释】得了一寸，还想再进一尺。比喻贪心不足，有了小的，又要大的。

◎ **得陇望蜀**

【解释】陇：指甘肃一带；蜀：指四川一带。已经取得陇，还想攻取西蜀。比喻贪得无厌。

◎ **急功近利**

【解释】功：成功；近：眼前的。急于求成，贪图眼前的成效和利益。

◎ **利令智昏**

【解释】令：使；智：理智；昏：昏乱，神志不清。因贪图私利而失去理智。

◎ **抱布贸丝**

【解释】布：古代一种货币；贸：买卖。带了钱，来买丝。借指和女子接近。亦指进行商品交易。

◎ **本小利微**

【解释】微：薄。本钱小，利润薄。指买卖很小，得利不多。

◎ **多财善贾**

【解释】贾：做买卖。原意是本钱多，生意就做得开。后指资本家会做买卖。

◎ **一本万利**

【解释】本钱小，利润大。

◎ **剩馥残膏**

【解释】女子妆后所剩的脂粉。指闺中之作。

◎ **供不应求**

【解释】供：供给，供应；求：需求，需要。供应不能满足需求。

◎ **入不敷出**

【解释】敷：够，足。收入不够支出。

◎ **僧多粥少**

【解释】和尚多，而供和尚喝的粥少。比喻物少人多，不够分配。

◎ **囤积居奇**

【解释】囤、居：积聚；奇：稀少的物品。把稀少的货物储藏起来。指商人囤积大量商品，等待高价出卖，牟取暴利。

◎ **投桃报李**

【解释】他送给我桃儿，我以李子回赠他。比喻友好往来或互相赠送东西。

◎ **来者不拒**

【解释】拒：拒绝。对于有所求而来的人或送上门来的东西概不拒绝。

◎ **礼尚往来**

【解释】尚：注重。指礼节上应该有来有往。现也指以同样的态度或做法回应对方。

◎ **彬彬有礼**

【解释】彬彬：文雅的样子。形容人文雅有礼貌。

◎ **不卑不亢**

【解释】卑：低、自卑；亢：高傲。指对人有分寸，既不低声下气，也不傲慢自大。

第八篇

幸福人生，情商比智商更重要

第四十六章　爱情是人类永恒的话题

尊重是爱的前提——相敬如宾

成语诠释

【来源】（春秋）左丘明《左传·僖公三十三年》。

【解释】 形容夫妻相互尊敬，如同对待客人一样。

【成语掌故】

春秋时期，晋国大夫胥臣出使，途经冀地时，他看见路旁的一块田地里，一个青年正在卖力地锄草。这时，青年的妻子把午饭送到田头，她恭恭敬敬地对青年拜了一拜，然后小心翼翼地用双手把饭捧给丈夫，再次恭敬地行礼，请他用饭。丈夫庄重地接过来，毕恭毕敬地祝福以后再用饭。妻子在丈夫用饭时，恭敬地立在一旁等着他吃完，收拾餐具，辞别丈夫而去。

胥臣看到这一幕，深有感触，心想：夫妻之间如此恩爱，真是有德之人啊！于是他找来那个青年，询问后，才知道他是大夫郤芮的儿子，名叫郤缺。于是，胥臣便带着郤缺回到晋国的都城，来不及回家就忙着去拜见晋文公，将郤缺引荐给他。

晋文公一听他是郤芮的儿子，便心有不悦，因为大夫郤芮曾在他与晋惠公争夺王位的过程中，帮助自己的对手。胥臣知道晋文公的想法，耐心地说："臣听说舜惩罚鲧，让他流放致死，但却重用鲧的儿子禹治理大水；管仲曾暗中刺杀齐桓公，但齐桓公仍然任用管仲为相。君王选拔人才，应该看重才能，而不是出身。郤缺夫妇相敬如宾，是德行的表率，能够做到恭敬的人必然是有德行的人。用这样的人来治理国家，国家就会安宁。"

词解人生

什么样的生活态度决定拥有什么样的婚姻，聪明人善于营造幸福的婚姻，而幸福的婚姻又同时完成着对人的塑造。

幸福的婚姻缘自相互尊重。只有懂得尊重对方，才能得到对方的尊重，不仅要尊重对方，更要紧的是爱屋及乌，尊重对方的父母、兄弟、姐妹以及对方的亲朋好友。有的人瞧不起对方的家人，更有甚者将对方家人推到了自己的对立面，这种做法非常愚蠢，这样做会使自己陷入孤立无援的境地，对婚姻的稳固将是致命伤害。

婚姻生活中，同样可以显示出一个人的品行。俗话说："相见好，同住难。"两个生活习惯相差甚远的人生活在一起，就更需要相互体谅与尊重，如果没有了这种尊重，那便会形成一种不健康的家庭状态。这样的家庭必定不能长久。因此，为了婚姻的幸福长久，认真地尊重你的另一半吧！

相互尊重让婚姻开出幸福的花朵——举案齐眉

成语诠释

【来源】（南朝·宋）范晔《后汉书·梁鸿传》。

【解释】案：古时有脚的托盘。送饭时把托盘举得跟眉毛一样高。后形容夫妻互相尊敬。

【成语掌故】

东汉初年的隐士梁鸿，字伯鸾，扶风平陵人。他博学多才，家里虽穷，可是崇尚气节。东汉初，他曾进太学学习。结束在太学的学业后，就在皇家林苑——上林苑放猪。

由于梁鸿的高尚品德，许多人想把女儿嫁给他，梁鸿谢绝了他们的好意，就是不娶。与他同县的一位孟氏有一个女儿，身材肥壮、皮肤黝黑，而且力气极大，能把石臼轻易举起来。每次为她择婆家，她就是不嫁，已经29岁了。父母问她为何不嫁，她说："我要嫁像梁伯鸾一样贤德的人。"梁鸿听说后，就下聘礼，娶了孟家女，为她取名孟光，字德曜，意思是她的仁德如同光芒般闪耀。

后来，他们一道去了霸陵山中，过起了隐居生活。在霸陵山深处，他们以耕织为业，或咏诗书，或弹琴自娱。不久，梁鸿为避征召他入京的官吏，夫妻二人到了吴地。梁鸿一家住在大族皋伯通家宅的廊下小屋中，靠给人舂米过活。每当丈夫梁鸿回家时，妻子孟光就托着放有饭菜的盘子，恭恭敬敬地送到丈夫面前。为了表示对丈夫的尊敬，妻子不敢仰视丈夫的脸，总是把盘子托得跟眉毛齐平，梁鸿也总是彬彬有礼地用双手接过盘子。皋伯通见此情形，大吃一惊，心想：一个雇工能让他的妻子对他如此恭敬有加，那一定不凡。于是他立即把梁鸿全家迁入他的家宅中居住，并供给他们衣食。梁鸿因此有了机会著书立说。

词解人生

梁鸿和孟光这对夫妻之间互敬互让，和和美美，让人艳羡。虽然我们在现实生活中没有必要做到举案齐眉，但在婚姻中彼此之间相互尊重还是必要的。

《圣经》上说：“要想别人如何对待你，你就要如何去对待别人。”要想使你的婚姻安定，最主要的一条是学会尊重。发自内心的尊重，其实来源于相互之间的赏识。夫妻之道，千言万语，似乎可归纳为两个原则，一是“尽力使本身被对方赏识”，二是“尽力去赏识对方”。赏识是对对方的一种认可、肯定和勉励，必然会使对方产生一种满足感，被赏识是夫妻双方的心理需要，也是处理好夫妻关系的法门之一。将你的另一半当作自己的偶像去赏识和尊重，你必定会获得同样的对待，这样才能拥有幸福的婚姻生活。

有情人终成眷属——破镜重圆

成语诠释

【来源】（唐代）韦述《两京新记》卷三和（宋代）李致远《碧牡丹》。

【解释】比喻夫妻失散或决裂后重新团聚与和好。

【成语掌故】

杨素在辅佐隋文帝杨坚统一天下、建立隋朝江山方面立下了汗马功劳。公元589年，因杨素破陈有功，隋文帝便将陈国的乐昌公主，即徐德言之妻，赐予杨素为小妾。杨素因仰慕乐昌公主的才华，贪图乐昌公主的美色，对她万般宠爱，然而乐昌公主却终日郁郁寡欢。

原来，乐昌公主与丈夫徐德言两心相知，情义深厚。陈国将亡之际，徐德言曾流着泪对妻子说：“国已岌岌可危，家也一定无法保全了，你我分离已成必然。以你的容貌与才华，国亡后必然会被掠人豪宅之家。你我夫妻二人必将长久离散，唯有日夜相思，梦中神会。倘若老天有眼，你我今后定会有相见之日。我们应当有个信物，以待日后相认重逢。”说完，把一枚铜镜一劈两半，夫妻二人各藏半边。徐德言又说：“明年正月十五，将你的半片铜镜拿到街市去卖，假若我也幸存于人世，一定会赶到街市，与你会合。”

好不容易盼到第二年的正月十五，徐德言经过千辛万苦，终于赶到相约的街市，果然看见一个老头在叫卖半片铜镜，且价钱昂贵，无人问津。徐德言一看便知是自己妻子的那一半铜镜，忙按老者要的价付了钱，又把老者领到自己的住处，向老者讲述了自己的故事，并拿出自己的一半铜镜，两半铜镜刚好合成一个完整的铜镜。老者听得热泪盈眶，答应帮徐德言夫妻早日团圆。徐德言就着月光题诗一首，托老人带给乐昌公主，诗中写道：“镜与人俱去，镜归人不归。无复嫦娥影，空留明月辉。”

乐昌公主看到丈夫题的诗后，终日容颜凄苦，水米不进。杨素得知事情的真相后，也被他们的真情所打动，于是，立即派人将徐德言召入府中，府中上下都为他们二人破镜重圆和杨素的宽宏大度、成人之美而感叹不已。

词解人生

破镜重圆，在很多人看来，应该是个美好又让人感动的词语，因为它包含着太多的伤心难过和重圆过程中的艰辛、不易。

但是破镜真的可以重圆吗？镜子破了，即使让手艺再高超的工匠来修复，也注定只能掩饰而无法消除那道裂纹。很多东西破了就破了，即使以后拼凑在一起，裂痕依然存在。不拼凑在一起还有美好的回忆，硬要拼凑并不是真的回到了原来，而只是用裂痕来提醒曾经的破碎而已。

破镜重圆，符合人们喜欢大团圆结局的心理，但它只不过是一种自我安慰，是人们的一种美好愿望。分手的恋人希望可以破镜重圆；离异的夫妇希望可以破镜重圆。但即使是让一切回到最初，心里那道裂痕却是永远都不会消失的。

如果不想让自己的人生有如此的遗憾，那就在拥有的时候认真地呵护，不要等到失去之后，才发现它的珍贵。破镜重圆固然美好，然而有的时候却只能是悔之晚矣。

婚姻是爱情的延续——秦晋之好

成语诠释

【来源】（元代）乔孟符《两世姻缘》第三折。

【解释】春秋时，秦晋两国君主数代通婚。现在泛指联姻、婚配的关系。

【成语掌故】

春秋战国时期，秦国和晋国是两个相邻的大国。秦国地处今甘肃东部和陕西中部地区，因其在和戎狄的交往中融合了戎狄的习俗，被称为“秦戎”、“狄秦”等；而当时的晋国已经是中原的强国。秦穆公为了实现霸业，主动与晋国结好。公元前654年，晋献公将其女儿伯姬嫁给了秦穆公。

后来，晋国发生内乱，晋献公的两个儿子夷吾和重耳分别逃往他国避难。晋献公死后，夷吾许以割让河东五城作为条件，得到了秦穆公的支持，并继承了王位，是为晋惠公。但他不仅不履行与秦国的献城承诺，反倒发兵攻打秦国，结果晋军大败，晋惠公被俘。晋国被迫割让河东五城归秦，同时让太子圉入秦为人质，晋惠公才得以脱身。

太子圉到秦国后，秦穆公为了笼络他，把自己的女儿怀嬴嫁给了他，由此两国亲上加亲，秦国归还了晋国河东五城。秦晋两国以黄河为界重修旧好。可是当公子圉听说自己的父亲病重时，害怕国君的位置会被传给别人，就扔下妻子怀嬴，一个人偷偷跑回了晋国。第二年，晋惠公死后，太子圉就成了晋国君主，是为晋怀公，跟秦国不相往来。

秦穆公闻知此事后大怒，立即决定帮助重耳当上晋国国君，还要把女儿怀嬴改嫁给他。公元前636年，秦穆公派兵护送重耳返回晋国，如愿以偿地赶走了公子圉，当上了晋国的新国君，成为有名的“春秋五霸”中的晋文公。秦晋两国遂和好如初，所以，后来亲家叫“秦晋之好”。

词解人生

从历史上看，秦国和晋国虽然世世联姻，但关系并不稳固，就在联姻期间也不时有攻伐行为，所以在他们看来婚姻只是一种政治工具，为自己的政治利益而存在，没有私人感情的成分。但现在所说的“秦晋之好”，则是喜结良缘的代名词，希望结姻的两家能亲上加亲、代代友好下去。

就像每个男人心中都或多或少地存在着英雄主义情结一样，每个人的心里也总是存在着一定程度的完美主义，无论是面对学习、工作，还是婚姻、生活，我们都希望自己所拥有的是世间最完美的幸福，并且希望这种幸福可以无限期地延续下去，这种情感类似于帝王希望江山永固一样。明明知道没有所谓的“永远”，但还是心存美好的奢望，或许这样的奢望也是幸福的一种吧。

真正的幸福是要靠自己去争取的，也是要靠自己去维系的。每天多花一点时间，真诚地说出你的爱；为家庭做一点改变，保持一种相对的新鲜感；用一个温柔的眼神或是拥抱，表达对方之于你的重要性……幸福的维系，就像维系生命一样，需要你用尽全力。

第四十七章　百事孝为先

飞得再高不忘父母的牵挂——倚门倚闾

成语诠释

【来源】（西汉）刘向《战国策·齐策六》。

【解释】闾：古代里巷的门。形容父母盼望子女归来的迫切心情。

【成语掌故】

战国齐湣王时，燕、秦等国联合攻齐，燕将乐毅领兵侵入齐都临淄，齐湣王逃亡卫国。楚国派大将淖齿率领军队前去援救齐国，其实楚国并非真心救齐，淖齿杀死了齐湣王，和燕国分占齐国领土和宝器。直到田单大破燕军，才收复了齐国的失地。

齐王的宗族王孙贾，15 岁就被召进宫当齐王的侍臣。他母亲很爱他，每当他入朝，总要再三叮嘱他早些回来。如果他回家晚了，母亲就会焦急地倚在门边等他回来。

齐湣王外逃时，王孙贾没有跟在身边，后来想要去寻找的时候，却失去了齐王的消息，于是便回家了。王孙贾的母亲见儿子回来了，便问他："燕兵来了，你为何不保护齐王？"王孙贾回答说："我不知道大王在什么地方。"

母亲听了很生气地说："平时你早上出去，回来晚了，我都会倚在家门口等你；如果你傍晚出去，好半天不见回来，我更要到巷口去等你。你十五岁起就跟在大王身边，身为大王的侍臣，竟然不知道他去哪儿了，那你还回家干什么！"王孙贾听了，很惭愧，连忙去寻找齐湣王，多方打听其下落。当得知齐湣王已经被害时，立即号召百姓，宣誓起义，当场就有四百人响应。

词解人生

每个人从刚出生那一刻开始，便已经有两个人在执着地爱你，不管你长成什么样子，也不管你做过什么荒唐滑稽的事情，在他们心里，你永远都是不可替代的，只因你是他们的子女。当你还很小的时候，他们便开始教你如何在这个世上生存，如何吃饭，如何走路，如何做人……他们总是如此耐心，如果你是个聪明的孩子，他们会欣喜万分，即使你不很聪明，你仍然是他们心中最珍贵的宝贝。其实，他们想说的话只有一句："孩子，只要你能平安快乐地生活，便足够了！"

面对父母，我们心中总是有太多的愧疚。有多少次，我们在外面玩疯了，忘记了时间，他们一直站在门口等我们回去；有多少次，我们闹别扭不吃饭，他们哄了又哄，只怕饿坏了我们；有多少次，我们过生日的时候，他们忙前忙后，准备了一大堆吃的，结果，他们为了让我们与同学玩得开心，却躲到外面……我们平安、快乐，便是他们最大的幸福。然而长大成人的我们，是否关心过他们呢？

你是否下厨房做过一道菜给他们吃，你是否在他们外出的时候焦急地等待他们归来，你是否记得他们的生日并为他们庆生……这些都是最简单的事情，你做过吗？不要再嫌弃他们念念叨叨，不要再怪他们丢三落四，因为他们的衰老是你成长的前提，现在是时候，换你来照顾他们了。

只是给予，不求索取——舐犊情深

成语诠释

【**来源**】（南朝·宋）范晔《后汉书·杨彪传》。

【**解释**】舐犊：老牛舔小牛。像老牛舔小牛那样的亲子之爱般情深。比喻父母对子女关心、疼爱的感情非常深。

【**成语掌故**】

杨修，字德祖，东汉建安年间举为孝廉，后因才思敏捷、智慧过人，在丞相曹操手下任主簿。他自视甚高，经常以自己的智慧揣摩曹操的心意。"一合酥"、"门中有活"的故事，无不体现了杨修的智慧，但也因此引起了曹操的猜疑。

一次，曹操带兵攻打汉中，不料却吃了一通败仗，只好先驻扎在斜谷界口，再做打算。曹操心里盘算着当下的情形，不能进又不能守，进不好取胜，退又丢面子。正在犹豫不决的时候，厨师送来一碗鸡汤，里面有几块鸡肋，这不禁引发了曹操的感触。就在这时，夏侯惇来问夜间口令，曹操不加考虑地说："鸡肋！鸡肋！"杨修听到这句口令后，便开始收拾行李，做好回家的准备。夏侯惇看了十分不解，便问杨修为何。杨修说："鸡肋者，吃它没肉，丢掉可惜。我们现在进不能取胜，退又怕惹笑话，丞相刚才说鸡肋，一定是准备回去了，所以我先收拾行李，免得到时手忙脚乱。"曹操知道这件事以后，恼恨杨修看透了他心意，便借口杨修扰乱军心，将他以军法处斩了。

一天，曹操见到杨修的父亲杨彪，看到他憔悴的样子，吓了一跳，问："您最近身体不舒服吗？为什么瘦得这么厉害呢？"杨彪没有正面回答曹操，而是说："匈奴贵族金日殚乃汉武帝的近臣，他的两个儿子深受汉武帝的喜爱，还被接到宫中抚养。后来，金日殚察觉他的两个儿子淫乱后宫，就把他们杀了，免得生出祸患。真是惭愧啊，我没有金日殚那样的先见之明，没能教育好自己的儿子，让他落得如此下场。大人，不知您见过田里的老牛没有？它们耕完田后总是和小牛腻在一块，还不时地用舌头舔着小牛，看到这样的场景，总是会让我想起我的儿子！”杨彪一边说，一边流泪。

词解人生

“慈母手中线，游子身上衣。临行密密缝，意恐迟迟归。谁言寸草心，报得三春晖。”孟郊的《游子吟》让我们领略到了世间最真挚、最无私的情感——母爱，虽无言语，也无泪水，却充溢着爱的纯情，扣人心弦，催人泪下。无论我们身在何处，家中总有人对我们牵肠挂肚；无论我们是否已经成人，我们在他们眼中永远都是长不大的孩子；无论我们是出色还是平凡，家中总有人对我们日思夜想……他们对我们的挂念，是永无止境，也是永不停息的。

孔子曾说过：“父母在，不远游。”他想要表达的不只是子女应该守在父母的身边，尽自己的孝心，还应该有另外一层意思：子女出门，远离父母，给父母带来的只会是无尽的思念。想念的日子是难熬的，恋爱中的人总是能深刻地体会到这一点，父母对子女的情，远比爱情更深厚，父母对子女的思念自然也就远比恋人的相思更加深入骨髓。所以，无论如何，你都要记住一点：你是父母一生的牵挂。有时间的话，多回家看看，即使忙到不可开交，也要记得给家里打个电话。

乌鸦反哺，羊羔跪乳——乌鸟私情

成语诠释

【来源】（晋代）李密《陈情表》。

【解释】乌鸟：古时传说，小乌能反哺老乌。比喻侍奉尊亲的孝心。

【成语掌故】

李密，名虔，字令伯，武阳人，西晋文学家。李密从小境遇不佳，出生六个月就死了父亲，4岁时舅父又强迫母亲何氏改嫁。他是在祖母刘氏的抚养下长大成人的，李密以孝敬祖母而闻名。相传，祖母生病的时候，李密痛哭流涕，每天晚上衣不解带，守在祖母的身旁，侍奉其左右。所有的食物、汤药，一定要先自己尝过，然后才请祖母进食。

蜀国灭亡后，晋武帝准备让他做太子洗马这个官，郡县不断催促他前去上任。这时，李密的祖母已96岁，年老多病，李密舍不得离开祖母，于是，就上书给晋武帝，陈述家里情况，说明祖母年老多病，需要人侍奉，这就是著名的《陈情表》。他在《陈情表》中恳切地说：“如果没有祖母就没有今天的我，今天祖母需要我，否则就不能安度晚年。据说乌鸦都知道喂养衰老的母鸟，岂能人不如鸟呢！况且陛下是以孝道治理天下的，许多官员都受到您的垂怜，何况我比他们更加特别。我请求陛下准许我奉养祖母，让她度过晚年！”

《陈情表》言语恳切，委婉动人，晋武帝看了，为李密对祖母的一片孝心所感动，赞叹李密“不空有名也”，不仅同意李密暂不赴诏，还嘉奖他孝敬长辈的诚心，赏赐奴婢二人，并指令所在郡县，发给他赡养祖母的费用。

词解人生

“宁愿妈妈你是妹妹，爱玩就玩有我照顾你。可是妈妈你爱皱着眉，习惯地担心我，就怕转角不见。”这是一首歌曲的歌词，已经长大成人的女儿，希望妈妈可以成为自己的妹妹，由自己来照顾这个已经抚养自己多年的人。看似戏言却让我们感受到了一种最动人的孝心。

很多人总在说，等到有钱有时间了，一定要好好孝敬父母，但你可以等待，父母不能等待。在不经意间，父母渐渐变老，所以一定要抽出时间，多陪陪父母，不要让父母失望，也不要因为想要孝敬时，父母都已经亡故而让自己空留遗憾。

其实，感恩父母，不需要做出多伟大的事业。每天早晨，让我们用一句关爱的话语、一个亲热的动作，或任何一个微小的进步，来表达我们对父母的爱与孝心！最重要的是，当父母需要我们的时候，我们一直都在他们身边。

第四十八章　兄弟间的手足之情

任何事都不是兄弟相残的理由——煮豆燃萁

成语诠释

【来源】（南朝·宋）刘义庆《世说新语·文学》。
【解释】燃：烧；萁：豆茎。用豆萁作燃料煮豆子。比喻兄弟间自相残杀。
【成语掌故】

曹丕与曹植都是曹操的儿子，他们都是才华横溢的文学家，与他们的父亲曹操合称“三曹”，以他们为代表的建安文学，在文学史上留下了光辉的一笔。但不幸的是，因为他们生于帝王之家，必须面对一些平常百姓不会面对的难题。

曹植因才华出众，从小就受到父亲的疼爱。曹操死后，他的哥哥曹丕当上了魏国的皇帝。曹丕是个妒忌心很重的人，他一直都很嫉妒弟弟的才华，同时也担心弟弟会威胁到自己的皇位，于是就想置他于死地。

一次，曹丕命人传曹植觐见，他对跪在地上的弟弟说：“父王在世的时候，总是夸奖你的文章写得如何如何好，可是，我怀疑那是别人替你写的。现在我倒要看看你是不是真的那么有才华。你我乃是兄弟，便以此为题，限你在七步之内作出一首诗来，但诗中不可出现‘兄弟’二字。作得出来，便饶你不死，否则……”

曹植明知曹丕有心为难自己，但又无计可施，既伤心又愤怒。他强忍着心中的悲痛，在七步之内作了一首诗，当场念出来：“煮豆燃豆萁，豆在釜中泣。本是同根生，相煎何太急？”

曹丕听了这首诗，觉得自己对弟弟太过分了，不禁感到惭愧，便打消了杀曹植的念头，将其贬为安乡侯。

词解人生

曹植的“七步成诗”已经成了一段历史佳话，它不仅让我们看到了一个才华出众、智慧过人的曹子建，而且看到了权力斗争中的真实一幕。为了权力、地位、财富等表面看起来诱人的东西，兄弟反目已经不再是一个罕见的社会现象了，它所酿成的悲剧，在中国的历史长河中数不胜数。

血浓于水的兄弟之情，是人永远都无法割舍的情义。俗话说：“打死不离亲兄弟。”还有俗话说：“兄弟同心，其利断金。”这样的感情是无法取代的，但在利益面前，它却显得如此的微不足道。但是当你举起屠刀，挥向自己的手足时，难道就没有一丝的不舍之情，难道就不会忆起当初美好的年少时光？别再让利益成为左右你人生的魔杖，没有任何理由能够成为你对兄弟下手的借口。你以为你可以控制它，但你早已在不知不觉间成了它的“傀儡”。

无法背负的伤痛也终将面对——人琴俱亡

成语诠释

【来源】（南朝·宋）刘义庆《世说新语·伤逝》。

【解释】琴：古琴；俱：全，都；亡：死去，不存在。人去世了，琴的音调也不再美妙了。形容看到遗物，怀念死者的悲痛心情。

【成语掌故】

王徽之是东晋大书法家王羲之的儿子，他性格豪放超脱、不受约束，为人十分洒脱。他有个弟弟叫王献之，字子敬，不仅精通书法，而且擅长绘画，与父亲王羲之齐名，并称“二王”。

兄弟俩的感情非常好，他们常在晚上一起读书，边读边议，兴致很高。有一晚，两人一起读《高士传赞》，献之忽然拍案叫起来：“好！井丹这个人的品行真高洁啊！”井丹是东汉人，精通学问，不媚权贵，所以献之赞赏他。徽之听了就笑着说：“井丹还没有长卿那样傲世呢！”长卿就是汉代的司马相如，他曾冲破封建礼教的束缚，和跟他私奔的才女卓文君结合，这在当时社会是很不容易的，所以徽之说他傲世。

当时有个术士说：“人的寿命快终结时，如果有活人愿意代替他死，把自己的余年给他，那么将死的人就可活下来。”徽之听说了此事，便说：“我的才德不如弟弟，就让我把余年给他，我先死好了。”术士摇摇头说：“代人去死，必需自己寿命较长才行。现在你能活的时日也不多了，怎么能代替他呢？”没多久，献之便去世了。

王徽之的家人怕他悲痛，没有把这个消息告诉他。王徽之一直很惦记弟弟，但却始终没有消息。一天，他实在忍不住，便问家人：“子敬的病怎样了？为什么很久没有听到他的消息？是否出事了？”家人含含糊糊，欲言又止。王徽之便明白了，悲哀地说：“子敬已经去了！是吗？”家人见再也瞒不下去了，便说了实话。

王徽之听了居然一声不哭，只是下了病榻，吩咐仆从准备车辆去奔丧。到了王献之家，他在灵床上坐了下来，命人把王献之生前最喜爱的琴取来，想弹个曲子。但调了半天弦，却总是调不好。于是举起琴往地上一摔，悲痛地说："子敬！子敬！如今人琴俱亡！"意思是说："子敬啊子敬，你是人和琴同时都死去了啊！"说罢，他便昏了过去。徽之因极度悲伤，没过多久病情就加重了，一个多月后，他也离世而去。

词解人生

"睹物思人"，一种最常见的怀念方式。当身边的人离我们而去时，我们对他们的思念无以复加，无处宣泄，所以，我们只能回到当初共同生活、共同拥有美好回忆的地方，或者是现在仍然充满他们气息的地方，去悼念他们，悼念已经逝去的岁月，悼念曾经的幸福时光。

我们伸出双手去抚摸那些他们曾经抚摸过的东西，睁大双眼去巡视那些他们曾经生活过的场景，用力呼吸去找寻他们留下的点滴气息……在我们的眼中，那些他们曾经拥有的美好，也随着他们的离去而一并消失了，正如王徽之所说的"人琴俱亡"。但我们却不能像王徽之一样停下前进的脚步，因为我们与他们之间深厚的情谊始终存在，因此，我们必须在他们离开后，将他们未能完成的人生，一并精彩地活出来，这才是慰藉他们最好的方法，也是对那段情谊最好的延续。

亲者痛，仇者快——同室操戈

成语诠释

【来源】（春秋）左丘明《左传·昭公元年》和（南朝·宋）范晔《后汉书·郑玄传》。

【解释】同室：自己人；操：拿起；戈：古代的兵器。自家人动刀枪。比喻兄弟自相残杀。泛指内部斗争。

【成语掌故】

春秋时期，郑国大夫徐吾犯有一个妹妹徐吾氏长得特别漂亮，人见人爱。下大夫公孙楚和上大夫公孙黑在见到她之后，都想娶她为妻。下大夫公孙楚送了聘礼，订徐吾氏为未婚妻；上大夫公孙黑倾慕徐吾氏的容貌，也送来礼物，强作婚约。公孙楚与公孙黑都是贵族，而且是堂兄弟，徐吾犯一时之间，不知该如何是好，只得去请教执政子产。子产听了徐吾犯的讲述后说："因为国家政治不清明，所以才会出现两个大夫争夺妻室的事情，这不是你的过错，还是让你的妹妹自己做决定吧。"

徐吾犯让二人分别来求亲。公孙黑穿着华丽的服装，将聘礼置于堂上；公孙楚穿着军服，在院中射箭，接着跳到车上离去，他没有再送礼，因为之前他已给过聘礼，认为不需要另送。徐吾氏在屋内认真地观看了两位大夫的行动，选择了自己的情人。她认为公孙黑确实漂亮，但不能做自己的丈夫，而公孙楚表现出了男子汉气概，决定嫁给他。她的哥哥尊重她的意见，徐吾氏遂同公孙楚结为伉俪。

但这件事情到此并未结束，失败的公孙黑很不甘心，一气之下，全副武装闯入公孙楚的家中，声称要杀死自己的堂哥，以夺取徐吾氏。公孙楚听了他的话也不甘示弱，拿起武器与公孙黑打斗起来，结果在打斗中，公孙黑不幸被击伤。

词解人生

如公孙黑与公孙楚这般同室操戈的事件，在历史上不胜枚举，或为名利，或为美女，或为权势……无论是为了什么，这样的故事一直在延续，直到今天，还在不断上演。

豪门望族，我们可以暂且放在一边不提，再平常不过的普通人家，也开始为了一些身外之物而与自己的手足闹得不可开交。重病在床的父母，总是希望在自己弥留之际见到一家人团团圆圆、和和睦睦。但他们所见到的却是令人失望的场景：兄弟之间，为了争夺所谓的遗产而恶语相向，大打出手，甚至闹上法庭。不知道他们的心中作何感想，但躺在病床上的父母必定是心寒至极的。为了几间房子和几亩地，而将手足之情抛到九霄云外，取而代之的是兄弟间的明争暗斗，这便是人性吗？“同室操戈”是亲者痛仇者快的愚蠢之举。

第四十九章　相识满天下，知心能几人

选择放下身段还是坚持孤独——曲高和寡

成语诠释

【来源】（战国·楚）宋玉《对楚王问》。

【解释】曲调高雅，能跟着唱的人就少。比喻知音难得。也比喻说话、写文章不通俗，能够理解的人很少。

【成语掌故】

宋玉是战国时楚国著名的文学家，他与唐勒、景差等人共同继承和发扬了楚辞的精髓。虽然他的成就不及楚辞的创始人屈原，但在同时代人中，他的成就是最高的。他在楚襄王手下做事，由于文才出众，遭到了许多人的妒忌，这些人不断地在楚襄王面前说他的坏话。楚襄王本来不相信，但听多了也就开始有所怀疑了。

有一次，楚襄王问他："先生最近有行为失检的地方吗？为什么有人对你有许多不好的议论呢？"宋玉据理力争，清楚地向楚襄王表明了自己的立场。楚襄王听了他的话，不禁疑惑地说："你说得确实很有道理，但是为什么会有那么多人与你不和呢？"宋玉若无其事地回答说："请大王宽恕，听我讲个故事：最近，有位客人来到我们郢都唱歌。他开始唱的，是非常通俗的《下里》和《巴人》，城里跟着他唱的有好几千人。接着，他唱起了还算通俗的《阳阿》和《薤露》，城里跟他唱的要比开始时少多了，但还有好几百人。后来他唱格调比较高雅的《阳春》和《白雪》，城里跟他唱的只有几十个人了。最后，他唱出格调高雅的商音、羽音，又杂以流利的徵音，城里跟着唱的人更少了，只剩下几个。由此可见，唱的曲子格调越是高雅，能跟着唱的人也就越少。圣人有奇伟的思想和表现，所以超出常人。一般人又怎能理解我的所作所为呢？"楚襄王听后恍然大悟。

词解人生

人经常处于一种两难的境地。人们总是说："高深的东西只有少数人能理解。"但是高深的东西又是以深刻的理论为基础的，我们对于知识的追求，无非就是要往尽可能深的层次去探究。但当我们渐渐达到那个层次的时候，又发现能理解我们的人少之又少，这应该就是所谓的“高处不胜寒”吧！

交友亦是如此。或许你并不是一个高深莫测的人，但思想这个东西却是很难与别人达成共识的。我们到底应该为了坚持自己的思想与追求，而让自己处于一种相对孤单的状态之中；还是应该做出一些改变，以使自己能够加入到大众的行列中去呢。这是一道选择题，答案因人而异，那么，你的答案是什么呢？

友情是财富，同样需要创造——白头如新

成语诠释

【来源】（汉代）邹阳《狱中上书自明》。

【解释】白头：头发白了，代指老年；新：新交。互相认识的时间虽久，却跟刚认识一样。形容交朋友彼此不了解。

【成语掌故】

邹阳是西汉时期的齐国人，他听说梁孝王礼贤下士，就到梁国来游学，并上书给梁孝王，纵谈天下大事，以展示自己的才华。羊胜和公孙诡都是邹阳的朋友，他们也都是有才之人，但是羊胜嫉妒邹阳的才华，几次在梁孝王面前说他的坏话，终于有一天，梁孝王信以为真，下令将邹阳关进监牢，准备处死。邹阳十分激愤，他不甘心就这样被人陷害，于是，他在狱中给梁孝王写了一封信，信中列举事实说明：待人真诚就不会被人怀疑，纯粹是一句空话。他写道：“荆轲冒死为燕太子丹去行刺秦始皇，为燕国报仇，可是太子丹还一度怀疑他胆小畏惧，不敢立即出发；卞和将宝玉献给楚王，可是楚王硬说他犯了欺君之罪，下令砍掉他的双脚；李斯尽力辅助秦始皇执政，使秦国富强，结果被秦二世处死。俗话说：‘有白头如新，倾盖如故。’意思是：双方互不了解，即使交往一辈子，头发都白了，也还是像刚认识一样；真正相互了解，即使是初交，也会像老朋友一样。相知与否，不在于相处时间的长短。”

梁孝王读了邹阳的信后，很受感动，立即把他释放，并作为贵宾接待。

词解人生

友情与爱情一样，都要讲究缘分。对于爱情的描述，有这样一句话：“爱上一个人只需要几秒钟的时间，忘掉一个人却需要一生的时间。”友情也是如此，有些人，即使与他相处一生，你们也无法了解相互之间内心深处的想法；但有些人，你们即使只是初次相遇，他却已经可以看见你心底最深处的渴望。

有人用“相见恨晚”来形容相识不久的朋友，也有人用“话不投机半句多”来形容没有共同语言的陌路人。朋友，会是人一生中最宝贵的财富之一，财富需要创

造，善于从茫茫人海中找到知音，并及时地将那些永远无法沟通的人从你的朋友行列中驱逐出去。

真的朋友就是相互温暖——肝胆相照

成语诠释

【来源】（西汉）司马迁《史记·淮阴侯列传》和（宋代）赵令畤《侯鲭录》。

【解释】肝胆：借指真心诚意。比喻待人忠诚真挚，不耍心机，不玩权术。

【成语掌故】

西汉初年，有一个叫蒯通的人，此人足智多谋，很善于分析形势，为人出谋划策。他所处的时代，正是楚汉相争之际，楚王项羽和汉王刘邦处于相持阶段，一时之间难分胜负。刘邦的部下中，韩信势力非常强大，在楚汉相争的斗争中，具有举足轻重的作用。他想说服韩信建立第三种势力，与项羽、刘邦鼎足而立。

于是，他化装成看相的去见韩信，他对韩信说："小人不才，对于占卜之事略知一二。给人看相，我一看他的骨相，就知道他的贵贱；二看他的脸色，就知道他的喜忧；三看他的性格是否果断，就知道他能否成就大业。用这三方面来推断一个人的前途几乎可以说万无一失。"

韩信听了，说："好啊！那你给我看看，怎么样？"

蒯通说："看您的面部，做官再高也不过封侯，而且很危险。看您的背部，富贵自不用说。"

蒯通看韩信已经动了心，便接着说："如今楚汉相争，百姓死伤无数。两方相持不下，他们的胜败，便决定于您。您帮助项羽，项羽就胜；您帮助刘邦，刘邦就胜。我愿意剖开自己的心腹，拿出自己的肝胆，为您出主意，只是怕您不肯采用。我建议您，依靠自己的势力建立第三种力量，和他们三足鼎立。现在是最好的时机，您必须当机立断，不能再犹豫不决了。您去帮助项羽，刘邦一定饶不了您；您去帮助刘邦，刘邦怕您夺他的天下，也很危险。我听说过这样的话：'上天给你的福分你不要，反而要犯错误；机会到来你不动手，反而会有灾祸降临。'请您认真地想想。"

蒯通已经将整个形势分析得很透彻了，但韩信认为刘邦对他很好，一方面自己不忍心背叛刘邦，另一方面他也不相信刘邦会对他下毒手。他最终没有采纳蒯通的建议。后来，他被刘邦猜疑，最后被吕后杀死了。

词解人生

肝胆相照的情谊并非友情的极致，却是友情的根本，唯有先将自己的心打开，朋友才能走进你的世界，分享你的喜乐，分担你的痛苦。

朋友不分界线，不问贫贱，不管出身，可以是所谓的同道中人，即使曾经是敌，今日也可击掌为友。朋友不一定是能够帮你解决燃眉之急的人，却一定是给你勇气让你在困境中站直了别趴下的人。朋友不会介意你多久打来一次电话，多久才有一点消息，上次遇见匆匆几秒又何妨，心里记得的永远不会褪色。罗曼·罗兰曾说过："谁要在世界上遇到过一次友爱的心，体会过肝胆相照的境界，就是尝到了天上人间的欢乐。"打开你的心，让朋友走进去，让它不再孤单，给自己一个体味天上人间快乐的机会。

人之相知，贵在知心——高山流水

成语诠释

【来源】（战国·郑）列御寇《列子·汤问》。

【解释】比喻知己相赏或知音难遇，也比喻乐曲高妙。

【成语掌故】

春秋时期，楚国有个叫俞伯牙的人，精通音律，琴艺高超，是当时著名的琴师。俞伯牙年轻的时候聪颖好学，曾拜高人为师，琴技达到高水平，但他总觉得自己还不能出神入化地表现对各种事物的感受。伯牙的老师知道他的想法后，就带他乘船到东海的蓬莱岛上，让他欣赏大自然的景色，倾听大海的波涛声。伯牙举目眺望，只见波浪汹涌，浪花激溅；海鸟翻飞，鸣声入耳；山林树木，郁郁葱葱，如仙境一般。一种奇妙的感觉油然而生，耳边仿佛响起了大自然那和谐动听的音乐。他情不自禁地取琴弹奏，音随意转，把大自然的美妙融进了琴声，伯牙体验到一种前所未有的境界，从此以后，琴艺精进。不久，老师见他已经学成，便让他自行离去。于是，俞伯牙开始四处游历。

一天晚上，俞伯牙乘船游览。面对清风明月，他思绪万千，心中有所感悟，便又弹起琴来，琴声悠扬，渐入佳境。忽听岸上有人叫绝，俞伯牙闻声望去，只见一个樵夫站在岸边。他暗自吃惊，想不到一个樵夫竟有如此高的欣赏能力。他故意弹起赞美高山的曲调，樵夫说道："真好！雄伟而庄重，好像高耸入云的泰山一样！"他又弹奏表现奔腾澎湃的波涛的曲调，樵夫又说："真好！宽广浩荡，好像看见滚滚的流水，无边的大海一般！"伯牙兴奋极了，激动地说："知音！你真是我的知音。"于是，两人成了心心相印的挚友。

后来，樵夫钟子期死了，俞伯牙到他的坟前去祭奠，奏了一首哀伤的曲子后，便将琴摔碎了，发誓从此以后不再抚琴。

词解人生

琴音好弹，知音难觅，这就是为什么在钟子期死后，俞伯牙摔琴的缘故。人是社会性的动物，人的行为在社会上是需要回应的。一个人弹琴弹得好，还得有人能够欣赏，如果没有人能够欣赏，则无异于对牛弹琴。钟子期死了，俞伯牙失去了知音，他难以承受失去知音的痛苦，所以摔琴不弹。人有时候确实是为别人而活，为知己而活的。

知己，能互相读懂对方的每一个眼神，能明白对方每句话的含义；他们有共同的爱好、共同的语言；他们无须花言巧语，也无须朝夕相处；他们不在乎对方的相貌，也不在乎对方的贫陋；他们从来都不刻意隐瞒自己，因为在知己面前自己无所遁形。能否遇到知音，是一种幸运。那些幸之又幸的人，便可大声地向全世界宣告："人生得一知己，足矣！"

朋友纵然长久不见，再见不会陌生——管鲍之交

成语诠释

【来源】（西汉）司马迁《史记·管仲传》。

【解释】 管：管仲；鲍：鲍叔牙；交：交情。春秋时齐人管仲和鲍叔牙相知最深。后常比喻交情深厚的朋友。

【成语掌故】

春秋时期，齐国有一对好朋友，一个叫管仲，一个叫鲍叔牙。管仲家里很穷，又要奉养母亲。鲍叔牙知道了，就找管仲一起做生意。赚了钱以后，管仲分到很多，鲍叔牙只分到很少。人们纷纷议论管仲是个贪财之人，不讲情谊。鲍叔牙知道后，便替管仲辩解说，管仲不是不讲情谊，他家里情况不好，而且要奉养母亲，多拿一点没有关系的。

管仲和鲍叔牙一起去打仗，每次进攻的时候，管仲都躲在最后面，大家都说他是个贪生怕死的人。鲍叔牙听说后，向人们解释说，管仲不是贪生怕死，只是他得留着命回去照顾家中的老母亲啊！

后来，公子诸当上了国王，诸每天吃喝玩乐，任意妄为。鲍叔牙和管仲都预感齐国将会发生内乱，就分别带着公子小白和公子纠逃到莒国和鲁国去了。不久，诸被人杀死，管仲想让纠顺利地当上国王，于是便在暗中对付小白，可惜把箭射偏了，小白不仅没死，还当上了齐国的国王，是为齐桓公。

齐桓公即位后，决定封鲍叔牙为宰相，鲍叔牙却对小白说："管仲各方面都比我强，应该请他来当宰相才是！"齐桓公惊讶地说："管仲曾经想要

杀我，你居然叫我请他来当宰相?”鲍叔牙却说：“这不能怪他，他是为了帮他的主人才这么做的呀!”齐桓公听了鲍叔牙的话，便请管仲回来当宰相，在管仲的辅佐下，齐国迅速地强大了起来。

管仲在谈到他与鲍叔牙之间的往事时，曾说：“我曾和鲍叔牙一起做生意，分钱财，自己多拿，鲍叔牙不认为我贪财，他知道我贫穷；我曾经三次作战，三次逃跑，鲍叔牙不认为我胆怯，他知道我家里有老母亲。生我的是父母，了解我的是鲍叔牙啊!”

词解人生

管仲和鲍叔牙之间深厚的友情，已成为代代流传的佳话。友情在男人的生活中，的确占据了十分重要的地位，男人可以为朋友两肋插刀，像《水浒传》中的结义兄弟一般，处处“义”字当头。

朋友间相互认可，相互帮助，相互关爱……但是，朋友最为可贵的还是相互信任。一旦成为知己，一定是了解对方的，对于对方的行为总是可以做出最符合其初衷的解释。管仲在鲍叔牙的坟前说过：“生我者父母，知我者鲍叔牙。”他的人生因为有这样一个知己，显得更加有意义了。

成语荟萃

◎爱如己出

【解释】像对待亲生子女那样地爱护。

◎骨肉至亲

【解释】指关系最密切的亲属。

◎骨肉相残

【解释】比喻一家人自相残杀。

◎亲如手足

【解释】像兄弟一样亲密。多形容朋友的情谊深厚。

◎班荆道故

【解释】班：铺开；道：叙说。用荆条铺在地上坐在上面谈说过去的事情。形容老朋友重逢，共叙旧情。

◎抵足而眠

【解释】脚对着脚，同榻而睡。形容关系亲密，情意深厚。

◎金兰之契

【解释】比喻情投意合的朋友，或同盟结义的弟兄。

◎莫逆之交

【解释】莫逆：没有抵触，感情融洽；交：交往，友谊。指非常要好的朋友。

◎情同手足

【解释】手足：比喻兄弟。形容彼此间感情深厚，如同兄弟一样。

◎志同道合

【解释】道：方向。志趣相投、意见一致。

◎刎颈之交

【解释】刎颈：用刀割脖子；交：交情，友谊。比喻可以同生死、共患难的朋友。

◎一见如故

【解释】故：老朋友。初次见面就像老朋友一样合得来。

◎总角之好

【解释】指小时候很要好的朋友。

◎同病相怜

【解释】怜：怜悯，同情。比喻因有同样的遭遇或痛苦而互相同情。

◎相见恨晚

【解释】恨：遗憾。形容一见如故，新交的朋友十分投合。

◎暮云春树

【解释】表示对远方友人的思念。

◎范张鸡黍

【解释】范：范式；张：张劭；鸡：禽类；黍：草本植物，指黍子。范式、张劭一起喝酒食鸡。比喻朋友之间的信义和情谊。

◎谊切苔岑

【解释】切：亲近；苔岑：志同道合的朋友。形容志同道合，感情深厚。

◎君子之交淡如水

【解释】君子交往，平淡如水。

◎暗送秋波

【解释】旧时比喻美女的眼睛像秋天明净的水波一样。指暗中眉目传情。

◎从一而终

【解释】丈夫死了不再嫁人，这是旧时束缚妇女的封建礼教。

◎儿女情长

【解释】常指过分沉溺于男女之情。

◉ **白头偕老**

【解释】白头：头发白。指夫妻相亲相爱，一直到老。

◉ **比翼双飞**

【解释】比翼：翅膀挨着翅膀。比喻夫妻恩爱，形影不离。

◉ **耳鬓厮磨**

【解释】鬓：鬓发；厮：互相；磨：擦。两人的耳朵与鬓发互相摩擦。形容相处亲密。

◉ **夫唱妇随**

【解释】随：附和。指封建社会丈夫说什么，妻子就附和什么，比喻夫妻友好相处。

◉ **海枯石烂**

【解释】海枯：海水干涸；石烂：岩石风化成土。形容历时久远。比喻人的意志坚定，永远不变。

◉ **海誓山盟**

【解释】指男女相爱时立下的誓言，爱情要像山和海一样永恒不变。

◉ **花好月圆**

【解释】花开正盛，月亮正圆。比喻美好圆满的家庭生活。多用于祝贺人新婚。

◉ **伉俪情深**

【解释】伉俪：夫妻，配偶。夫妻之间的感情深厚。

◉ **两小无猜**

【解释】猜：猜疑。男女小时候在一起玩耍，互不猜疑。

◉ **青梅竹马**

【解释】青梅：青的梅子；竹马：儿童以竹竿当马骑。形容小儿女天真无邪玩耍游戏的样子。现指男女幼年时亲密无间。

◉ **新婚燕尔**

【解释】原为弃妇诉说原夫再娶与新欢作乐，后反其意，用作庆贺新婚之词。形容新婚时的欢乐。

◉ **心有灵犀**

【解释】比喻恋爱中的男女双方心心相印。现多比喻双方对彼此的心思都能心领神会。

◉ **情窦初开**

【解释】窦：孔穴；情窦：情意的发生或男女爱情萌动。指刚刚懂得爱情(多指少女)。

◉ **琴瑟之好**

【解释】比喻夫妻间感情和谐。

◉ **碧海青天**

【解释】原是形容嫦娥在广寒宫夜夜看着空阔的碧海青天，心情孤寂凄凉。后比喻女子对爱情的坚贞。

◉ **一见钟情**

【解释】钟情：感情专注。旧指男女之间一见面就产生爱情。也指对事物一见就产生了感情。

◉ **至死靡它**

【解释】至：到；靡：没有；它：别的。到死也不变心。形容爱情专一，至死不变。现也形容立场坚定。

◉ **白首同归**

【解释】归：归向、归宿。一直到头发白了，志趣依然相投。形容友谊长久，始终不渝。后用以表示都是老人而同时去世。

◉ **称兄道弟**

【解释】朋友间以兄弟相称。形容关系亲密。

◉ **亲密无间**

【解释】间：隔阂。关系亲密，没有隔阂。形容十分亲密，没有任何隔阂。

◉ **如胶似漆**

【解释】像胶和漆那样黏结。形容感

情炽烈，难舍难分。多指夫妻恩爱。

◎ **如影随形**

【解释】好像影子总是跟着身体一样。比喻两个人关系亲密，常在一起。

◎ **八拜之交**

【解释】八拜：原指古代世交子弟谒见长辈的礼节；交：友谊。旧时朋友结为兄弟的关系。

◎ **促膝谈心**

【解释】促：靠近；促膝：膝碰膝，坐得很近。形容亲密地谈心里话。

◎ **风雨连床**

【解释】指兄弟或亲友久别后重逢，共处一室倾心交谈的欢乐之情。

◎ **一见如故**

【解释】故：老朋友。初次见面就像老朋友一样合得来。

◎ **水乳交融**

【解释】交融：融合在一起。像水和乳汁融合在一起。比喻感情很融洽或结合得十分紧密。

参考文献

[1]（汉）许慎.说文解字［M].北京：中华书局，2013.

[2] 许长荣，石颖川.最美丽的民俗与中国文化［M].北京：新世界出版社，2008.

[3]（清）刘树屏.澄衷蒙学堂字课图说（全四册）［M].北京：中国文史出版社，2014.

[4] 南怀瑾.历史的经验［M].上海：复旦大学出版社，2012.

[5] 林语堂.吾国与吾民［M].南京：江苏文艺出版社，2010.

[6] 李逸安.三字经　百家姓　千字文　弟子规［M].北京：中华书局，2009.

[7] 范曾.国学开讲［M].北京：中信出版社，2014.

[8] 启功.启功谈中国名画［M].北京：中华书局，2012.

[9] 陈静，燕泥.图说中国文化［M].长春：吉林人民出版社，2009.

[10]（清）李渔.觉世名言［M].西安：三秦出版社，2012.

[11] 王涵.名人名言录［M].上海：上海人民出版社，2009.

[12] 鲁美.名人名言录——青少年成长智慧书［M].济南：山东美术出版社，2009.

[13] 沈秀涛.国学名句故事会：庄子、老子、论语、孟子（全四册）［M].成都：天地出版社，2009.

[14] 吴礼权.中国经典名句鉴赏［M].长春：吉林教育出版社，2010.

[15] 雅瑟，青萍.中华词源［M].北京：新世界出版社，2011.

[16] 邵珠磊.中华上下五千年［M].北京：童趣出版有限公司，2014.

[17] 赵荣波.古代兵法名句赏析［M].武汉：湖北辞书出版社，2007.

[18] 魏强.诸子百家名句赏析［M].武汉：崇文书局，2007.

[19] 国学典藏书系丛书编委会.国学典藏书系：成语故事［M].长春：吉林出版集团有限责任公司，2010.

[20] 孙文华.中华成语千句文［M].南昌：21世纪出版社，2013.